水性涂料树脂合成

崔笔江　主编

SHUIXING
TULIAO
SHUZHI
HECHENG

U0224020

化学工业出版社
·北京·

内容简介

《水性涂料树脂合成》主要介绍了如何开发满足市场需求的丙烯酸类涂料树脂乳液。本书分为理论和实验两大部分，其中理论部分包括水性涂料的基础知识，涂料助剂知识以及丙烯酸树脂研制的方法。实验部分以案例为载体，利用 Excel 表格的计算功能，自动得出乳液配方，合成不同种类涂料树脂乳液并分析影响树脂性能的因素。配方计算模板可从化学工业出版社教学资源网免费下载。

本书适合于职业院校精细化工专业学生及广大涂料工程技术人员使用，也可作为中等职业学校相关专业的教学用书或参考书。

图书在版编目（CIP）数据

水性涂料树脂合成/崔笔江主编. —北京：化学工业出版社，2021.10（2023.4重印）

ISBN 978-7-122-39273-2

Ⅰ．①水⋯　Ⅱ．①崔⋯　Ⅲ．①水性漆-合成树脂漆-教材

Ⅳ．①TQ633

中国版本图书馆 CIP 数据核字（2021）第 104156 号

责任编辑：王海燕　旷英姿　　　　　　　　　　装帧设计：王晓宇
责任校对：边　涛

出版发行：化学工业出版社（北京市东城区青年湖南街 13 号　邮政编码 100011）
印　　装：北京科印技术咨询服务有限公司数码印刷分部
787mm×1092mm　1/16　印张 16¼　字数 398 千字　2023 年 4 月北京第 1 版第 2 次印刷

购书咨询：010-64518888　　　　　　　售后服务：010-64518899
网　　址：http://www.cip.com.cn
凡购买本书，如有缺损质量问题，本社销售中心负责调换。

定　　价：59.00 元　　　　　　　　　　　　　　版权所有　违者必究

前言

随着科技的发展，人们对生活环境的要求也越来越高。涂料应用于社会的各个行业，是人们生活中不可缺少的材料。目前传统的油性涂料已逐步被水性涂料代替，由于水性涂料具有环保、经济、安全、易清洗等优点，越来越受到使用者的青睐，而水性涂料的开发也已成为精细化工中的重要研究领域。

本书以培养实用型水性涂料树脂合成人才为目标进行编写。在内容上主要是研究如何开发适合市场需求的丙烯酸类涂料树脂乳液。本书第一、第二章主要介绍合成水性涂料所必备的基础知识。第三章是涂料用丙烯酸树脂乳液的研制，本章关于丙烯酸树脂乳液配方的计算具有一定创新性，首次将酸值、FOX 方程等组合在一起，根据所需性能的丙烯酸树脂乳液参数，利用 Excel 表格的计算功能，自动得出乳液配方。这种方法使得丙烯酸树脂乳液的配方具有规律可循，同时便于寻求所需性能的丙烯酸树脂乳液配方。第四章是关于各类丙烯酸树脂乳液的研制、合成方法。主要有单组分丙烯酸树脂乳液的合成、丙烯酸树脂微乳液、普通乳液、核壳乳液、中空树脂乳液等的合成方法，对于制备不同性能的丙烯酸类涂料树脂来说具有重要的现实意义。第五章则是丙烯酸树脂乳液性能的研究。主要包括如何利用 FOX 方程等公式以及所需涂膜的性能要求计算出最佳配方参数，同时还介绍了涂膜性能的基本测试方法，以及针对市场上不同性能要求的丙烯酸树脂涂料涂膜性能的影响因素进行了研究思路方面的介绍。在第四、第五章中，还举用了大量的案例，利用 Excel 表格的计算功能自制配方设计计算表，对丙烯酸树脂乳液的制备及其性能研究进行讲解，这些案例体现了编者这几年教研所得的实验思路，为本书之精华所在，可为以后开发具体的涂料产品打下基础，对从事苯丙树脂研究的同行具有一定的参考意义。第六章至第八章分别介绍了水性聚氨酯树脂、水性醇酸树脂和水性环氧树脂。Excel 表格计算模板可从教学资源网（http：//www.cipedu.cn）免费下载。

本书第一章、第二章、第四章由崔笔江编写，第三章由梁冰编写，第五章由梁晨编写，第六章由陈素怡编写，第七章、第八章由程锴编写。全书由崔笔江担任主编，负责统稿及定稿工作。在本书编写的前期，姬德成老师做了大量工作，本书是姬老师带领下的，我校全体"涂料人"的共同成果；此外，在编写过程中，还得到了化学工业出版社的大力支持和帮助，在此一并特别表示感谢！

本书力图将合成水性丙烯酸树脂乳液涂料的相关知识全面而详细地提供给读者，为从事该行业的广大技术工程人员及院校学生提供参考。由于编者学识水平有限，书中难免有不完善和疏漏之处，恳请读者批评指正。

编者

2021 年 5 月于广州

目录

第一章　水性涂料基础知识 ·································· 1

第一节　概述 ··· 1
　　一、涂料的作用 ······································· 1
　　二、涂料的分类 ······································· 2
　　三、涂料的组成 ······································· 2
第二节　涂料的成膜 ······································· 4
　　一、物理成膜方式 ····································· 4
　　二、化学成膜方式 ····································· 6
第三节　水性涂料 ··· 7
　　一、水性涂料的分类 ··································· 7
　　二、水性涂料的特点 ··································· 8
　　三、水性涂料的发展现状和前景 ························· 9

第二章　涂料与高分子化合物 ·························· 12

第一节　概述 ·· 12
　　一、高分子化合物的特性 ······························ 12
　　二、高分子化合物的分类 ······························ 14
第二节　高聚物的结构和性质 ······························ 16
　　一、高聚物的结构 ···································· 16
　　二、高聚物的各种物理状态和性质 ······················ 17
第三节　高分子化合物的合成和反应 ························ 22
　　一、缩聚反应 ·· 22
　　二、加聚反应 ·· 23
　　三、聚合反应实施的方法 ······························ 28

第三章　丙烯酸树脂乳液聚合理论 ······················ 31

第一节　乳液聚合的定义及特点 ···························· 31
　　一、乳液聚合的定义 ··································· 31
　　二、乳液聚合的特点 ··································· 32
第二节　乳液聚合理论 ···································· 33
　　一、分散阶段（乳化阶段） ···························· 33
　　二、阶段Ⅰ（乳胶粒生成阶段） ························· 35
　　三、阶段Ⅱ（乳胶粒长大阶段） ························· 36

四、阶段Ⅲ（聚合完成阶段） ·············· 37

第三节　乳液配方设计原理 ·············· 38
一、乳液合成的组分及其在乳液聚合中的作用 ·············· 38
二、单体的选择 ·············· 39
三、乳化剂的选择 ·············· 41
四、引发剂的选择 ·············· 44
五、乳液配方设计和计算的方法 ·············· 46
六、乳液配方设计和计算举例 ·············· 51

第四章　丙烯酸树脂乳液的研制 ·············· **53**

第一节　丙烯酸树脂乳液的配方设计基础 ·············· 54
一、单体的选择 ·············· 54
二、丙烯酸树脂的配方设计 ·············· 58
三、树脂乳液的制备实验 ·············· 59
第二节　单组分丙烯酸乳液合成 ·············· 61
一、学习目标 ·············· 61
二、技术关键 ·············· 61
三、树脂合成 ·············· 62
【案例 4-1】普通苯丙树脂的研制 ·············· 62
【案例 4-2】加入 TPGDA 或 TMPTA 的苯丙树脂的研制 ·············· 64
【案例 4-3】加入 HEA 或 HPA 的苯丙树脂的研制 ·············· 66
【案例 4-4】加入 AM 或 NAM 的苯丙树脂的研制 ·············· 67
【案例 4-5】纯丙树脂的研制 ·············· 68
【案例 4-6】软醋丙树脂的研制 ·············· 70
【案例 4-7】硬醋丙树脂的研制 ·············· 71
【案例 4-8】加入 TPGDA 或 TMPTA 的纯丙树脂的研制 ·············· 73
第三节　碱溶树脂合成 ·············· 74
一、合成的意义 ·············· 75
二、学习目标 ·············· 76
三、技术关键 ·············· 76
四、树脂合成 ·············· 77
【案例 4-9】纯丙碱溶树脂的研制 ·············· 77
【案例 4-10】高 T_g 醋丙碱溶树脂的研制 ·············· 79
【案例 4-11】低 T_g 醋丙碱溶树脂的研制 ·············· 80
第四节　微乳液合成 ·············· 82
一、研究聚合物微乳液的意义 ·············· 82
二、学习目标 ·············· 83
三、技术关键 ·············· 83
四、配方参数与配方 ·············· 84

　　　　五、配方参数设计与配方计算 ·················· 84
　　　　六、乳液制备 ···························· 85
　　第五节　核壳乳液合成 ····················· 86
　　　　一、学习目标 ························· 88
　　　　二、技术关键 ························· 88
　　　　三、配方参数 ························· 89
　　　　四、配方参数设计与配方计算 ·················· 89
　　　　五、配方形式 ························· 91
　　　　六、实验步骤 ························· 91
　　第六节　普通乳液合成 ····················· 91
　　　　一、学习目标 ························· 92
　　　　二、技术关键 ························· 92
　　　　三、配方参数 ························· 92
　　　　四、配方形式 ························· 93
　　　　五、配方计算 ························· 93
　　　　六、实验步骤 ························· 94
　　第七节　中空树脂乳液合成 ··················· 95
　　　　一、中空树脂的应用 ······················ 95
　　　　二、学习目标 ························· 96
　　　　三、技术关键 ························· 97
　　　　四、配方参数与配方形式 ···················· 97
　　　　五、配方计算 ························· 97
　　　　六、实验步骤 ························· 99
　　第八节　三层中空树脂乳液合成 ·················· 99
　　　　一、学习目标 ························ 100
　　　　二、技术关键 ························ 100
　　　　三、配方参数与配方形式 ··················· 100
　　　　四、配方计算 ························ 101
　　　　五、实验步骤 ························ 103

第五章　丙烯酸树脂乳液性能研究 ·················· 104

　　第一节　概述 ························· 104
　　　　一、单体共聚的目的 ····················· 104
　　　　二、丙烯酸树脂的配方设计 ·················· 105
　　　　三、水性丙烯酸树脂的应用 ·················· 106
　　第二节　丙烯酸树脂乳液成膜性能研究方法 ············· 106
　　　　一、样品配方的设计与调配 ·················· 107
　　　　二、涂膜的制备 ······················ 109
　　　　三、涂膜性能的测试 ····················· 109

四、学习目标 ··· 119

第三节　苯丙树脂参数变化对涂膜性能影响的案例分析 ················· 120

一、硬树脂参数变化对成膜性能的影响 ······························ 120

【案例 5-1】　硬树脂 T_g 变化对涂膜性能的影响 ················ 120

【案例 5-2】　硬树脂酸值变化对成膜性能的影响 ············· 124

【案例 5-3】　硬树脂 MMA/St 变化对成膜性能的影响 ········ 128

【案例 5-4】　硬树脂 TPGDA 用量变化对成膜性能的影响 ··· 132

【案例 5-5】　硬树脂 TMPTA 用量变化对成膜性能的影响 ··· 136

二、软树脂对涂膜性能的影响 ·· 140

【案例 5-6】　软树脂 T_g 变化对成膜性能的影响 ············· 140

【案例 5-7】　软树脂酸值变化对成膜性能的影响 ············· 144

【案例 5-8】　软树脂 MMA/St 变化对成膜性能的影响 ········ 148

【案例 5-9】　软树脂 TPGDA 用量变化对涂膜性能的影响 ··· 152

【案例 5-10】　软树脂 TMPTA 用量变化对成膜性能的影响 ·· 156

三、碱溶树脂对成膜性能的影响 ····································· 160

【案例 5-11】　硬碱溶树脂 T_g 变化对成膜性能的影响 ······· 160

【案例 5-12】　硬碱溶树脂酸值变化对成膜性能的影响 ······· 164

【案例 5-13】　软碱溶树脂 T_g 变化对成膜性能的影响 ······· 168

【案例 5-14】　软碱溶树脂酸值变化对成膜性能的影响 ······· 172

【案例 5-15】　碱溶树脂链转移剂用量变化对成膜性能的影响 · 176

第四节　丙烯酸树脂乳液涂膜性能研究及产品开发 ··················· 180

一、涂膜光泽度研究 ··· 182

二、涂膜硬度研究 ··· 184

三、涂膜的耐擦洗性研究 ··· 185

四、涂膜最低成膜温度的研究 ·· 187

五、涂膜的耐磨性研究 ··· 189

六、涂膜的附着力研究 ··· 191

七、涂膜的干燥速度研究 ··· 193

八、涂膜的遮盖性研究 ··· 196

九、涂膜的耐水性能研究 ··· 198

十、涂膜的耐化学药品性研究 ·· 199

十一、涂膜的耐高温性能研究 ·· 202

第六章　水性聚氨酯树脂 ·· 204

第一节　水性聚氨酯的合成单体 ··· 204

一、多异氰酸酯 ··· 205

二、多元醇低聚物 ··· 209

三、扩链剂 ·· 211

四、溶剂 ··· 211

　　五、催化剂 ·· 211

　　六、亲水单体（亲水性扩链剂） ··········· 212

　　七、中和剂（成盐剂） ·························· 213

第二节　水性聚氨酯合成工艺 ······················· 213

　　一、强制乳化法（外乳化法） ··············· 213

　　二、自乳化法（内乳化法） ··················· 214

第三节　合成实例 ··· 215

　　一、非离子型水性聚氨酯的合成 ··········· 215

　　二、阴离子型水性聚氨酯的合成 ··········· 215

第七章　水性醇酸树脂 ····················· **220**

第一节　水性醇酸树脂的分类 ······················· 221

　　一、按改性用脂肪酸或油的干性分类 ····· 221

　　二、按醇酸树脂油度分类 ····················· 221

第二节　水性醇酸树脂合成原理 ···················· 222

　　一、合成物料 ···································· 222

　　二、合成原理 ···································· 227

第三节　水性醇酸树脂合成工艺 ···················· 229

第四节　水性醇酸树脂合成实例 ···················· 230

　　一、TMA 型短油度水性醇酸树脂合成 ····· 230

　　二、PEG 型水性醇酸树脂合成 ··············· 231

　　三、DMPA 型水性醇酸树脂合成 ············· 232

　　四、DMPA 型短油度水性醇酸树脂合成 ···· 232

　　五、间苯二甲酸-5-磺酸钠型水性醇酸树脂（1）的合成 ··· 233

　　六、间苯二甲酸-5-磺酸钠型水性醇酸树脂（2）的合成 ··· 234

　　七、水性醇酸-丙烯酸树脂杂化体的合成 ··· 234

第八章　水性环氧树脂 ····················· **236**

第一节　环氧树脂 ··· 236

　　一、环氧树脂的类型 ·························· 236

　　二、我国环氧树脂的规格和代号 ··········· 237

　　三、环氧树脂及其固化物的性能特点 ····· 238

　　四、环氧树脂的特性指标 ····················· 239

　　五、水性环氧树脂的应用 ····················· 240

第二节　水性环氧树脂的制备 ······················· 240

　　一、机械法 ······································ 241

　　二、相反转法 ···································· 241

　　三、固化剂乳化法 ····························· 242

  四、化学改性法 ··· 242

第三节 水性环氧树脂的合成实例 ································ 244

  一、单组分水性环氧乳液的合成 ································ 244

  二、水性二乙醇胺改性 E-44 环氧树脂的合成 ············· 245

  三、水性甘氨酸改性环氧树脂的合成 ························ 245

  四、水性光敏酚醛环氧树脂的合成 ·························· 246

  五、以相反转乳化技术制备 E-44 水性环氧树脂 ·········· 246

  六、水性环氧树脂固化剂的合成 ···························· 246

参考文献 ·· **249**

第一章
水性涂料基础知识

第一节　概　　述

涂料是一种流动状态或粉末状态的有机物质，将其涂布在物体表面上能干燥固化，形成一层连续的、具有一定强度的、能均匀地覆盖并良好附着在物体表面上的薄膜。以前由于涂料的生产离不开植物油，故习惯上长期把涂料称为油漆。

涂料是人们美化环境和生活的重要产品，是国民经济和国防工业的配套材料，也是精细化工产品的重要组成部分，涂料常被称为"工业的外衣"。人类使用涂料的历史可以追溯到石器时代。例如，古代中国的漆器、油纸伞；古埃及在制作木乃伊时涂以土漆来防腐等。涂料工业作为一个重要的行业已经有近两个世纪的生产历史，其原料涉及农副业、石油化工、无机化工、有机化工、高分子化工等诸多产业。

一、涂料的作用

尽管涂料的品种众多，但是涂料在实际应用中的作用可概括为以下几点。

1. 保护作用

物体暴露在大气中，受到水分、气体、微生物、紫外线等各种介质的作用，会逐渐发生腐蚀，如金属锈蚀、木材腐烂、水泥风化等，从而逐渐丧失其原有性能。而保护并维修得当的钢铁桥梁和木制房屋可以使用上百年。所以，保护作用是涂料的一个主要作用。

2. 装饰作用

在涂料中加入不同的颜料，可得到五光十色的涂膜，绚丽多彩的外观，增加物体表面的色彩和光泽，还可以修饰和平整物体表面的粗糙和缺陷，改善外观质量，提高商品价值。例如建筑涂料、汽车涂料、家居用品涂料等，能起到很好的美化生活的作用，涂料对人类的物质生活和精神生活做出了不容忽视的贡献。

3. 标志作用

涂料可作彩色广告标志；输送不同物料的化工管道外壁用不同色彩的涂料；道路划线，交通方向指示牌等各种交通标志，利用不同的色彩来表示警告、危险、安全、前进、停止等信号。目前，利用涂料的色彩做标志在各行各业已经逐渐形成标准。

4．特殊作用

随着时代的发展，人们对各种专用涂料的需求也日益增多，各种专用的涂料还具有特殊的作用。比如输油管内壁防结蜡涂料，除防腐蚀作用外，还可减少石蜡黏结在管壁上，减少输送阻力，提高输送能力；示温涂料可以在不同温度下显示不同颜色，涂装在储罐、管道外壁，可以测知罐内和管道内液体的温度；导电涂料可移去被涂物体表面的静电。还有各种用于纸张、塑料薄膜、皮革等表面的涂料，使之产生抗水、抗油等特性。

二、涂料的分类

涂料发展到今天，可以说是品种繁多，用途十分广泛，性能各异。涂料通常有以下几种分类方法：

（1）按涂料的形态：水性涂料、溶剂性涂料、粉末涂料、高固体分涂料。

（2）按施工方法：刷涂涂料、喷涂涂料、辊涂涂料、浸涂涂料、电泳涂料。

（3）按施工工序：底漆、中涂漆（二道底漆）、面漆、罩光漆等。

（4）按功能：装饰涂料、防腐涂料、导电涂料、防锈涂料、耐高温涂料、隔热涂料、防火涂料、防霉涂料、防冷凝涂料等。

（5）按用途：建筑涂料、汽车涂料、飞机涂料、家电涂料、木器涂料、桥梁涂料、塑料涂料、纸张涂料。

（6）按涂料中是否含有颜料：清漆，即不含颜料的溶剂型涂料，一般是无色或淡黄色透明的；磁漆，含有颜料的有色不透明溶液型涂料，又称色漆；厚漆，有色不透明、含少量溶剂的涂料；腻子，一种高固体分含量的涂敷物质，又称填充剂。

三、涂料的组成

涂料的种类繁多，但基本上都是由成膜物质、颜料、溶剂和助剂组成。有些涂料不含颜料，如清漆。有些涂料不含溶剂，如粉末涂料、辐射固化涂料（见表1-1）。

表1-1　涂料组成表

涂料的组成		涂料用原料
主要成膜物质	油料	动物油：鱼肝油、带鱼油、牛油等； 植物油：桐油、豆油、蓖麻油等
	树脂	天然树脂：虫胶、松香、天然沥青等； 合成树脂：酚醛树脂、醇酸树脂、氨基树脂、丙烯酸树脂、环氧树脂、聚酰胺树脂、聚氨酯树脂等
次要成膜物质	着色颜料	无机颜料：钛白粉、氧化锌、氧化铁红、炭黑、铅铬黄等； 有机颜料：甲苯胺黄、酞菁类、偶氮类等； 防锈颜料：氧化铁红、锌铬黄、红丹、偏硼酸钡等
	体质颜料	碳酸钙、硫酸钡、白炭黑、高岭土、云母粉、滑石粉
	功能颜料	防锈颜料、导电颜料、示温颜料、耐高温彩色复合颜料等
辅助成膜物质	助剂	催干剂、流平剂、防流挂剂、成膜助剂、增稠剂、流变剂、润湿剂、增塑剂、消泡剂、引发剂、偶联剂、乳化剂等
稀释剂	有机溶剂	石油溶剂、苯、甲苯、二甲苯、松节油、氯苯、醋酸丁酯、丙酮、环己酮、丁醇、环戊二烯等
	水	

1. 成膜物质

成膜物质又称基料，是使涂料牢固附着于被涂物体表面上形成连续薄膜的主要物质，是构成涂料的基础，是决定涂膜性能的主要因素，决定着涂料的基本性质。它既可以是热塑性树脂，也可以是热固性树脂。涂料用主要成膜物质——油和树脂。

涂料用油绝大多数为天然植物油及其加工品，合成油和动物油的使用比例很小。按照干燥速度的快慢可分为快干油、半干油和不干油三种。快干油有桐油、大麻油、亚麻油等；半干油有豆油、葵花油、玉米油、棉籽油；不干油有蓖麻油、椰子油、花生油。涂料用树脂有天然树脂和合成树脂两大类。

2. 颜料

颜料为分散在漆料中的不溶的微细固体颗粒，且物化性质不随分散介质改变。分为着色颜料和体质颜料，主要用于着色、提供保护、装饰以及降低成本等。

颜料的颗粒大小约为 $0.2 \sim 100\mu m$，其形状可以是球状、鳞片状和棒状。一般通常用的颜料是 $0.2 \sim 10\mu m$ 的微细粉末，不溶于溶剂、水和油类。颜料能赋予涂料以颜色和遮盖力，提高涂层的机械性能和耐久性；有的能使涂层具有防锈、防污、磁性、导电等功能。

颜料品种很多，按成分分为无机颜料和有机颜料；依性能可分为着色颜料、体质颜料和功能性颜料。着色颜料应用广泛，品种也非常多。体质颜料加入的目的并不在于着色和遮盖力，一般是作为填料来提高着色颜料的着色效果和降低成本。功能性颜料如防锈颜料、消光颜料、防污颜料、电磁波衰减颜料等，发展很快，占有越来越重要的地位。

涂料的性能受颜料以下性能的影响：

① 颜料的形状；

② 颜料的颗粒大小及其分布；

③ 颜料在涂料中的体积分数；

④ 颜料在涂料中分散的效果。

3. 助剂

助剂在涂料配方中所占的比例一般很小，但却起着十分重要的作用。各种助剂在涂料的储存、施工过程中以及对其成膜的性能有着不可替代的作用。常见的助剂有以下几种。

（1）流平剂　涂料的表面状态是涂料的主要性能指标，流平剂的作用就是改善涂层的平整性，包括防缩孔、防橘皮以及流挂等现象。常用有机溶剂如 $200^{\#}$ 汽油、甲苯、丁醇等来提高涂膜的流平性能，在乳胶涂料中称为成膜助剂。

（2）催干剂　又称干燥剂或干料，是一种能加速涂膜干燥的物质。与固化剂不同，催干剂不参与成膜。涂料生产中常用环烷酸锰、钴盐为主催干剂，铅、锌、钙等为助催干剂的复合催干体系。

（3）增塑剂　这是一类与成膜物质具有良好相容性而不易挥发的物质。它在涂料中的作用与其在塑料中的作用一样，当增塑剂与成膜物质混合后，因为极性增塑剂的加入，破坏了高聚物中极性基团、氢键等范德华力的交联，使结构变形但不断裂，从而减少了刚性。因此宏观上表现出来的作用是能改善漆膜的柔韧性，降低成膜温度，增加弹性和附着力。常用的增塑剂有邻苯二甲酸二丁酯、邻苯二甲酸二辛酯等。

（4）润湿分散剂　颜料的润湿和分散是有色涂料制造的重要过程，对涂料的性能与质量有很大的影响，润湿分散剂可帮助改变颜料表面性能，除掉颜料表面吸附的水和空气，改变剂型等。常用的润湿分散剂有脂肪酸皂，磺酸盐等表面活性剂。

（5）增稠剂　实际上是一类流变助剂，在溶剂型涂料中称为触变剂。涂料加入增稠剂后可防止在储存过程中已分散颗粒的沉淀、聚集，防止涂装时发生流挂现象。在制备乳胶涂料时加入增稠剂可控制水的挥发速度，延长成膜时间，从而达到涂膜流平的目的。

除此以外，还有固化剂、紫外线吸收剂、防结皮剂、消泡剂、防霉剂等。

4．稀释剂（溶剂）

溶剂是指在涂料中用于溶解或分散成膜物质，改善涂料黏度，使之形成便于施工，并能在涂膜形成过程中挥发掉的液体。

第二节　涂料的成膜

生产和使用涂料的目的是为了得到符合要求的涂膜，涂料形成涂膜的过程直接影响涂料能否充分发挥预定的效果以及所得涂膜的各种性能能否充分表现出来。涂料的成膜包括将涂料施工在被涂覆物体表面和使其形成固态的连续涂膜的过程。一般说来，涂料首先是一种流动的液体，在涂布完成之后才形成固体薄膜，因此是一个玻璃化温度（T_g）不断升高的过程。

在被涂物件表面涂上涂料制备所需要的涂膜，它的目的是依据所需要的涂膜的性能将涂料均匀地展敷和黏结在被涂物体表面，这只是完成涂料成膜的第一步，还要继续进行变成固态连续涂膜的过程，才能完成全部的涂料成膜过程。

液态涂料施工到被涂物体表面后形成了可流动的液态薄层，通常被称为"湿膜"，它要按照不同的机理，通过不同的方式，变成固态的连续的"干膜"，即需要的涂膜。这个过程通常称为"干燥"或"固化"。这是涂料成膜过程的核心阶段。

不同形态和组成的涂料有各自的成膜机理，成膜机理是由涂料所用的成膜物质的性质决定的。根据涂料所用的成膜物质的性质，涂料的成膜方式可分为两大类：物理成膜方式和化学成膜方式。由非转化型成膜物质组成的涂料以物理方式成膜；由转化型成膜物质组成的涂料以化学方式成膜。成膜机理决定了涂料最佳的施工方式和成膜方式。

一、物理成膜方式

1．溶剂挥发和热熔的成膜方式

一般聚合物只在较高的分子量下才表现出较好的物理性质，但分子量高，玻璃化温度也高，为了使它们可以涂布，必须用足够的溶剂将体系的玻璃化温度降低，使 $T-T_g$ 的数值大到足够使溶液可以流动和涂布。当溶液在室温下接近 $0.1Pa \cdot s$ 左右时，可以用于喷涂，涂布以后溶剂挥发，于是形成固体薄膜，这便是一般可塑性涂料的成膜形式。为了使漆膜平整光滑，需要谨慎选择溶剂，如果溶剂挥发太快，浓度很快升高，表面的涂料可因黏度过高失去流动性，结果漆膜不平整；另外，挥发太快，由于溶剂蒸发时失热过多，表面温度有可能降至凝点，会使水凝结在膜中，导致漆膜失去透明性而发白或使漆膜强度下降；溶剂不同会影响漆膜中聚合物分子的形态。在不良溶剂中的聚合物分子是卷曲成团的，而在优良溶剂中的聚合物分子则是舒展松弛的。溶剂不同，最后形成的漆膜的微观结构也有很大差异，如图 1-1 所示，前者分子之间较少缠绕而后者是紧密缠绕的，前者往往有高得多的强度。这种成膜方式可以用罐头内壁聚氯乙烯漆来说明，将聚氯乙烯溶于丁酮和甲苯混合溶剂中，使所得聚氯乙烯溶液 25℃时的黏度达到 0.1Pa·s 左右。涂布以后溶剂逐渐挥发，T_g 不断上升，三天以后，T_g 可达室温左右，即 $T-T_g=0$，这意味着自由体积已达最低，不能充分提供分子运动的孔穴，溶剂不易再从膜内逸出，但此时大约还有 3%～4% 的溶剂束缚在膜内，这些溶剂必须在 180℃下加热（亦即增加 $T-T_g$ 数值）2min 以上才能被除去。

优良溶剂　　　　　　　　　不良溶剂

图 1-1　溶剂与漆膜结构的关系

为了使聚合物成膜，除了加溶剂降低体系的 T_g 外，也可用升高温度的办法来增加 $T-T_g$（即增加自由体积），使聚合物达到可流动的程度，亦即加热使聚合物熔融。流动的聚合物在基材表面成膜后予以冷却，便可得到固体漆膜，这也是热塑性涂料成膜的另一种形式，即热熔成膜，例如涂在牛奶纸瓶上的聚乙烯就是用这种方法成膜的。粉末涂料也是热熔成膜的：聚乙烯、聚氯乙烯、聚丙烯酸酯等可塑性聚合物都可被粉碎成粉末，然后用静电或热的办法将其附着在基材表面上，并被加热至熔融温度以上，熔融的聚合物黏流体流平后，冷却即得固体漆膜。粉末涂料中主要是热固性粉末涂料，它在加热熔融成膜过程中还伴有交联反应。

2. 乳胶的成膜

在讨论乳胶成膜之前要明确区分一下乳胶与乳液之不同：乳胶是固体微粒分散在连续相水中，而乳液则是液体分散在水中。一般乳胶是通过乳液聚合制备的，乳胶的特点是其黏度和聚合物的分子量无关，因此当固含量高达 50% 以上时，即使分子量很高也有较低的黏度。乳胶在涂布以后，随着水分的蒸发，胶粒互相靠近，最后可形成透明的、坚韧的、连续的薄膜，但是也有的乳胶干燥后只得到粉末而得不到坚韧的薄膜。乳胶是否能成膜和乳胶本身的性质特别是它的玻璃化温度有关，也和干燥的条件有关。由于乳胶在涂料和其他方面用途极广，而且大都需要乳胶成膜，因此了解乳胶成膜机理是非常重要的，用乳胶制备水性涂料也是本书的主要内容。

乳胶成膜的过程比较复杂，目前的看法也不甚相同，这里仅作简单介绍。乳胶在涂布以后，乳胶粒子仍可以以布朗运动形式自由运动。当水分蒸发时、其运动逐渐受到限制，最终乳胶粒子相互靠近形成紧密的堆积。由于乳胶粒子表面的双电层保护，乳胶中的聚合物之间不能直接接触，但此时乳胶粒子之间可形成曲率半径很小的空隙，相当于很小的"毛细管"，毛细管中为水所充满。由水的表面张力引起的毛细管力可对乳胶粒子施加很大的压力，水分再进一步挥发，表面压力随之不断增加最终导致克服双电层的阻力，使乳胶内的聚合物间直接接触。聚合物间的接触又形成了新的聚合物和水的界面，界面张力引起新的压力，此种压力大小也和曲率半径有关。毛细管力加上聚合物和水的界面张力互相补充，这个综合的力可使聚合物粒子变形并促使膜的形成。压力的大小和粒子大小相关，粒子越小，压力越大。

上述讨论只说明了促使乳胶成膜的力的来源，乳胶粒子在此种力的作用下是否能成膜还决定于乳胶粒子本身的性质。如果乳胶粒子是刚性的，具有很高的玻璃化温度，即使再大的压力，它们也不会变形，更不能互相融合。粒子间的融合需要聚合物分子的相互扩散，而这便要求乳胶粒子的玻璃化温度较低，使其有较大的自由体积供分子运动。扩散融合作用又称自黏合作用，通过这种作用最终可使粒子融合成均匀的薄膜，并将不相溶的乳化剂排除出表面。因此，一方面，乳胶是否成膜取决于由表面（或界面）张力引起的压力，而这种力是和粒子大小相关的；另一方面，又要求粒子本身有较大的自由体积，如果成膜时的温度为 T，乳胶粒子的玻璃化温度为 T_g，则 $T-T_g$ 必须足够大，否则不能成膜。例如，聚氯乙烯乳胶在室温下便不能成膜，为使其成膜，必须加热至某一温度，此温度称最低成膜温度；也可以在乳胶中加增塑剂，使乳胶的 T_g 降低，这样可将"最低成膜温度"降至室温。在涂料中往往是加一些可挥发的增塑剂（溶剂）来降低最低成膜温度，此种可挥发的增塑剂又称成膜助剂，它们在乳胶成膜后可挥发掉，使薄膜恢复到较高的 T_g。

二、化学成膜方式

化学成膜是指先将可溶的（或可熔的）低分子量的聚合物涂覆在基材表面以后，在加热或其他条件下，分子间发生反应而使分子量进一步增加或发生交联而形成坚韧的薄膜的过程。这种成膜方式是热固性涂料包括光敏涂料、粉末涂料、电泳漆等的共同成膜方式，其中如干性油和醇酸树脂通过和氧气的作用成膜，氨基树脂与含羟基的醇酸树脂、聚酯和丙烯酸树脂通过醚交换反应成膜，环氧树脂与多元胺交联成膜，多异氰酸酯与含羟基低聚物间反应生成聚氨酯成膜以及光敏涂料通过自由基聚合或阳离子聚合成膜等，需要指出的是在发生化学反应之前或同时，一般也包含一个溶剂挥发的过程。

由转化型成膜物质组成的涂料主要依靠化学方式成膜。这种成膜就是涂料中成膜物质在施工为薄膜状态下聚合成为高聚物的涂膜过程，它完全遵循高分子合成反应机理。因此涂料的化学成膜方式可以按照高分子聚合机理分为链式聚合反应成膜和逐步聚合反应成膜两种形式。

1. 链式聚合反应成膜

涂料的链式聚合反应成膜形式有三种。

（1）氧化聚合形式　原始的以天然油脂为成膜物质的油脂涂料，以及之后出现的含有油脂组分的天然树脂涂料、酚醛树脂涂料、醇酸树脂涂料和环氧树脂涂料等都是依靠氧化聚合成膜的。氧化聚合属于自由基链式聚合反应，由于所含油脂组分大多为干性油，即混合了不饱和脂肪酸的甘油酯，通过氧化聚合这种自由基链式聚合反应，在最后可形成网状大分子结构。油脂的氧化聚合速度与其所含亚甲基团数量、位置和氧的传递速度有关。利用钴、锰、铅、锆等金属促进氧的传递，可加速含有干性油组分的涂料成膜。

（2）引发剂引发聚合形式　不饱和聚酯涂料是典型的依靠引发剂引发聚合成膜的。不饱和聚酯树脂含有不饱和基团，当引发剂分解产生自由基以后，作用于不饱和基团，产生链式反应而形成大分子的涂膜。

（3）能量引发聚合形式　一些以含共价键的化合物或聚合物为成膜物质的涂料可以通过能量引发聚合形式而形成涂膜。现代涂料固化成膜反应引发能量的主要形式是紫外光和辐射能。以紫外光引发成膜的涂料通称为光固化涂料，在光敏剂的存在下，涂料成膜物质的自由基加聚反应迅速，涂料几分钟内固化成膜。利用电子辐射成膜的涂料通称电子束固化涂料。

电子束固化成膜是目前涂料最快的成膜方式。

2. 逐步聚合成膜

根据逐步聚合成膜机理成膜的涂料，其成膜形式有缩聚反应、氢转移聚合反应和外加交联剂固化三种。

（1）缩聚反应形式 已含有可发生缩聚反应的官能团的成膜物质组成的涂料按照缩聚反应机理成膜，典型的就是氨基醇酸树脂涂料，氨基树脂中的烷氧基与醇酸树脂中的羟基发生缩聚反应，而形成体型结构为主的高分子涂膜。在成膜时有小分子化合物从膜中逸出。氨基聚酯涂料和氨基丙烯酸涂料也是以缩聚反应形式成膜。

（2）氢转移聚合反应形式 含有氨基、酰胺基、羟甲基、环氧基、异氰酸基等官能团的成膜物质组成的涂料，按氢转移聚合形式成膜，在成膜过程中无小分子化合物形成。

（3）外加交联剂固化形式 以某些低分子量线型树脂为成膜物质的涂料，可以依靠外加物质与之反应而固化成膜，外加物质一般用量较少，如催化型聚氨酯涂料。

涂料依据其不同的成膜机理需要不同的成膜条件和成膜工艺，成膜工艺主要包括常温固化成膜，加热固化成膜和特种固化成膜三种类型。

第三节　水性涂料

凡是用水作溶剂或者作分散介质的涂料，都可称为水性涂料。水性涂料与溶剂型涂料的最大区别在于：涂料中的大部分有机溶剂被水所取代。

随着人类对环境及健康的日益重视，水性涂料已获得了越来越广泛的应用。传统溶剂型涂料在生产和使用过程中所释放的有机挥发性物质（VOC）产生的污染，已成为继汽车之后的城市主要污染源。为了使涂料达到环保的要求，科技工作者把研究重点放在了代替传统的溶剂型涂料的研发上。这些替代型涂料包括：高固体分涂料、水性涂料、粉末涂料和辐射固化涂料等。这些涂料可以降低 VOC 的排放、减少有害废物的生成、减少工人对有毒释放物的接触。其中，水性涂料具有来源方便、易于净化、低成本、低黏度、无毒、无刺激、不燃等特点，成为当今的研究热点。

一、水性涂料的分类

水性涂料一般根据树脂形态分为水溶性型、水乳胶型、水溶胶型和粉末水浆型四种类型，其物性如表 1-2 所示。

表 1-2　水性涂料物性

类别	粒径/μm	分子量	外观
水溶性型	溶液	$1\times10^3\sim5\times10^4$	透明
水溶胶型	<0.1	$5\times10^3\sim1\times10^5$	半透明
水乳胶型	$0.1\sim10$	$>1\times10^5$	白色乳液
粉末水浆型	$1\sim3$	$>2\times10^5$	白色泥浆状

1. 水溶性涂料

水溶性漆是 20 世纪 60 年代发展最快，最富生命力的涂料新品种。特别是水溶性电泳漆和电泳法涂浆工艺的出现，使水溶性漆的发展更为迅速。不仅打破了油漆生产必须使用有机溶剂的惯例，而且可以使涂装过程实现机械化、自动化。其优点可概括如下：

(1) 以水为溶剂无火灾危险，有利于涂料生产及涂装的安全；

(2) 减少有机溶剂蒸发对人体的毒害；

(3) 有利于节省资源降低成本；

(4) 电泳法施工劳动强度低、劳动生产率高，涂料利用率高，漆膜性能好。

我国20世纪70年代后期开发了阴极电泳底漆，80年代相继引进日本关西和奥地利斯托拉克公司的EL-9210、G-1083两种底漆，在工厂的应用效果很好。但不论国产的或引进技术生产的均属薄膜型。

国外已有不少水性面漆研制的报道，但至今未有突破性进展。树脂在水中的储存稳定性、漆的流动性以及施工时的湿度控制等一些问题需要解决。水溶性浸渍漆、水溶性喷漆等品种已经面市，国内也研制成功相应的涂料品种待推广应用。

2. 水乳胶涂料

水乳胶涂料是水性涂料中品类最多的一类，在建筑涂料中得到最广泛的应用。历经丁苯、聚乙酸乙烯酯、丙烯酸乳胶涂料三代产品，逐步由热塑性型发展到热固性型。目前广泛应用的水乳胶涂料有乙酸乙烯酯-丙烯酸系乳胶涂料、苯乙烯-丙烯酸系乳胶涂料和纯丙烯酸系乳胶涂料三大类。

交联乳胶是乳胶涂料的新品种，已工业化的产品有含N-羟甲基丙烯酰胺及其醚化物组成的共聚型自交联乳胶乳料。防锈乳胶涂料作为乳胶涂料的新品种，发展较快。但防锈乳胶漆在水挥发过程中有瞬锈现象，在配方中加入缓蚀剂（亚硝酸钠）等又会降低涂膜的耐水性。为解决这一问题，目前已开发不需要缓蚀剂而自身能抗瞬锈和早锈的防锈乳胶涂料，用于涂装钢铁、镀锌钢板等，防锈性能很好，若罩以云母铁面漆效果更佳，一般寿命可达6年，在海滨地区也可达3年之久。

3. 水溶胶涂料

水溶胶粒度比乳胶小，具有一定的"自然乳化"能力。因此乳化剂用量低，涂膜耐水性好，光泽度、流平性、硬度也较一般乳胶涂料高。可用作金属、木材、塑料、水泥制品的表面涂装，特别适用于聚乙烯等热塑性塑料制品表面的涂装。国内的开发尚未见报道。

4. 粉末水浆涂料

所谓粉末水浆涂料，一般指含颜料的水溶性树脂粉末，借助于表面活性剂均匀混合分散在水中形成的涂料。另外一种水厚浆涂料，是采用亲水性有机溶剂（如丙酮等）制备成溶剂型涂料，再以水作凝固剂使涂料粒子经凝集、过滤、添加助剂处理、研磨后用水调制而成。目前已实用化的水性厚浆涂料也只有丙烯酸和环氧系两大品种。

二、水性涂料的特点

1. 水性涂料的优点

(1) 水性涂料以水作溶剂，节省大量资源；水性涂料消除了施工时火灾危险性；降低了对大气污染；水性涂料仅采用少量低毒性醇醚类有机溶剂，改善了作业环境条件。一般的水性涂料有机溶剂在涂料中的含量为10%～15%，而现在的阴极电泳涂料已降至1.2%以下，对降低污染、节省资源效果显著。

（2）水性涂料在湿表面和潮湿环境中可以直接涂覆施工；水性涂料对材质表面适应性好，涂层附着力强。

（3）水性涂料涂装工具可用水清洗，大大减少清洗溶剂的消耗。

（4）水性涂料电泳涂膜均匀、平整、展平性好；内腔、焊缝、棱角、棱边部位都能涂上一定厚度的涂膜，有很好的防护性；电泳涂膜有最好的耐腐蚀性，厚膜阴极电泳涂层的耐盐雾性最高可达 1200h。

2. 水性涂料的缺点

（1）水性涂料对施工过程中及材质表面清洁度要求高，因水的表面张力大，污物易使涂膜产生缩孔。

（2）水性涂料对抗强机械作用力的分散稳定性差，输送管道内的流速急剧变化时，分散微粒被压缩成固态微粒，使涂膜产生麻点。要求输送管道形状良好，管壁无缺陷。

（3）水性涂料对涂装设备腐蚀性大，需采用防腐蚀衬里或不锈钢材料，设备造价高。水性涂料对输送管道的腐蚀、金属溶解，使分散微粒析出，涂膜产生麻点，也需采用不锈钢管。

（4）烘烤型水性涂料对施工环境条件（温度、湿度）要求较严格，增加了调温调湿设备的投入，同时也增大了能耗。

（5）水性涂料水的蒸发潜热大，烘烤能量消耗大。阴极电泳涂料需在 180℃烘烤；而乳胶涂料完全干透的时间则很长。

（6）水性涂料沸点高的有机助溶剂等在烘烤时产生很多油烟，凝结后滴于涂膜表面影响外观。

（7）水性涂料存在耐水性差的问题。水性涂料的介质一般都呈微碱性（pH 为 7.5～8.5），树脂中的酯键易水解而使分子链降解，影响涂料和槽液稳定性，及涂膜的性能。

水性涂料虽然存在诸多问题，但通过配方及涂装工艺和设备等几方面技术的不断提高，有些问题在工艺上得到预防，有些通过配方本身得到改善和提高。

三、水性涂料的发展现状和前景

（一）发展现状及存在的问题

水性涂料虽是当今中国涂料行业的一个热点，但其发展乏力也是不争的事实。近年来，涂料中可挥发的有机化合物对于环境及人体的危害日益引起人们的关注，而水性涂料相对于传统溶剂型涂料能极大地减少 VOC 的排放，有效降低了对环境的影响。还有助于降低职业病发生的潜在概率，减少火灾风险和储存隐患，简化及降低企业通风，水处理等方面的流程及成本等。但是，目前我国水性涂料的发展似乎遇到了些许阻碍，主要表现在政策法规的完善、技术革新的加强以及大众认知的普及这三方面。回顾欧美等国的水性涂料发展历史，政策法规在其中扮演了至关重要的角色，相继出台的严厉政策法规迫使很多涂料企业不得不进行产业升级，走上水性化的道路。相反，由于政策法规的不完善使得涂料企业没有真正重视水性涂料的发展，而企业的短视使其对水性涂料市场的投入不大，从而不能影响消费者最终的购买行为，而消费者的行为又会影响政策规范制定者及企业对水性涂料市场的判断。因此加快中国涂料水性化的发展步伐要从政策法规、技术推广、市场教育等多方面入手。

水性涂料发展的三个必需条件。水性涂料在欧美市场成功发展的经验表明，水性涂料发展需要三个必需条件：消费者对环保的要求，政府对有机挥发物的立法，涂料原料商和涂料企业对环保型涂料的投入。更进一步，这三者是紧密联系的：消费者对环保的要求推动政府有关 VOC 的立法行为，而政府的 VOC 立法又迫使涂料行业对环保型涂料产业的投入，带动整个行业从溶剂型涂料向水性涂料转型。这个"三部曲"是欧美水性涂料成功的关键。

（二）发展前景

1. 我国水性工业涂料已面临良好的发展机遇

我国工业涂料领域中，目前水性涂料所占比例还比较小，这主要受技术、价格和政策法规三方面因素制约。首先，工业涂装领域对涂膜的外观、机械性能、耐性（特别是耐水性）等性能的要求大大高于建筑内外墙涂料，而且不同的应用场合，要求各不相同，我国原先的一些水性涂料技术水平还不能普遍满足工业涂料对涂膜性能的要求。其次，一些性能高的水性涂料品种，由于受工艺、规模和原料成本及来源等因素制约，价格相对比较高，这也限制了其广泛应用。再者，在涂装行业，若无特殊的强制性措施要求，受使用惯性的影响，多数人也不愿主动放弃原已稳定使用的溶剂型涂料而承担一定风险去使用水性涂料，这也给水性涂料新产品的推广应用带来一定的难度。但是近年来，随着我国经济的迅速发展，开放程度的进一步提高，与世界经济的接轨和资源日趋紧张，以及人们对环保和身体健康的重视，水性涂料在我国已面临良好的发展机遇。

2. 国内外环保法规及政策对涂料水性化的推动

众所周知，欧美国家特别是欧盟对环保非常重视，相继制定了一些环保法规来限制挥发性有机化合物（VOC）向大气中释放，如欧盟 Directive.99/13/CE 法规，德国 AT-Luft 法规（大气净化法，1992），美国的 66 法规、CAA（空气洁净法，1970）、CAAA（空气洁净法修正案，1990）；近年来欧盟实施的 ROHS 指令（关于限制在电子电气电器设备中使用某些有害成分的指令）以及西方国家为了贸易保护而设置的环保方面的贸易壁垒等，都将推动我国环保涂料尤其是水性涂料的发展进程。我国目前出口西方发达国家的工业产品，有许多已开始改用环保的水性涂料涂装施工。此外，国内近来发生的重大河流湖泊污染和出口产品的污染毒害事件已经促使我国高层领导更重视保护生态环境。2008 年国家环保总局升格为环保部，2018 年再次更名为生态环境部，特别是近几年"绿水青山"的执政理念，节能减排工作力度的加大、国内相关产品环保安全方面强制性标准的制定等一系列措施，说明我国政府对环境保护的重视，同时国内也形成了重视环保、关注健康的氛围。另一方面，政府对民生的关注，对劳动人员各类保障的重视和日趋完善，也将引起劳动者对工作环境及劳动保护的重视，有毒有害的溶剂型涂料的涂装施工今后将面临人员短缺及施工成本增加的问题。今后污染环境、危害施工人员身体健康的溶剂型涂料的应用将受到越来越多的限制和制约，这将给水性涂料提供良好的发展空间。

3. 石油价格的不断上涨，提高了溶剂型涂料的价格，推动了涂料水性化的进程

随着人们生活水平的普遍提高，对资源和能源消费需求的不断增大，导致全世界资源紧张，价格飞速上涨，石油作为最基本的资源和能源，更是首当其冲，引发其下游材料价格快速上涨。近年来，我国基本有机化工原料价格的飞速上涨，已经使我国原本高利润的涂料行业沦落为微利行业，更使一些规模较小的涂料厂不堪原料成本的上涨而倒闭。溶剂型涂料价

格的大幅上涨，使得水性涂料在价格方面的优势日趋显现，这也是近年来我国水性涂料得以在一些工业涂装领域较快发展的一个主要原因。

4. 水性树脂生产技术的进步和发展，使得水性涂料逐步替代溶剂型涂料变成可能

近年来，国外先进的水性树脂产品和涂料技术进入我国涂料市场，再加上国内对水性涂料新产品开发的重视，带动了我国水性涂料特别是水性工业涂料的发展和应用。现在，一大批先进的水性树脂新产品和高性能水性涂料品种的问世，使得水性涂料在涂膜性能上已能满足越来越多的工业产品的涂装要求。这些新品种水性树脂主要有：耐水型的无皂丙烯酸乳液，水性聚氨酯及丙烯酸聚氨酯树脂，水性环氧树脂，水性醇酸、聚酯，水溶性丙烯酸、羟基丙烯酸乳液树脂等。

第二章

涂料与高分子化合物

　　涂料涂覆到物体表面能够干燥成膜，使被涂物体美观并得到保护或者在物体表面形成具有其他特殊功能膜的一类成膜物质。涂料的主要成膜物质多使用高分子化合物，分子量大多在 10000 以上。高分子化合物是指由千万个小分子化合物通过不同方式聚合而成的大分子化合物，因此高分子化合物又称为聚合物或高聚物。

　　用于涂料成膜物质的高分子化合物，常称为涂料用树脂。合成树脂是涂料工业中使用最多、性能最佳的成膜物质。

第一节　概　　述

一、高分子化合物的特性

　　高分子化合物可以分为两类。一类是天然高分子化合物，如淀粉、棉花、丝、麻、毛、蛋白质和天然橡胶等。另一类是人工合成的高分子化合物，如塑料、合成纤维、合成橡胶、涂料、胶黏剂等。高分子化合物已经成为现代工业、农业、国防科学和人民生活等方面不可或缺的原料。

1. 高分子化合物的分子量大

　　高分子化合物是由千百万个低分子联结起来的大分子，所以它的分子量可高达几万、几十万，甚至几百万。如淀粉 $(C_6H_{10}O_5)_n$ 就是由几百到几千个 $C_6H_{10}O_5$ 单元连接而成的。而普通低分子的分子量仅有几十到几百个单位。

　　分子量大或分子链很长是高分子化合物最本质的特点，由于分子量很大，高分子化合物具有一些特有的特点。如难溶、不溶或溶解时必须经过溶胀阶段，高分子化合物溶液的黏度大等特性。

　　所有的高分子都是由小分子通过一定的化学反应衍生而来的，由小分子生成高分子的反应过程叫聚合反应。能够进行聚合反应并在聚合反应后构成所得高分子的基本组成单元的小分子叫单体分子。一个聚合反应体系中可以只有一种单体，也可以有两种以上的单体。

　　高分子可看作是由许多重复单元所组成的一条长链，构成高分子主链骨架的单个原子称为链原子，构成高分子主链结构组成的单个原子或原子团称为结构单元，重复组成高分子分子结构的最小结构单元称为重复结构单元。例如聚氯乙烯是由许多氯乙烯结构单元重复键接而成：

$$\sim\!\!\sim\!\!-CH-CH_2-CH-CH_2-CH-CH_2-CH-CH_2-\sim\!\!\sim$$

$$\begin{array}{cccc}|&|&|&|\\ Cl&Cl&Cl&Cl\end{array}$$

以上表达式中，"$\sim\!\!\sim$"表示碳链骨架，为了方便，上式可缩写成：

$$\begin{array}{c}\left.\!\!\!-CH_2-CH\!\!\!\right]_n\\ |\\ Cl\end{array}$$

其中括号内结构单位叫作链节，链节的重复次数 n 叫作聚合度。

聚合反应可在单体分子以及任何中间产物分子之间进行。其中，聚合物分子通过缩合反应生成的称为缩聚反应；聚合物分子通过加成反应生成的称为逐步加成聚合反应。同一聚合反应体系可以有一种或多种单体，根据参与聚合反应单体种类的多少以及所得聚合物分子结构特性，可将聚合反应分为均聚反应和共聚反应。有一种单体参与的聚合反应为均聚反应，所得的聚合物为均聚物；例如聚氯乙烯。有两种以上单体参与的聚合反应称为共聚反应，所得的聚合物为共聚物；例如聚对苯二甲酸乙二酯。

$$高分子化合物分子量＝链节分子量×聚合度$$

合成聚合物时，必须控制分子量。分子量太小性能不好，太大并不能进一步提高性能，反而会引起加工困难，因为聚合物的加工性能也与分子量有关。

2. 高分子化合物的分子量及其分布

（1）平均分子量　在低分子化合物中，对纯物质的分子量有着严格而明确的规定。例如，纯乙醇的分子都是由 2 个 C 原子，6 个 H 原子和 1 个 O 原子组成，它的分子量是 46。假如乙醇中含有少量甲醇，则就不是纯乙醇了。但是对于高分子化合物中，所谓纯聚合物和分子量的含义与低分子化合物是不一样的。例如，聚氯乙烯，其分子式为：

$$\begin{array}{c}\left.\!\!\!-CH_2-CH\!\!\!\right]_n\\ |\\ Cl\end{array}$$

式中的 n 可以从几十到几百、几千甚至几万。这些大分子的分子量相差几倍、几十倍、几百倍甚至更大，但只要符合这一结构式的聚合物都是纯聚氯乙烯，所以高分子化合物中的纯物质，是指不含其他物质，分子的化学组成相同而分子量不同的高级同系混合物。

高分子化合物的这种特性叫作分子量的多分散性。到目前为止，还未能生产出各个分子的分子量完全相同的聚合物。因为在高分子化合物的使用过程中，还要利用高分子化合物分子量多分散性的性质，因此，在高分子化学中引入了平均分子量的概念。

高分子化合物具有分子量的多分散性，只能用分子量的统计平均值来描述。在测定分子量时，不同的测试方法在原理上是使用了不同的统计方法，所得到的平均分子量不仅数值不同，而且也具有不同的含义。下面是几种平均分子量的定义和表示方法。

① 数均分子量 $\overline{M}_n$：$\overline{M}_n$ 通常用渗透压、蒸气压等依数性方法测定，其定义是某体系总质量 m 被总分子数所平均。

$$\overline{M}_n=\frac{m}{\sum n_i}=\frac{\sum n_i M_i}{\sum n_i}=\frac{\sum m_i}{\sum(m_i/M_i)}=\sum x_i M_i$$

式中，n_i 是第 i 种分子的分子量；x_i 是第 i 种分子的分子分数。由上式可见，低分子量部分对数均分子量有较大的贡献。

② 重均分子量 $\overline{M}_w$：$\overline{M}_w$ 通常用光散射法测定，其定义为

$$\overline{M}_w = \frac{\sum m_i M_i}{\sum m_i} = \frac{\sum n_i M_i^2}{\sum n_i M_i} = \sum w_i M_i$$

高分子量对重均分子量有较大贡献。w_i 表示第 i 种分子的质量分数。对聚合体中所有大小的分子（即 $i=1$ 到 $i \to \infty$）作总和。

③ 黏均分子量 $\overline{M}_\eta$：聚合物的分子量经常用黏度法测定。

$$\overline{M}_\eta = \left(\frac{\sum m_i M_i}{\sum m_i}\right)^{1/\alpha} = \left(\frac{\sum n_i M_i^{\alpha+1}}{\sum n_i M_i}\right)^{1/\alpha}$$

式中 α 是高分子稀溶液的特性黏度——分子量关系式中的指数，一般为 0.5～0.9。三种表示方法的分子量大小关系是 $\overline{M}_w > \overline{M}_\eta > \overline{M}_n$。

（2）分子量分布　除了平均分子量以外，分子量分布也是影响聚合物性能的重要因素。低分子量部分将使聚合物强度降低，分子量过高又使塑化成型困难。不同高分子材料应有其合适的分子量分布。合成纤维的分子量分布应该窄，而合成橡胶的分子量分布可以较宽。高分子化合物分子量的大小和多分散程度的大小都将对其性能及成型加工有较大的影响，因此，合成高分子化合物时应尽量使分子量分布均匀。聚合物分子量的分布（多分散性）有两种表示方法。

① 以 $\overline{M}_w/\overline{M}_n$ 的比值定义为分布系数 d，用来表征分子量分布的宽度或多分散性。对于分子量均一的体系，$\overline{M}_w = \overline{M}_n$，即比值等于 1。活性阴离子聚合物接近这种情况。不同方法制备的聚合物分布指数 d 在 1.5～2.0 至 20～50 之间。比值越大，表明分子量分布越宽。

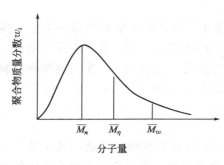

② 分子量分布曲线。图 2-1 是典型的聚合物分子量分布曲线。$\overline{M}_n$、$\overline{M}_\eta$、$\overline{M}_w$ 的相对大小示意在横坐标上。数均分子质量处于分布曲线顶峰附近。

平均分子量相同的聚合物，分子量分布也可能有差异。这是由分子量相等的各部分分子所占的百分比不同造成的。

图 2-1　典型的聚合物分子量分布曲线

二、高分子化合物的分类

随着高分子科学技术的发展，聚合物的种类日益增多，迫切需要一个科学的分类方法。常用的分类方法有以下几种。

（1）根据高分子化合物的来源可分为三类：

① 天然高分子化合物，即自然界天然存在的高分子化合物，如淀粉、蛋白质、纤维素等；

② 改性天然高分子化合物，经化学改性后的天然高分子化合物，如由纤维素和硝酸反应得到的硝化纤维、由纤维素和乙酸反应得到的乙酸纤维素等；

③ 合成高分子化合物，由单体通过人工合成的高分子化合物，如有乙烯聚合得到的聚乙烯等。

（2）根据高分子链原子组成的不同，也可分为三类：

① 链原子全部由碳原子组成的碳链高分子，—C—C—C—C—C—C— 或 —C—C＝C—C—，

属于此类的聚合物有聚乙烯、聚丙烯等聚烯烃类。

② 链原子除碳原子外，还含 O、N、S 等杂原子的杂链高分子；—C—C—O—C—、—C—C—N—C—、—C—C—S—C—等。属于此类的聚合物有聚酯、聚酰胺。

③ 链原子由 Si、B、Al、O、N、P 等杂原子组成，不含 C 原子的元素有机高分子，如：—O—Si—O—Si—O—Si—O—Si—，它的侧基一般都是由有机基团（甲基、乙基）或元素组成。属于此类的聚合物为有机硅橡胶，如聚二甲基硅氧烷的链原子只有 Si 和 O。

（3）按合成反应分类：可分为加聚聚合物和缩聚聚合物。所以高分子化合物常称为高聚物或聚合物，高分子材料称为高聚物材料。

（4）按高分子材料的热行为及成型工艺特点分类：分为热塑性（thermoplast）高分子化合物和热固性（thermoset）高分子化合物两类。

高聚物的物理性质与其分子链在空间的几何构型有密切关系，例如线型和支链型的大分子间聚集在一起时，结合力比较松散，通过加热或溶解的方法可使大分子间松散开，溶解或熔融，所以这两类高聚物大多具有热塑性（即加热可塑化，冷却时又变硬的性能。该过程可逆，这是重要的成型加工特性），如聚氯乙烯、聚苯乙烯等。而体型网状结构大分子链，由于大分子以化学键相互交联在一起，此类高分子化合物大多既不能溶解也不能熔融，称为热固性树脂。它受热时软化、固定成型，冷却后加热不再软化，其过程不可逆。热固性树脂受热后的变化本质上是化学变化，固化后产物的结构为体形，如酚醛树脂、环氧树脂等。在支链型高聚物与线型高聚物中，由于支链型高聚物的分子排列较松散，分子间作用力更弱，因此支链型高聚物一般比线型的溶解度大，而密度、熔点和机械强度较低。

（5）按高分子化合物的性质和用途分类：分为塑料、纤维、橡胶三大类。

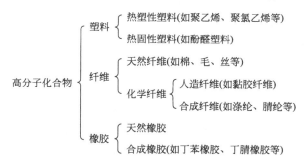

塑料是指以聚合物为基础，加入（或不加）各种助剂和填料，经加工形成的塑性材料或刚性材料；纤维是指纤细而柔软的丝状聚合物材料，长度至少为直径的 100 倍；橡胶是指在室温下具有可逆形变的高弹性聚合物材料。以上三类为聚合物材料中用量最大的三种。

（6）按高分子化合物分子链的几何形状复杂程度分类：根据链节在空间连接位置的不同，高分子化合物的结构形态可分为线型、支链型和体型三种。如图 2-2 所示：

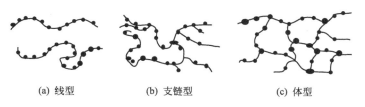

(a) 线型　　　(b) 支链型　　　(c) 体型

图 2-2　高分子化合物的结构形态

① 线型高分子：其分子链是线状长链大分子，长链呈蜷曲状，如图 2-2(a) 所示。聚丙烯、聚酯、聚氯乙烯、低压聚乙烯等合成树脂和未经硫化的天然橡胶的大分子链基本属于线型分子链。

② 支链型高分子：其大分子链上带有长短不同的侧枝，如图 2-2(b) 所示。高压聚乙烯和接枝的 ABS（丙烯腈-丁二烯-苯乙烯聚合物）树脂等都属于支链型结构。

③ 体型（交联型）高分子：其大分子链由线型或支链型高聚物分子以化学键交联形成，它具有空间网状结构，如图 2-2(c) 所示。酚醛树脂、环氧树脂、离子交换树脂和硫化后的橡胶属于此类大分子链结构。

（7）按高分子的聚集态分类：所谓聚集态，即高分子与高分子（也包括与其他物质）之间的几何排列方式。物质可以以不同的聚集态存在。低分子物质可以以气、液、固三种聚集态存在，而高分子只有液态和固态而无气态。这是因为高分子的分子链很长，分子量很大，分子间总的吸引力很大，无法以气态存在。因此高聚物在室温下一般凝聚成固体。由此，可将高分子化合物分为结晶态、非晶态（无定形态）、液晶态、取向态和共混态。

第二节　高聚物的结构和性质

一、高聚物的结构

高聚物的组织结构要比金属复杂得多，从低分子单体聚合成大分子，由无数的大分子聚集成高分子材料，中间存在着多重结构：即一次结构、二次结构及三次结构。

1. 高聚物的一次结构

高聚物的一次结构是指单个大分子内与结构单元有关的结构，包括结构单元的化学组成、结构单元相互连接的方式、结构单元在空间排列的立体异构性、链的共聚结构和支化交联等。

线型大分子是许多重复单元通过共价键连接而成的。单体本身的结构和化学组成是影响高聚物性能的主要原因。例如聚苯乙烯是脆性硬塑料，易溶于芳烃中；聚丁二烯是弹性体，易溶于芳烃和环烷烃中；聚酰胺（尼龙）是强度很高的纤维材料，只能溶于某些强极性溶剂中。这些性能的差异主要是由重复单元结构的不同导致的。

大分子内结构单元间的连接可能有多种方式，在聚氯乙烯中，氯乙烯单元在链上的连接方式，头尾连接是主要的，但也存在少量的头头连接或尾尾连接。

大分子结构单元上的取代基在空间还可能有不同的排列方式，可形成立体异构现象，产生各种构型。如单取代乙烯类高分子，由于链节两端不同，在一个结构单元各有一个不对称碳原子，就有两种旋光异构单元存在，它们在高分子链中有三种排列方式。

2. 高聚物的二次结构

高聚物的二次结构涉及单个大分子的构象，即空间形态。构象和构型不同。构型属于一次结构的范畴，要改变分子的构型，必须通过化学键的断裂和重组，而构象的改变是由单键的内旋转造成的，并不引起键的断裂。

随着外界条件的不同，如溶剂的改变、温度变化、拉伸等，线型大分子可以形成诸如伸展拉直（成锯齿形）、无规线团、有规则周期曲折和螺旋等多重二次结构形态，如图 2-3 所示。

无规线团　　　　　　折叠链　　　　　　螺旋链

图 2-3　高聚物的二次结构示意图

3. 高聚物的三次结构

在单个大分子二次结构的基础上，许多大分子聚集而成高聚物材料，产生了三次结构。如图 2-4 所示，代表可能产生的几种三次结构形态。

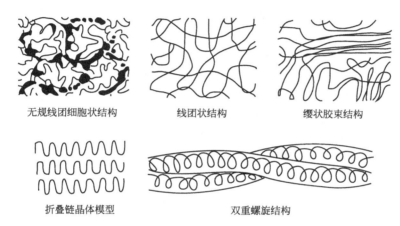

无规线团细胞状结构　　　　　　线团状结构　　　　　　缨状胶束结构

折叠链晶体模型　　　　　　双重螺旋结构

图 2-4　高聚物的三次结构示意图

二、高聚物的各种物理状态和性质

1. 熔点和玻璃化温度

在学习高聚物的各种物理状态之前，让我们先学习两个高聚物非常重要的物理量——玻璃化温度和熔点。在了解这两个物理量之前，先了解一下比容这一物理量。比容即单位质量某种聚合物的体积，是密度的倒数，单位是 m^3/kg。实际上常用 cm^3/g 作单位。

无定形聚合物与晶体或高结晶度的聚合物的物理状态随温度变化的情况是非常不同的。例如温度和比容的关系，这可从图 2-5 和图 2-6 的比较看出来。温度升高时，晶体的比容变化很小，当温度升高到某一值后，比容突然迅速增加，晶体同时熔化，该温度值称为这种晶体的熔点（T_m）。而无定形聚合物则不同，温度升高，比容的变化起初也很小，但到某一温度值后，比容增加明显，但聚合物还未熔融，只是质地变软呈具弹性状。这一温度值就称为该聚合物的玻璃化温度（T_g）。温度高于此值时，聚合物处于所谓的高弹态，低于此温度值时，则聚合物处于玻璃态。晶体的温度低于熔点时，也可称为玻璃态，但始终不会有高弹态出现。无定形聚合物的温度进一步升高，也会熔化，但从固态到液态的转变是无明显界限的，只有一个熔融范围，通常用软化温度来表示这一温度范围。聚合物的 T_g 不仅对了解聚合物的力学性质非常重要，而且对于了解涂料中有关黏度的行为也十分重要。

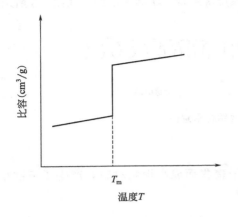

图 2-5　晶体的温度与比容的关系

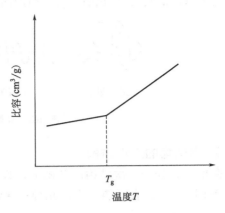

图 2-6　聚合物的温度与比容的关系

2. 低分子物质的结晶和玻璃化过程

物质能以不同的聚集态和相态存在，低分子物质可以以气、液、固三种聚集态存在。在低分子物质从液态冷却固化为固态的过程中，可能会发生两种不同形式的转变。一种是分子作规则排列，形成结晶，这个过程叫结晶化过程，是相变，有明显的熔点 T_m，相变时物质的比容、比热容、熵、内能等热力学性质均有变化。另一种情况是，液体冷却时，分子来不及作规则重排体系黏度就已经变得很大，于是就冻结为无定形状态的固体，这种状态称为玻璃态，该转变过程称作玻璃化过程。在玻璃化过程中，热力学性质连续变化，无突变现象，也无明显的转折温度，但存在一个明显的渐变的温度区，称为玻璃化温度 T_g。玻璃化过程不是相变过程。

$$液态 \xrightarrow[\text{相变}]{\text{结晶过程（冷却）}} 晶体（T_m） \qquad 液体 \xrightarrow[\text{非相变}]{\text{玻璃化过程（冷却）}} 无定形固体（T_g）$$

3. 高聚物的结晶和玻璃化过程

常见的高聚物分子量都在 10000 以上，分子间作用力很大，无气态存在。在室温条件下，绝大部分高聚物为固体，少数呈液体状态。由于高聚物分子结构和排列规整性的不同，因此，固体高聚物或者为结晶态，或者为无定形态，但当它们受热，温度上升到某一值后，都可转变成为黏稠的液体。

对于一次结构简单规则的高分子，易于形成规整的结晶高聚物，如低压聚乙烯、定向聚丙烯、聚四氟乙烯、聚甲醛、聚酰胺（尼龙）等。但与低分子不同，高分子结晶往往不完全，特别是在结晶体的边角、外围部分，分子的排列也不够规整，所以其熔点范围较宽。但总体而言，结晶聚合物熔点高，强度大，耐溶剂，使用性能优良。

对于一次结构复杂又不规则的高分子，最后形成的高聚物往往是无定形态的。如聚苯乙烯、聚氯乙烯、聚甲基丙烯酸甲酯等。

4. 高聚物的力学三态

无定形态的高聚物，温度在 T_g 以下时，处于玻璃态，当其受热后，温度逐渐升高，经过高弹态，最后才转变称为黏流态。高聚物的玻璃态、高弹态和黏流态是在受热和受力下的行为的反映，称为高聚物的力学三态，都具有明显的特点，如图 2-7 所示。

玻璃态聚合物，体系黏度极大，表现出固体的力学特性：受外力时，形变很微小，去掉外力后，瞬时就恢复原状。在力学上称其为普弹性形变，服从虎克定律，即应力与形变成正比，比例系数称作弹性模量。这些小形变是由键长、键角的微小变化所致，整个分子链，包括它的运动单元链段都受到冻结，不能活动。

当温度上升到 T_g 以上时，体系黏度降低，运动单元链段解冻，开始活动。受力时，链段伸展，产生大的形变，外力解除后，可以恢复原状。这种形变称为高弹形变，所处力学状态称作高弹态。当温度进一步升高，黏度更低，整个分子链都已解冻。受外力时，分子链相互之间可产生位移，由此产生的形变在外力解除后，不能恢复。这种不可逆形变称为黏流形变，所处的力学状态称作黏流态。从高弹态到黏流态的转变温度称为黏流温度 T_f。

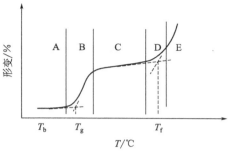

图 2-7　高分子聚合物形变温度曲线

A—玻璃态；B—过渡区；C—高弹态；D—过渡区；
E—黏流态；T_b—脆化温度；T_g—玻璃化温度；
T_f—黏流温度

从图 2-7 中可以清楚地看到，高聚物的玻璃态、高弹态、黏流态三者的转变关系。处于玻璃态时，形变小、在 T_g 附近，形变显著增大。温度进一步升高，进入高弹态后，曲线又出现一个平缓的区域，直到黏流温度以后，进入黏流态，才能产生更大的形变。高度交联的聚合物，如硬橡胶，只有玻璃态，没有高弹态和黏流态。交联度低的聚合物会出现高弹态，但无黏流态。结晶度高的聚合物，如果分子量不特别大，加热到熔点以上，就直接进入黏流态，不出现高弹态。如分子量很大，也可能经过一小段高弹区，然后进入黏流态。这一高弹区的出现，是由分子链的缠结所造成的。

值得注意的是，同一聚合物材料，在某一温度下，由于受力大小和时间的不同，可能呈现出不同的力学状态。这些力学状态牵涉到应力、应变、温度、时间等四个变量之间的关系。

在室温条件下，树脂处于玻璃态，这是树脂能使用的状态，因此 T_g 是树脂使用的上限温度，但对结晶高聚物而言，可以在熔点以下一段温度范围内使用。橡胶处于高弹态，T_g 是其使用的下限温度。线型非晶高聚物各状态的特征见表 2-1。

表 2-1　线型非晶高聚物各状态的特征

状态	微观	宏观
玻璃态	玻璃态时由于分子热运动能量低，不足以克服主链内旋转位垒，链段处于被冻结的状态，仅有侧基、链节、短支链等小运动单元可作局部振动，以及键长、键角的微小变化，因此不能实现构象的转变。或者说链段运动的松弛时间远大于观察时间，因此在观测时间内难以表现出链段的运动	宏观上表现为普弹形变，质硬而脆，形变小（1% 以下），模量高（$10^9 \sim 10^{10}$ Pa）。
玻璃化转变区	链段运动开始解冻，链构象开始改变、进行伸缩	表现出明显的力学松弛行为，形变量迅速上升，具有坚韧的力学特性
高弹态	高聚物受到外力时，分子链单键的内旋转使链段运动，即通过构象的改变来适应外力的作用；一旦外力除去，分子链又可以通过单键的内旋转和链段的运动恢复到原来的蜷曲状态	在宏观上表现为高弹性，形变量较大（100% ～ 1000%），模量很低（$10^5 \sim 10^7$ Pa），容易变形；一旦外力除去，则表现为弹性回缩
黏流转变区	链段运动加剧，分子链能进行重心位移	模量下降至 10^4 Pa 左右，表现出黏弹性特征
黏流态	高分子的整个分子链可以克服相互作用和缠结，链段沿作用力方向协同运动而导致高分子链的质量中心互相位移，即分子链整链运动的松弛时间缩短到与观测时间为同一数量级	宏观表现为黏性流动，为不可逆形变

T_g 和 T_m 是衡量聚合物耐热性的重要指标，与聚合物的结构有密切的关系。在主链上引进芳杂环、在侧链上引进极性基团、提高结晶度、使聚合物交联等都是提高聚合物耐热性能的重要途径。共聚和共混也能改变聚合物的 T_g。共聚对 T_g 的影响取决于共聚物的方法和共聚物的组成。无规共聚物，由于两组分的序列长度都很短，不能分别形成各自的长链段，是均相体系，所以只出现一个 T_g，介于两种均聚物的 T_g 之间。交替共聚物可看成两种单体形成的一个结构单元的均聚物，所以也只出现一个 T_g。接枝和嵌段共聚物究竟出现几个 T_g，要看两种均聚物的相容性如何，这类共聚物有较长的独立链段，如相容性好，只有一个 T_g，不相同时，会出现两个 T_g。一般无规共聚物的 T_g 可用下式计算：

$$T_g = T_g \varphi_1 + T_g \varphi_2 \quad \text{或} \quad \frac{1}{T_g} = \frac{w_1}{T_{g_1}} + \frac{w_2}{T_{g_2}}$$

式中　T_g，T_{g_1}，T_{g_2}——共聚物、均聚物1、均聚物2的 T_g 值；

　　　　w_1，w_2——共聚物中单体1、单体2的质量分数；

　　　　φ_1，φ_2——共聚物中单体1、单体2的体积分数。

对于共混物，大多数都是非均相的，一般都有两个 T_g。只有极少数完全相容的共混体系只有一个 T_g。增塑剂是一种低挥发性的有机化合物。加入增塑剂后，聚合物分子链之间的作用力减弱，T_g 会下降，这种现象称为外增塑作用。实践证明，通过增塑来降低 T_g 比共聚更有效，通常它的加入量是 10%～40%。

对于高度交联的高分子聚合物，如硬橡胶，其聚集状态只有玻璃态，没有高弹态和黏流态出现。对交联度低的聚合物，会出现高弹态，但无黏流态出现。在常温下，树脂处于玻璃态，这是树脂能使用的状态，因此，树脂的玻璃化温度（T_g）是其能正常使用的上限温度；对结晶度高的高分子聚合物，可在熔点以下的温度范围内使用；对于橡胶，其正常使用时应该处于高弹态，因此，玻璃化温度（T_g）是橡胶使用的下限温度。

5. 影响玻璃化温度的多种因素

（1）玻璃化温度与聚合物分子量的关系　数均分子量增加聚合物的玻璃化温度升高，但当聚合物的数均分子量增加至 25000～75000 时，T_g 变化很少，基本为一定数。一般文献中所引的聚合物的玻璃化温度都是指高分子量聚合物的 T_g。在涂料中我们经常用低聚物，此时的 T_g 和文献数据有很大的出入，交联可以使玻璃化温度上升，微量的交联对 T_g 影响不太大，但到某一程度后，交联度稍有上升，T_g 就急剧上升。分子量分布对 T_g 也有影响，分子量分布宽，T_g 低；分子量分布窄，T_g 高。

（2）玻璃化温度和聚合物结构的关系

① 聚合物主链越柔顺，玻璃化温度越低，主链越僵硬，玻璃化温度越高，这主要是和高分子链的旋转运动有关。例如，硅氧键和碳碳键相比，硅氧键较易转动，所以聚硅氧烷的玻璃化温度较低。

② 侧链的影响，比较聚乙烯和聚苯乙烯，聚苯乙烯 T_g 比聚乙烯 T_g 要高 200℃，这是由于苯乙烯上侧链苯基的影响，它使整个高分子链变得刚性。在涂料中为了提高聚合物的玻璃化温度经常加入含苯环组分，就是因为苯环比其他基团都僵硬。聚乙烯和聚丙烯相比，玻璃化温度只差 90℃。当含有两个侧链时，也可使玻璃化温度升高。例如，甲基丙烯酸酯比丙烯酸酯的 T_g 要高。

（3）玻璃化温度的加合性，共聚物、增塑剂、溶剂的玻璃化温度　一个由不同组分构成的均匀体，其玻璃化温度可以由其多组分的玻璃化温度加和而成。当纯的均聚物的玻璃化温度过高或过低时，常加入第二组分，使它们共聚合。例如聚甲基丙烯酸甲酯（PMMA）均聚物的玻璃化温度为 105℃，作为涂料，此 T_g 值太高，于是可以加入一些丙烯酸丁酯进行共聚。聚丙烯酸正丁酯的玻璃化温度为 $T_g=-56℃$，它在室温时，其 $T-T_g=25-(-56)=81℃$，此差数大于触干 $T-T_g=55℃$ 的要求，因此也不能单独作为涂料（但可作为黏合剂）使用。但由 MMA（甲基丙烯酸甲酯）和 BA（丙烯酸正丁酯）共聚却可以得到具有满意 T_g 的共聚物，此时共聚物的 T_g，由各组分的 T_g 和各组分所占的质量分数来决定，可由下式粗略计算：

$$\frac{1}{T_g}=\frac{W_1}{T_{g_1}}+\frac{W_2}{T_{g_2}}+\cdots+\frac{W_i}{T_{g_i}}$$

注意其中 T_g 是分子量很大时的玻璃化温度（用绝对温度表示）。

除了用共聚的办法降低体系的玻璃化温度外，常用的方法还有加入增塑剂，增塑剂通常是分子量低的不易挥发的化合物，增塑剂的作用在于降低聚合物链间的相互作用，从而提高链段的运动。用增塑剂降低 T_g 的方法称为外增塑，用共聚的方法称为内增塑。它们之间各有优缺点，其对照见表 2-2。

表 2-2　内增塑与外增塑的比较

内增塑	外增塑
增塑部分和漆膜是一体的,不会失去	增塑剂可以逸出,因此膜会老化,另外还会损坏附着力。乳胶漆中,往往利用可挥发的增塑剂（助成膜剂）来帮助成膜
共聚单体往往比较贵	可以选用不同种类、不同量的增塑剂并可进行组合
共聚单体量过高时,机械性能受影响	增塑剂的用量较内增塑的小,原聚合物的性质损失较少

加入溶剂和加入增塑剂在本质上是一样的，溶剂也具有玻璃化温度，它同样可以降低聚合物的 T_g，不同点是溶剂是易挥发的。溶剂的 T_g 测量比较困难，一般在 $-100℃$ 以下。表 2-3 中列出了部分溶剂的玻璃化温度。

表 2-3　部分溶剂的 T_g

溶剂	T_g/K	溶剂	T_g/K
乙二醇	−119	1-丁醇	−162
环己醇	−123	氯甲烷	−174
叔丁基苯	−133	丙醇	−175
正己基苯	−136	乙醇	−176
水	−137	甲醇	−177
正丁基苯	−148	丙酮	−179
正丙基苯	−151	3-甲基己烷	−185
正丁基环叔烷	−154	甲基环己烷	−188
甲苯	−160		

当聚合物溶于溶剂时，其溶液的玻璃化温度可以是聚合物的玻璃化温度和溶剂玻璃化温度的加和。聚氯乙烯的 T_g 为 81℃，按下列配比制成溶液时，其玻璃化温度可以降到

—100℃。

$$
\begin{array}{ll}
\text{PVC} & \text{20 份} \\
\text{丁酮} & \text{40 份} \\
\text{甲苯} & \text{40 份}
\end{array}
$$

它在 25℃时的黏度为 0.1Pa·s 左右，因此可以用来涂装。

第三节　高分子化合物的合成和反应

聚合反应是指由一种或两种单体生成聚合物的反应。高分子化合物是由单体聚合而成，其合成方法可归纳为两大类，一类是缩合聚合反应，简称缩聚反应；另一类是加成聚合反应，简称加聚反应。

一、缩聚反应

含有两个或两个以上能相互反应的官能团的单体，进行不断的缩合反应，除生成高聚物外，还缩合出小分子副产物，这种反应叫缩聚反应。例如涤纶的生成反应，就是对苯二甲酸和乙二醇进行缩合生成聚对苯二甲酸乙二醇酯的反应：

$$n\,HO(CH_2)_2OH + n\,HOOC \!-\!\!\!\boxed{}\!\!\!-\! COOH \Longleftrightarrow H\!\!\left[O(CH_2)_2OOC\!-\!\!\!\boxed{}\!\!\!-\!CO\right]_n OH + (2n-1)H_2O$$

通常把缩聚反应生成的聚合物称为缩聚物。由于单体两端的官能团不同，缩出的小分子是不同的，可能是水、醇、胺、氯化氢、氨等。缩聚反应的特点是其产物的重复单元与单体不相同，要少若干原子，缩聚物的分子量也不是单体分子量的整数倍。

缩聚反应可以按不同的标准来进行分类。

1. 按照参加缩聚反应的单体分类

（1）均缩聚。均缩聚是指带有两个不同官能团的一种单体（如羟基酸、氨基酸）进行的缩聚反应。例如：

$$n\,HORCOOH \Longleftrightarrow H\!\left[ORCO\right]_n OH + (n-1)H_2O$$

所得的聚合物的通式为

$$n\,aRb \Longleftrightarrow a\!-\!R_n\!-\!b + (n-1)ab$$

（2）混缩聚。混缩聚是指带有不同官能团的两种单体（aAa、bBb）进行的缩聚反应，例如尼龙 66 的合成反应。

$$n\,H_2N(CH_2)_6NH_2 + n\,HOOC(CH_2)_4COOH \Longleftrightarrow$$
$$H\!\left[NH(CH_2)_6NHOC(CH_2)_4CO\right]_n OH + (2n-1)H_2O$$

所得的聚合物的通式为

$$aAa + bBb \Longleftrightarrow a\!\left[AB\right]_n b + (2n-1)ab$$

（3）共缩聚。共缩聚是指带有不同官能团的几种单体（aAa，bBb、cCc、dDd）进行缩聚反应，所生成的缩聚物的链节中含有—A—、—B—、—C—、—D—等结构。

2. 按照缩聚产物的结构分类

（1）线型缩聚　指反应物带有两个官能团，缩聚后形成线型高分子。

（2）**体型缩聚** 指反应物带有两个以上的官能团，缩聚后最终形成三维体型高分子聚合物。

3. 按照反应的可逆程度来分类

（1）**平衡缩聚** 如平衡常数较小的聚酯化、聚酰胺化反应，这类反应程度较低。

（2）**非平衡缩聚** 指平衡常数很大的缩聚反应，即反应达到平衡时，转化率已经很高的一种反应，如酚类和醛类的缩聚反应。

（3）**不可逆反应** 指反应向单方向（生成物方向）进行的缩聚反应，如生成聚硫化物的反应。

二、加聚反应

不饱和乙烯类单体相互进行加成而生成高聚物的反应称为加聚反应。如乙烯聚合成聚乙烯的反应就是加聚反应。

$$n\,H_2C{=}CH_2 \longrightarrow {+}H_2C{-}CH_2{+}_n$$

加聚反应所生成的产物叫加聚物。加聚反应的特点是加聚物的重复单元的组成与原料单体相同，加聚物的分子量是单体分子量的整数倍。

1. 加聚反应的分类

与缩聚反应类似，加聚反应也可按不同的分类标准进行分类。

（1）按参加聚合反应的单体来分，加聚反应可以分为均聚和共聚反应两种。

① 均聚。只有一种不饱和单体通过自身结合的加聚反应称为均聚，如甲基丙烯酸甲酯的自聚。

② 共聚。由两种或两种以上的烯类单体参加聚合反应，所生成的聚合物含有两种或两种以上结构单元，这种加聚反应叫作共聚，如氯乙烯和乙酸乙烯酯的共聚反应生成氯醋共聚物。

（2）按反应机理不同，加聚反应可分为自由基聚合和离子型聚合两种。

① 自由基聚合。自由基聚合的反应活性中心是自由基，单体先与引发剂作用生成自由基，生成的自由基再与单体进行反应，逐渐形成很长的高分子链，直到其活性丧失为止。

② 离子型聚合。离子型聚合的活性中心是离子，是由催化剂催化作用产生的。根据催化剂的性质和离子的电荷不同，又可将离子型聚合分为阳离子聚合和阴离子聚合两类。

在涂料工业生产中，应用最多的是自由基加聚反应。因此，这里重点讨论自由基加聚反应。

2. 自由基聚合反应

在讨论自由基聚合之前，让我们先来回顾一下前面在有机化学中所学的有关自由基的知识。

共价键的断裂有均裂和异裂两种方式。如果一个共价键断裂时，组成该键的两个原子各保留一个电子。

$$A:B \xrightarrow{均裂} A\cdot + B\cdot$$

按这种方式断裂产生的带单电子的原子（或原子团）就叫作自由基，这种反应为自由基反应。

甲烷在光催化作用下与 Cl_2 发生氯代反应，就是自由基反应。让我们再来回顾一下此反应的反应机理：

第一步：链的引发

在光照下，氯分子吸收光能而发生共价键的均裂，产生两个氯自由基而引发反应。

$$Cl_2 \xrightarrow{h\nu} 2Cl\cdot$$

第二步：链的增长

氯自由基很活泼，可以夺取甲烷分子中的一个氢原子而生成氯化氢和一个新的自由基——甲基自由基。

$$Cl\cdot + CH_4 \longrightarrow HCl + CH_3\cdot$$

甲基自由基再与氯分子作用，生成一氯甲烷和氯自由基。反应一步步传递下去，逐步生成二氯甲烷、三氯甲烷和四氯甲烷。

$$\cdot CH_3 + Cl_2 \longrightarrow CH_3Cl + Cl\cdot$$
$$CH_3Cl + Cl\cdot \longrightarrow CH_2Cl\cdot + HCl$$
$$CH_2Cl\cdot + Cl_2 \longrightarrow CH_2Cl_2 + Cl\cdot$$
$$\cdots$$
$$CH_3Cl\cdot + Cl_2 \longrightarrow CCl_4 + Cl\cdot$$

第三步：链的终止

自由基之间相互结合，从而失去活性，即体系中的自由基逐渐减少至消失，反应也就终止了。

$$Cl\cdot + Cl\cdot \longrightarrow Cl_2$$
$$CH_3\cdot + CH_3\cdot \longrightarrow CH_3CH_3$$
$$CH_3\cdot + Cl\cdot \longrightarrow CH_3Cl$$

（1）单体　含有不饱和双键的单体如单烯类和共轭二烯类化合物，是进行自由基加成反应的重要单体。在涂料工业中应用最广的单体有氯乙烯、偏二氯乙烯、丁二烯、苯乙烯、乙酸乙烯酯、丙烯酸及其酯类和甲基丙烯酸及其酯类等。其中，含有共轭双键的丁二烯和苯乙烯，因为易于诱导极化，除能进行自由基聚合外，还能进行阳离子或阴离子聚合。

单体的聚合活性主要取决于取代基的电子效应和空间位阻效应。

（2）反应历程　自由基聚合反应，是单体分子借助于引发剂、光、热或辐射能等的活化而产生自由基，从而引发聚合反应。其反应历程包括链引发、链增长和链终止等三步。

① 链引发。引发剂、光、热、辐射等均能激发单体分子，产生自由基，从而发生聚合反应，但是应用得最多的还是引发剂引发方式。引发剂都是易于产生活泼自由基的化合物。常用的引发剂有过氧化二苯甲酰（BPO）、异丙苯过氧化氢、偶氮二异丁腈、过硫酸盐等。

引发剂的用量一般为单体质量的 $0.1\%\sim1\%$。适用的聚合温度一般为 $40\sim100℃$。由引发剂分解引起的链引发，又可以分为两步进行。

第一步，引发剂 I 本身分解成初级自由基。

$$I \xrightarrow{\triangle} 2R\cdot$$

如：

$$H_3C-\underset{\underset{CN}{|}}{\overset{\overset{CH_3}{|}}{C}}-N=N-\underset{\underset{CN}{|}}{\overset{\overset{CH_3}{|}}{C}}-CH_3 \xrightarrow{\triangle} 2H_3C\underset{\underset{CN}{|}}{\overset{\overset{CH_3}{|}}{C}}\cdot + N_2\uparrow$$

这是一个吸热反应，反应活化能一般在 $84\sim105kJ/mol$。所以，只有加热或外界给予其他能量，才能使反应进行。这一步反应速度较慢。

第二步，初级自由基引发单体形成单体自由基。

$$R\cdot + H_2C=\underset{\underset{Cl}{|}}{CH} \longrightarrow R-\overset{\overset{H_2}{}}{C}-\underset{\underset{Cl}{|}}{CH}\cdot$$

这步反应是放热反应，反应速度较快。因此，从整个过程来看，对链的引发速度主要取决于引发剂本身分解成初级自由基的速度。

② 链的增长。单体被初级自由基引发为单体自由基后，继续与单体连续加成，转变为含有更多结构单元的自由基，使自由基变得越来越长。

$$R-\overset{\overset{H_2}{}}{C}-\underset{\underset{Cl}{|}}{CH}\cdot + H_2C=\underset{\underset{Cl}{|}}{CH} \longrightarrow R-\overset{\overset{H_2}{}}{C}-\underset{\underset{Cl}{|}}{\overset{\overset{H}{}}{C}}-\overset{\overset{H_2}{}}{C}-\underset{\underset{Cl}{|}}{CH}\cdot$$

由于链增长反应的活化能小，同时又是放热反应，所以链的增长速度很快。

在链的增长过程中，自由基的活性可能转向小分子（单体、引发剂或溶剂）或转向已经生成的高分子链，导致支化或交联结构的形成。这个过程叫作链的转移。链的转移结果是，活性中心并未消失，对聚合速率影响也不大，但生成的聚合物的平均分子量会降低。对一个问题应该一分为二地看待，虽然说链的转移会使聚合物的平均分子量降低，但也可应用这种方法来调节聚合物的分子量。

③ 链的终止。链自由基可能会通过双基结合或双基歧化而终止。双基结合终止，即两个自由基结合，使自由基的活性消失而终止。

$$R\backsim\underset{\underset{Cl}{|}}{\overset{\overset{}{}}{C}}-CH\cdot + \cdot HC-\underset{\underset{Cl}{|}}{\overset{\overset{}{}}{C}}\backsim R_1 \longrightarrow R\backsim\underset{\underset{Cl}{|}}{\overset{\overset{}{}}{C}}-\overset{\overset{H}{}}{C}-\overset{\overset{H}{}}{C}-\underset{\underset{Cl}{|}}{\overset{\overset{}{}}{C}}\backsim R_1$$

双基歧化终止，即两个自由基发生歧化反应失去活性而终止。

$$R\backsim\underset{\underset{Cl}{|}}{\overset{\overset{}{}}{C}}-CH\cdot + \cdot HC-\underset{\underset{Cl}{|}}{\overset{\overset{}{}}{C}}\backsim R_1 \longrightarrow R\backsim\underset{\underset{Cl}{|}}{\overset{\overset{}{}}{C}}-CH_2 + HC=\underset{\underset{Cl}{|}}{\overset{\overset{}{}}{C}}\backsim R_1$$

（卤代烷烃）　　（卤代烯烃）

在实际的自由基聚合反应过程中，究竟以哪种方式终止，主要取决于单体种类和聚合条件，有时两种终止方式同时起作用。

（3）聚合速率及其变化　聚合速率的表征，可用反应体系在单位时间内单位体积中生成的聚合物的量或者消耗单体的量来表示。实际上是用单位时间内产物的浓度变化或反应物的浓度变化来表示。一般将单体转化成为聚合物的百分数定义为转化率（$\alpha\%$），这与小分子反应的转化率概念一致。

$$\alpha\% = \frac{[M_0] - [M]}{[M_0]} \times 100\%$$

式中，$[M_0]$、$[M]$ 分别表示体系中单体的起始浓度和反应进行到 t 时刻的单体浓度。

对于整个聚合过程，可按照聚合速率的变化，将聚合过程分为诱导期、聚合初期、聚合期、聚合中期、聚合后期等几个阶段。在诱导期间，引发剂分解产生初级自由基。因为体系中有些阻聚杂质，产生的自由基主要被这些杂质终止，不能引发单体，所以无聚合物生成，聚合速率为零。如果在体系中能除尽杂质，就可以做到无诱导期。诱导期后，杂质已经消耗完了，单体开始正常聚合，这个阶段的聚合速率与引发剂浓度、单体浓度和温度等因素有关。这一阶段的转化率为 $10\% \sim 20\%$，也称为聚合初期。在此以后，聚合速率逐步加快，出现了自动加速现象，转化率可增加到 $50\% \sim 80\%$，这个阶段叫作聚合期。聚合中期，聚合速率转慢，进入聚合后期，当转化率达到 $90\% \sim 95\%$ 以后，聚合速率变得很小。因此需升温，目的是加速聚合，同时也促使未反应的单体完全转化，或者可以提前出料，结束聚合反应。

（4）影响自由基聚合反应的因素　除单体结构外，还有如下主要因素会影响自由基聚合反应。

① 反应温度。对同一聚合反应来说，温度升高，活性中心的产生和链的增长以及链终止的速率都增加，聚合速率加快，聚合物的平均分子量降低。

② 单体浓度。单体浓度越大，即体系中单体的分子越多，初级自由基与单体、单体自由基与单体之间接触的概率就增加，反应概率也增加，聚合速率也随之加快，聚合物的平均分子量也增加。

③ 引发剂浓度。引发剂越多，产生的初级自由基就越多，引发的链自由基也越多，聚合速率加快，链终止的概率也越大，聚合物的平均分子量下降。

④ 杂质。自由基非常活泼，易与微量杂质作用，影响聚合反应速率及其产物的性能。因此，自由基聚合反应的单体纯度要求很高。

⑤ 氧。氧能与链自由基结合生成不活泼的过氧化物自由基，使活性链失去活性，阻止聚合物反应的进行。因此，在许多聚合物反应开始之前，尤其是多烯类单体的自由基聚合反应进行之前，都要在反应器内先通入氮气来排去反应系统中的氧。

3. 自由基共聚合反应

在同一体系中，两种单体的混合物被引发剂引发后，它们并不各自聚合生成两种聚合物，而是一起参加反应，生成一种含有两种单体结构单元的聚合物，这种聚合物就叫作共聚物。该聚合反应过程称为共聚合反应，简称共聚。由两种单体参加的共聚叫作二元共聚，由两种以上单体参加的共聚叫作多元共聚。这里只介绍二元共聚。

假如体系中有 A 和 B 两种单体，发生共聚反应后可能得到 5 种共聚物。

① 形成无规共聚物，即在共聚物大分子链上 A、B 两种单体的排列是无规则的，如—AABABABBAABA—。

② 形成交替共聚物，即在共聚物大分子链上，A、B 两种单体呈有规律的交替排列状，如—BABABABA—。

③ 形成嵌段共聚物，即在共聚物的大分子链上，一段是由 A 单体形成的连续链，另一段是由 B 单体形成的连续链，如—BBBBBAAAAA—。

④ 形成镶嵌共聚物，即在共聚物的大分子链上，一段为连续的 B 单体组成，另一段又由连续的 A 单体组成，但两段的长短相差较大，就好像某一段是镶嵌在一个长链中间的一个点缀物一样，如—BBBBBBBBAABBBBB—。

⑤ 形成接枝共聚物，即在两种单体中，由某一种单体形成的线型高分子主链上，连接着由另一种单体形成的支链。如

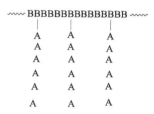

共聚反应可以是自由基聚合，也可以是阳离子和阴离子聚合。当前从生产数量上来说，均聚产物产量占绝对优势，但共聚物的生产并不因为目前的产量少而不重要，恰恰是很重要的。例如，聚氯乙烯的塑化温度和分解温度很接近，控制不好，在加工成型时容易造成聚合物的分解，而且塑性也很差。但氯乙烯和少量乙酸乙烯酯发生共聚后，得到的共聚物与原来的均聚物相比，塑化温度已显著降低，从而大大改善了聚合物的加工性能；又如聚苯乙烯树脂因为聚合物中双键密度太大具有很大的脆性，抗冲击性能差，耐热温度低。在工业上采用丙烯腈-丁二烯-苯乙烯三元共聚，得到的共聚物就是所谓的 ABS 树脂，使其性能得到大大的改善，是一种综合性能优良的工程塑料，工业上应用十分广泛。总之，通过共聚，可以改进聚合物产品的性能，扩大单体的应用范围，也可以增加产品的品种。

虽然共聚有如此多的优点，但并不是任何两种单体都可以发生共聚反应的。不少单体虽然能够各自很好地发生均聚，它们却不能彼此共聚。还有一些单体，如马来酸酐（顺丁烯二酸酐）不能发生均聚，却可以和其他烯类单体发生共聚。单体能否均聚，能否彼此间发生共聚，主要取决于单体参加聚合时的相对活性大小。

自由基共聚时，也分为链的引发、增长、终止三个基本步骤。其中引发和终止两个阶段对共聚物的组成并不会造成太大的影响，影响共聚物组成的关键是键的增长阶段。对于单体 M_1 和单体 M_2 发生共聚，要考察他们究竟生成哪种形式的聚合物，就要看它们形成的共聚物组成方程，根据此组成方程来进行讨论。这里先假设：

a. 自由基的活性与链长无关；

b. 链的活性只决定于链的末端基 $M_1 \cdot$ 或 $M_2 \cdot$。

这两种单体自由基再与两种单体反应，就出现四种链增长反应。这四种反应是在同一体系中相互竞争进行的，可表示为：

$$M_1 \cdot + M_2 \xrightarrow{k_{11}} \text{\tiny MWW} M_1 M_1 \cdot$$

$$M_1 \cdot + M_2 \xrightarrow{k_{12}} \text{\tiny MWW} M_1 M_2 \cdot$$

$$M_2 \cdot + M_1 \xrightarrow{k_{21}} \text{\tiny MWW} M_2 M_1 \cdot$$

$$M_2 \cdot + M_2 \xrightarrow{k_{22}} \text{\tiny MWW} M_2 M_2 \cdot$$

k_{11}、k_{12}、k_{21}、k_{22} 分别表示四种反应的反应速率常数。这四种反应进行的情况，取决

于下面两个因素：

第一，$M_1 \cdot$ 加上 M_1 或 M_2 的难易程度；

第二，$M_2 \cdot$ 加上 M_1 或 M_2 的难易程度。

这里引入单体 M_1 和单体 M_2 的竞聚率的概念，即 r_1 和 r_2，把它们分别定义为：

$$r_1 = k_{11}/k_{12}, r_2 = k_{22}/k_{21}$$

竞聚率是在共聚竞争反应中两种活性单体反应活性的比值。从竞聚率数值的大小，可以反映出相互竞争的两种反应哪种进行得快些，从而其相应的产物就多些，据此可以直观地推断共聚物的大致结构。

共聚物共聚组成、单体投料组成和竞聚率三者之间有下列关系：

$$F_1 = \frac{r_1 f_1 + f_1 f_2}{r_1 f_1^2 + 2 f_1 f_2 + r_2 f_2^2}$$

式中　f_1，f_2——某一时刻原料单体混合物中单体 M_1、M_2 的摩尔分数；

　　　　F_1——某一时刻所形成的共聚物中 M_1 单体单元所占的摩尔分数。

当 $r_1 = r_2 = 1$ 时，表示 $k_{11} = k_{12}$，$k_{22} = k_{21}$。也就是说单体 M_1、M_2 分别和单体 M_1、M_2 之间的聚合速率完全相同，即体系中同种单体和异种单体之间的聚合速率完全相同。把以上数据分别代入共聚组成方程可得 $F_1 = f_1$，即共聚物中两种单体单元之比等于单体投料时之比。如反应开始时刻 $[M_1]:[M_2]=1:1$，那么在聚合物中 $F_1:F_2=1:1$。这种体系叫作恒比共聚体系。

当 $r_1 < 1$、$r_2 < 1$ 时，即 $k_{11} < k_{12}$、$k_{22} < k_{21}$，表示体系中异种单体之间的聚合速率比同种单体之间的聚合速率快，结果是共聚物中那种聚合链段都有，形成交替无规共聚物。如果 $r_1 \ll 1$，$r_2 \ll 1$ 时，也就是 $k_{11} \ll k_{12}$、$k_{22} \ll k_{21}$ 时，其产物将是完全交替的共聚物。

当 $r_1 > 1$，$r_2 > 1$ 时，即 $k_{11} > k_{12}$，$k_{22} > k_{21}$，表示同种单体间的聚合速率大于异种单体的聚合速率，也就是说聚合物链中 ～～～$M_1 M_1$～～～ 和 ～～～$M_2 M_2$～～～ 链段比 ～～～$M_1 M_2$～～～、～～～$M_2 M_1$～～～ 要多。如果 $r_1 \gg 1$，$r_2 \gg 1$，即 $k_{11} \gg k_{12}$，$k_{22} \gg k_{21}$，即产物中只有 ～～～$M_1 M_1$～～～ 和 ～～～$M_2 M_2$～～～，所以体系中就无共聚物生成，生成的是分别以单体 M_1、M_2 为结构单元的均聚物混合物。

当 $r_1 > 1$，$r_2 < 1$ 时，即 $k_{11} > k_{12}$，$k_{22} < k_{21}$，表示单体 M_1 总是比单体 M_2 易于参加聚合。若 $r_1 > 1$，$r_2 \ll 1$，即 $k_{11} > k_{12}$，$k_{22} \ll k_{21}$，这种情况下的聚合物可能是以单体 M_1 为主要成分的镶嵌共聚物。

三、聚合反应实施的方法

在工业生产中，不同的聚合反应机理对单体、反应介质和引发剂都有不同的要求。因此，实现这些聚合反应的工业实施方法有所不同。工业上最常用的方法有本体聚合、溶液聚合、悬浮聚合和乳液聚合四种。每种方法各有优缺点。实际生产中采用哪种聚合方法，要根据单体性质、聚合物用途及其生产成本等几个方面的因素来选择。对于自由基聚合反应，以上四种方法都可以采用。但是离子型聚合反应，由于聚合催化剂对水很敏感，不能采用以水为介质的悬浮聚合法和乳液聚合法。离子型聚合常采用溶液聚合法，也有少数采用本体聚合法的。

1. 本体聚合

在聚合反应过程中不借助任何溶剂或分散介质，使单体在引发剂的作用下进行聚合反应，生成高分子聚合物的聚合方法称为本体聚合。本体聚合的基本组分是单体和引发剂。在本体聚合过程中，有时是把单体和引发剂一起放在模子中进行加热，使单体发生聚合反应而聚合，并直接成型为整块的聚合物，所以本体聚合又叫块状聚合或整体聚合。如甲基丙烯酸甲酯通过本体聚合可以得到透明的有机玻璃。

本体聚合的主要特点表现在：聚合体系中无其他反应介质，因此工艺过程较简单，省去了回收工序，当单体转化率很高时还可省去单体分离工序。由于聚合反应是放热反应，加上物料黏稠，使反应热排除困难，容易引起局部过热，甚至温度失控，造成事故。由于反应体系黏度极高，分子扩散非常困难，反应温度难以控制恒定，所以产品分子量分布较宽。

本体聚合由于不含其他介质，故产品的突出特征是纯净，适合制造透明性好的板材和型材、医用制品以及介电性好的电器。

2. 溶液聚合

把单体溶解在适当的溶剂中进行的聚合反应称为溶液聚合。溶液聚合的基本组分是单体和引发剂。

若形成的聚合物溶于溶剂，则聚合反应为均相聚合，这是典型的溶液聚合；如果形成的聚合物不溶于溶剂，则聚合反应为非均相聚合，称为沉淀聚合或淤浆聚合。

溶液聚合的主要特点是混合和散热比较容易，生产操作和温度都易于控制，还可利用溶剂的蒸发来排除反应热，产物的分子量及其分布易于调节。缺点是聚合度比其他聚合方法低，使用回收大量昂贵、可燃甚至有毒的溶剂，不仅增加生产成本和设备投资，还会造成环境污染。如果要制得固体聚合物，还需配置分离设备，增加洗涤、溶剂回收和精制等工序。

3. 悬浮聚合

悬浮聚合是单体在搅拌和分散剂作用下，分散为单体珠滴，悬浮于水中进行的聚合过程。悬浮聚合的基本组分是单体、引发剂、水、分散剂。

为了使单体以尽量小的液滴分散在水中，须借助强烈的机械搅拌，把水中单体搅碎，另外还需加入悬浮稳定剂，使分散体系趋于稳定，以防液滴重新聚合。悬浮聚合在本质上是在单体小珠滴内进行的本体聚合。单体成珠及稳定过程如图 2-8 所示。

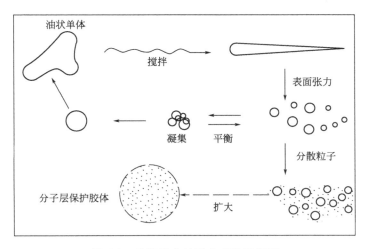

图 2-8　悬浮聚合过程中成珠示意图

悬浮聚合中若生成的高聚物能溶解于单体中，称均相悬浮聚合，得到透明粒状产品。若生成的高聚物不溶于单体，则称沉淀悬浮聚合，得到不透明粉状产品。如苯乙烯和甲基丙烯酸甲酯的悬浮聚合属于均相聚合，氯乙烯的悬浮聚合属沉淀聚合。

悬浮聚合兼有本体聚合和溶液聚合的优点，即反应热易于散发，产品分子量相当高，体系黏度低，便于工艺控制，生产的微珠可以直接应用。缺点是产品纯度不高，因为难以从体系中分离出纯净的聚合物，还可能混有表面活性剂、分散剂等物质。

4. 乳液聚合

乳化剂存在的条件下，经机械搅拌，把单体分散在水中形成乳液状混合液，然后再由水溶性引发剂引发聚合反应的方法，称乳液聚合。乳液聚合的基本组分是单体、水、乳化剂和引发剂。采用乳液聚合方法所得的聚合产物，是非常细小的固体颗粒，颗粒粒径为 $0.1\sim1\mu m$。其特点和应用在第三章详细介绍。

第三章
丙烯酸树脂乳液聚合理论

以丙烯酸酯、甲基丙烯酸酯及苯乙烯等乙烯基类单体为主要原料合成的共聚物称为丙烯酸树脂，以其为成膜基料的涂料称作丙烯酸树脂涂料。丙烯酸类单体由于具有碳链双键和酯基的独特结构，共聚形成的丙烯酸树脂对光的主吸收峰处于太阳光谱范围之外，所以制得的丙烯酸涂料具有优异的耐光性及耐候性能。

由于优越的耐光性能与耐户外老化性能，丙烯酸涂料最大的市场为车用涂料。此外，家用电器、金属家具、铝制品、卷材工业、仪器仪表、建筑、纺织品、塑料制品、木制品、造纸等工业均有广泛应用。近年来，国内外丙烯酸树脂涂料的发展很快，目前已占涂料的1/3以上，因此，丙烯酸树脂在涂料成膜树脂中居于重要地位。

在许多聚合物的生产中，乳液聚合已成为主要的方法之一，每年世界上通过乳液聚合方法生产的聚合物数以千万吨计。由于乳液聚合方法和聚合物乳液产品有着许多宝贵的特点，尤其是它以水为介质代表了当今由溶剂型产品向水性产品转换的发展方向，这就赋予了乳液聚合技术和聚合物乳液应用技术强大的生命力。因此，深入地研究乳液聚合理论，大力发展乳液聚合工业及致力于开发聚合物乳液应用技术，确属一项很重要、很有意义的工作。

第一节　乳液聚合的定义及特点

一、乳液聚合的定义

生产聚合物的实施方法有四种，即本体聚合、溶液聚合、悬浮聚合及乳液聚合。所谓本体聚合是单体本身或单体再加入少量引发剂（或催化剂）的聚合；溶液聚合是在单体和引发剂溶于某种溶剂所构成的溶液中所进行的聚合；悬浮聚合是在悬浮于水中的单体珠滴中的聚合，体系主要由单体、水、溶于单体的引发剂及分散介质四种基本组分组成；乳液聚合则是由单体和水在乳化剂作用下配制成的乳状液中进行的聚合，体系主要由单体、水、乳化剂及溶于水的引发剂四种基本组分组成。

对乳液聚合一个较为完善的定义如下：乳液聚合是在用水或其他液体作介质的乳液中，按胶束机理或低聚物机理生成彼此孤立的乳胶粒，并在其中进行自由基加成聚合或离子加成聚合来生产高聚物的一种聚合方法。

二、乳液聚合的特点

在自由基聚合反应的四种实施方法中，乳液聚合与其他三种聚合方法相比，有其可贵的、独特的优点：

1. 反应系统热量易导出

烯类单体聚合反应放热量很大，其聚合热约为 $60 \sim 100kJ/mol$。在聚合物生产过程中反应热的排除是一个关键性的问题，它不仅关系到操作控制的稳定性和能否安全生产，而且严重地影响着产品的质量。对本体聚合和溶液聚合来说反应后期黏度急剧增大，这样一来，散热问题就成了难以克服的困难。即使采用高效的换热装置及高效搅拌器，也很难将所产生的反应热及时排除，散热不良必然会造成局部过热，使分子量分布变宽，还会引起支化和交联，使产品质量变坏，严重时会引起暴聚，使产品报废，甚至发生事故。

但是，对乳液聚合过程来说，聚合反应发生在分散于水相内的乳胶粒中，尽管在乳胶粒内部黏度很高，但由于连续相是水，使得整个体系黏度并不高，并且在反应过程中体系的黏度变化也不大。在这样的体系中，由内向外传热就很容易，不会出现局部过热，更不会暴聚。同时，这样的低黏度体系容易搅拌，便于管道输送，容易实现连续化操作。另外，乳液聚合和悬浮聚合散热情况类似，但也有区别。对悬浮聚合来说，聚合反应发生在水相中的单体珠滴中，单体珠滴的直径约在 $50 \sim 2000 \mu m$ 范围之内，而在乳液聚合体系中，乳胶粒直径一般为 $0.05 \sim 1 \mu m$。若把悬浮聚合中的一个单体珠滴比作一个 $10m$ 直径的大球，那么乳胶粒仅如一个绿豆粒那么大，所以从乳胶粒内部向外传热比从悬浮聚合的珠滴内部向外传热要容易得多。故在乳液聚合体系的乳胶粒中的温度分布要比在悬浮聚合体系的珠滴中的温度分布均匀得多。

2. 既可制得高分子量的聚合物，又有高的聚合反应速率

在烯类单体的自由基、本体、溶液及悬浮聚合中，当引发剂浓度一定时，要想提高反应速率，就得提高反应温度，而反应温度的提高，又会加速引发剂的分解，使自由基总浓度增大。因为链终止速率与自由基浓度平方成正比，故随自由基总浓度增大链终止速率显著增大，这样就会引起聚合物平均分子量减小；反过来，要想提高聚合物平均分子量，就必须降低反应温度，这又会造成反应速率降低。因此，要想提高分子量，必须降低反应速率，而要想提高反应速率，就必须牺牲分子量的提高，故二者是矛盾的。但是乳液聚合可以将二者统一起来，即既有高的反应速率，又可得到高分子量的聚合物。这是因为乳液聚合是按照和其他聚合方法不同的机理进行的。

在乳液聚合体系中，引发剂溶于水相，且在水相中分解成自由基。自由基由水相扩散到胶束中或乳胶粒中，在其中引发聚合。聚合反应就发生在一个个彼此孤立的乳胶粒中。假如由水相向某一乳胶粒中扩散进来一个自由基，那么就在这个乳胶粒中进行链引发和链增长，形成大分子链。当第二个自由基由水相扩散进入这个乳胶粒中以后，就和这个乳胶粒中原来的那个自由基链发生碰撞而终止。因此，在第二个自由基扩散进来之前，这个乳胶粒中的链增长反应一直在进行。在本体聚合体系中，任意两个自由基都有相互碰撞而被终止的可能性。而在乳液聚合体系中，一个个自由基链被封闭在彼此孤立的乳胶粒中，由于乳胶粒表面带电而产生乳胶粒间的静电斥力作用，使乳胶粒不能碰撞到一起而聚并。因此，不同乳胶粒中的自由基链之间碰撞到一起而进行终止的概率等于零，即不同乳胶粒中的自由基链不能相

互终止，只能和由水相扩散进来的初始自由基发生链终止反应。故在乳液聚合中自由基链的平均寿命比用其他聚合方法时要长，自由基有充分的时间增长到很高的分子量。

另外，在乳液聚合体系中有着巨大数量的乳胶粒，其中封闭着巨大数量的自由基进行链增长反应，自由基的总浓度比其他聚合过程要大。故乳液聚合反应比其他聚合过程的反应速率要高。聚合速率大，同时分子量高，这是乳液聚合一个重要的特点。高的反应速率会使生产成本降低，而高的分子量则是生产高性能树脂所必需的。

3. 聚合物乳液可直接利用

另外，大多数乳液聚合过程都以水作介质，避免了采用昂贵的溶剂以及回收溶剂的麻烦，同时减少了引起火灾和污染的可能性。再者，在某些可以直接利用合成乳液的情况下，如水乳漆、黏合剂、皮革、纸张、织物处理剂以及乳液泡沫橡胶等采用乳液聚合法尤为必要。

但是，乳液聚合也有其自身的缺点。例如在需要固体聚合物的情况下，需经凝聚、洗涤、脱水、干燥等一系列后处理工序，才能将聚合物从乳液中分离出来，这就增加了成本。再者，尽管经过了后处理，但产品中的乳化剂也很难完全除净，这就使产物的电性能、耐水性等下降。还有一个缺点就是乳液聚合的多变性，若严格按照某特定的配方和条件生产可顺利地进行。但如果想使产品适合某种特殊需要，而将配方或条件加以调整，常常会出问题，要么生产不正常，要么产品不合格。

尽管乳液聚合过程有上述这些缺点，但是它可贵而难得的优点，仍决定了它具有很大的工业意义。丁苯橡胶、丁腈橡胶、氯丁橡胶、聚丙烯酸酯、聚氯乙烯、聚乙酸乙烯酯、聚四氟乙烯、ABS树脂（丙烯腈-丁二烯-苯乙烯共聚物）等均可用乳液聚合法进行大规模工业生产。

第二节 乳液聚合理论

根据间歇乳液聚合的动力学特征，可以把整个乳液聚合过程划分为四个阶段，即分散阶段、阶段Ⅰ、阶段Ⅱ和阶段Ⅲ。在加入引发剂之前，体系中没有聚合反应发生，只是在乳化剂稳定作用下和机械搅拌条件下，把单体以珠滴的形式分散在水相中，变为乳状液，因此分散阶段又可称为乳化阶段。加入引发剂以后，开始聚合反应，由聚合反应开始到胶束耗尽这段时间间隔为阶段Ⅰ，在这一阶段将生成大量乳胶粒，故这一阶段又称为成核阶段。由胶束耗尽到单体珠滴消失这段时间间隔为阶段Ⅱ，在这一阶段乳胶粒不断长大，故又称为乳胶粒长大阶段。由单体珠滴消失至达到所要求的单体转化率这段时间间隔为阶段Ⅲ，该阶段又叫作聚合反应完成阶段。不同阶段乳液聚合体系的内部特征和动力学规律是不同的。以下分为四个阶段来介绍乳液聚合的定性理论。

一、分散阶段（乳化阶段）

为了进行间歇乳液聚合，首先向反应器中加入定量的水，然后逐渐加入乳化剂。开始加入量少，乳化剂以单分子形式溶解在水中，形成真溶液，为自由乳化剂。若继续加入乳化剂，则自由乳化剂的浓度逐渐增大。当自由乳化剂浓度增大到一定值后，达到饱和浓度。

此时若再加入乳化剂，自由乳化剂浓度不再增大。后加入的乳化剂由若干个分子的亲油端彼此并靠在一起，形成一个聚集体，称作胶束。自由乳化剂在介质中的饱和浓度叫作临界胶束浓度，又称 CMC。在一定温度下，对某一特定的乳化剂来说 CMC 为一定值，例如 50℃时，硬脂酸钠的 CMC 为 0.13g/L，十二烷基硫酸钠为 0.5g/L，十二烷基苯磺酸钠为 0.46g/L。

平均一个胶束中的乳化剂分子数叫聚集数，乳化剂不同，聚集数也不同，一般乳化剂的聚集数落在 50～200 之间，一个胶束的直径为 5～10nm。在正常乳液聚合体系中，胶束浓度的数量级为 10^{18} 个/cm^3。

若继续向上述体系中加入规定量的单体，在搅拌作用下，单体被分散成单体珠滴。部分乳化剂被吸附在单体珠滴表面上，形成单分子层，乳化剂分子的亲水端指向水相，而亲油端则指向单体珠滴中心。依靠单体珠滴表面上乳化剂的亲水末端带有电荷或形成水化层及空间障碍作用，单体珠滴稳定地悬浮在水相中，单体珠滴的大小和单体的种类、乳化剂的种类与用量有关，同时也与搅拌器叶轮形式、尺寸、转速及安装位置有关。单体珠滴平均直径一般为 10～20μm，通常情况单体珠滴浓度约为 10^{12} 个/cm^3 水。单体在水中的溶解度一般很小，如苯乙烯 25℃时在水中的溶解度为 0.027%。尽管如此，仍会有少量的单体分子溶解在水中，以单分子形式存在，称作自由单体。

另外还会有一部分单体被吸收到胶束内部，使部分胶束含有单体，这部分胶束叫作增溶胶束。增溶作用可使单体在水中的表观溶解度增大，在增溶胶束中单体的量可达单体总量的 1%，增溶的结果可使胶束的体积增大一倍。

由图 3-1 可以看出，在该阶段乳化剂可形成胶束、吸附在单体珠滴表面上或以单分子形式溶解在水中。单体大部分集中在单体珠滴中，少量单体分布在增溶胶束中或溶解在水相中。实际上，乳化剂和单体在水相、单体珠滴和胶束之间建立起动态平衡。单体和乳化剂在单体珠滴、水相及胶束间的动态平衡关系可用图 3-2 表示。

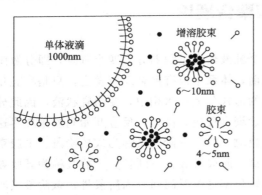

图 3-1　分散阶段乳液聚合体系示意图
—○—乳化剂；●—单体分子分子

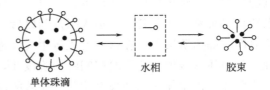

图 3-2　分散阶段乳化剂和单体的平衡

由图 3-2 可见，在分散阶段乳化剂分子以单分子乳化剂溶解在水相中、形成胶束和被吸附在单体珠滴表面上三种形式存在。加入体系中的单体也有三个去向，即存在于单体珠滴中、以单分子的形式溶解在水相中以及被增溶在胶束中。

在分散过程中适度的搅拌是很重要的，若无搅拌或搅拌强度不够，小的单体珠滴倾向于聚结成大的珠滴，甚至分层。

二、阶段Ⅰ（乳胶粒生成阶段）

当水溶性引发剂加入体系中后，在反应温度下引发剂在水相中开始分解出自由基，在聚合反应进行以前，常常要经历一个不发生聚合反应的诱导期。在这期间，所生成的自由基被体系中的氧气或其他阻聚剂捕获，而不引发聚合。诱导期的长短取决于体系中阻聚剂的含量。将单体及各种添加剂经过提纯以后虽可以缩短诱导期，但却很难避免诱导期。

阶段Ⅰ乳液聚合体系的示意图如图 3-3 所示。

诱导期之后，过程进入一个反应加速期，即阶段Ⅰ，也称乳胶粒生成阶段

在阶段Ⅰ，引发剂分解出的自由基可以扩散到胶束中，也可以扩散到单体珠滴中。扩散进单体珠滴中的自由基，就在其中进行引发聚合，其机理与悬浮聚合一样，只不过因为单体珠滴的数目太少，大约每一百万个胶束才有一个单体珠滴。所以自由基向胶束扩散的机会要比向单体珠滴扩散的机会多得多，故在一般情况下绝大部分自由基进入胶束中。当一个自由基扩散进入一个增溶胶束

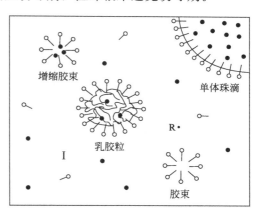

图 3-3　阶段Ⅰ乳液聚合体系示意图
〰〰—乳化剂；●—单体；Ⅰ—引发剂；
R·—自由基；～～—聚合物链

中以后，就在其中引发聚合，生成大分子链，于是胶束就变成一个被单体溶胀的聚合物乳液胶体颗粒，即乳胶粒。这个过程就称为胶束的成核过程。聚合反应主要发生在乳胶粒中，随着聚合反应的进行，乳胶粒中的单体逐渐被消耗，水相中呈自由分子状态的单体分子不断扩散到乳胶粒中进行补充，而水相中被溶解的单体又来自单体的"仓库"——单体珠滴。就这样，单体分子源源不断地由这个"仓库"通过水相扩散到乳胶粒中，以满足乳胶粒中进行聚合反应的需要。微观上讲，在这一阶段中，单体在乳胶粒、水相和单体珠滴之间建立了动态平衡。由于在乳胶粒中进行的聚合反应不断消耗单体，所以平衡不断沿单体珠滴→水相→乳胶粒方向移动。

一个自由基在一个乳胶粒中引发聚合以后，所形成的活性单体就在这个乳胶粒中进行链增长，但是这个增长过程并不会永恒地进行下去。当第二个自由基扩散进入这个乳胶粒中以后，就会和乳胶粒中原来的自由基链发生碰撞而进行双基终止。使这个乳胶粒成为不含自由基的乳胶粒，称为"死乳胶粒"。而含有自由基且正在进行链增长的乳胶粒叫作"活乳胶粒"。若向死乳胶粒中再扩散进去一个自由基，就在这个乳胶粒中又一次进行引发聚合，重新开始一个新的链增长过程，直至下一个自由基进入为止。在整个乳液聚合过程中，此两类乳胶粒——死乳胶粒和活乳胶粒——不断相互转化，而使乳胶粒逐渐长大，单体转化率不断提高。

上面提到，自由基是在水相中生成的，我们知道在水相中又有少量呈真溶液状态的自由单体分子。可以想象，当生成的自由基和水相中的单体相遇时，同样也可以进行引发聚合。但是一方面由于在水相中单体的浓度极低，另一方面由于聚合物在水中的溶解度随分子量的增大急剧地降低，所以自由基链还没有来得及增长到比较大的分子量就被沉淀出来。沉淀出来的低聚物从周围吸收某些乳化剂分子，以使其稳定地悬浮在水相中。它还能从水相中吸收

单体分子和自由基，并进行引发聚合，生成了一个新的乳胶粒。这就是生成乳胶粒的低聚物机理。一般来讲，如果单体在水中溶解度很小，如苯乙烯，那么按低聚物机理生成的乳胶粒数量可以忽略不计。但是如果单体在水中有一定溶解度时，如乙酸乙烯酯、氯乙烯等，按照低聚物机理生成的乳胶粒数就会有明显的增加，应加以考虑。

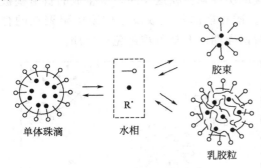

图 3-4　阶段Ⅰ单体、乳化剂及
自由基的平衡

在阶段Ⅰ，乳化剂有四个去处，即胶束乳化剂、以单分子的形式溶解在水中的乳化剂、吸附在单体珠滴表面上的乳化剂以及吸附在乳胶粒表面上的乳化剂。它们之间也建立起动态平衡。单体、乳化剂及自由基三者在单体珠滴、乳胶粒、胶束和水相之间的平衡可用图 3-4 表示。

随着成核过程的进行，将生成越来越多的平衡新乳胶粒。同时随着乳胶粒尺寸不断长大，乳胶粒的表面积逐渐增大。这样，越来越多的乳化剂从水相转移到乳胶粒表面上，溶解在水相中的乳化剂不断减少。这就破坏了溶解在水相中的乳化剂与尚未成核的胶束之间的平衡，使平衡向胶束→水相→乳胶粒方向移动。因而使胶束乳化剂量逐渐减少，部分胶束被破坏，再加上成核过程本身也要消耗胶束，致使胶束数目越来越少，以至最后胶束消失。从诱导期结束到胶束耗尽这一期间就为阶段Ⅰ。乳化剂用量越大时，阶段Ⅰ就越长。

三、阶段Ⅱ（乳胶粒长大阶段）

在阶段Ⅰ终点，胶束消失了。靠胶束机理生成乳胶粒的过程停止了。如上所述，乳胶粒主要来自胶束，靠低聚物均相机理生成乳胶粒的数量很少，常常可以忽略，尤其是单体在水相中溶解度小时更是这样。因此可以认为在阶段Ⅱ乳胶粒的数目将保持一个定值。对于采用典型配方的乳液聚合过程来说，乳胶粒的浓度可达 $10^{16}/cm^3$。图 3-5 为阶段Ⅱ乳液聚合体系的示意图。

在该阶段，引发剂继续在水相中分解出自由基。因为乳胶粒的数目要比单体珠滴的数目大得多，大约一万个乳胶粒才有一个单体珠滴，所以自由基主要向乳胶粒中扩散。在乳胶粒中引发聚合，使得乳胶粒不断长大。另外在乳胶粒中自由基也会向水相扩散，当单体在水相中的溶解度较大时，这一扩散过程就趋于明显。

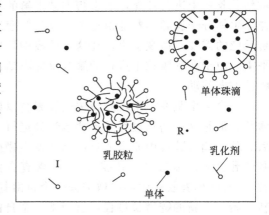

图 3-5　阶段Ⅱ乳液取合体系的示意图
—o—乳化剂；●—单体；I—引发剂；
R·—自由基；～～—聚合物链

于是在水相和乳胶粒之间就建立起了动态平衡，自由基不断地被乳胶粒吸收，又不断地从乳胶粒向外解吸。

在阶段Ⅱ，胶束消失了，乳化剂将分布在三种位置上，即溶解于水相、被吸附在乳胶粒表面上，以及吸附在单体珠滴表面上。此三种乳化剂也处于动态平衡状态。随着乳胶粒逐渐长大，其表面积增大，需要从水相吸附更多的乳化剂分子，覆盖在新生成的表面上，致使在水相中的乳化剂浓度低于临界胶束浓度，甚至还会出现使部分乳胶粒表面积不能被乳化剂分子完全覆盖，这样就会导致乳液体系表面自由能提高，使得乳液稳定性下降，以致破乳。图3-6表明了在阶段Ⅱ单体、乳化剂及自由基在乳胶粒、单体珠滴以及水相之间的平衡。

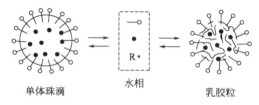

图 3-6 阶段Ⅱ单体、乳化剂及自由基的平衡

在反应区乳胶粒中单体不断被消耗，单体的平衡不断沿单体珠滴→水相→乳胶粒方向移动，致使单体珠滴中的单体逐渐减少，直至单体珠滴消失。由胶束耗尽到单体珠滴消失这段时间间隔称为阶段Ⅱ。

上面提到，体系中同时存在着死乳胶粒和活乳胶粒，即不同乳胶粒中的自由基数是不一样的。经典理论认为，当一个自由基进入一个活乳胶粒中时两个自由基间的终止反应是瞬时进行的，在一个乳胶粒中最多只能有一个自由基。

四、阶段Ⅲ（聚合完成阶段）

在阶段Ⅲ，乳液聚合体系的示意图见图3-7。

在阶段Ⅲ，不仅胶束消失了，而且单体珠滴也不见了。此时仅存在着两个相，即乳胶粒和水相。乳化剂、单体和自由基的分布由在该两相间的动态平衡决定，见图3-8。

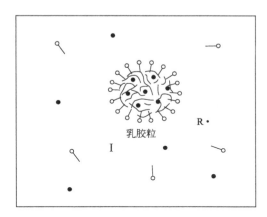

图 3-7 阶段Ⅲ乳液聚合体系示意图
—○—乳化剂；●—单体；Ⅰ—引发剂；
R·—自由基；~~~—聚合物链

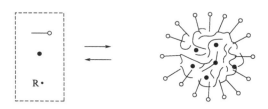

图 3-8 阶段Ⅲ单体、乳化剂及自由基的平衡

在阶段Ⅲ，因为单体珠滴消失了，在乳胶粒中进行聚合反应只能消耗自身贮存的单体，而得不到补充，所以在乳胶粒中聚合物的浓度越来越大，内部黏度越来越高，大分子彼此缠结在一起，致使自由基链的活动性减小，两个自由基扩散到一起而进行终止的阻力加大，因而造成了随着转化率的增加链终止速率常数 K 急剧下降，例如苯乙烯在50℃时进行乳液聚合 K 可下降5个数量级之多。终止速率常数的降低就意味着链终止速率的降低，也意味着自由基平均寿命延长，这样就使反应区（乳胶粒）中自由基浓度显著地增大，平均一个乳胶

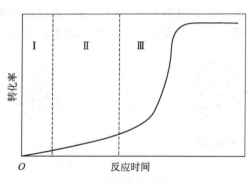

图 3-9　甲基丙烯酸甲酯乳液聚合
时间-转化率曲线

粒中的自由基数增多。在阶段Ⅲ随着转化率的提高反应区乳胶粒中单体浓度越来越低，反应速率本来应该下降，但是恰恰相反，在反应后期反应速率不仅不下降反而随转化率的增加而大大地加速，如图 3-9 所示。这种现象叫作凝胶效应。

另外，对某些单体的乳液聚合过程来说，在阶段Ⅲ后期，当反应时间增至某一值时转化速率不再增加，如图 3-9 所示。这种现象叫作玻璃化效应。因为在阶段Ⅲ乳胶粒中聚合物浓度随转化率增加而增大，单体-聚合物体系的玻璃化温度 T_g 也随之提高。当转化率增大到某一定值时，就使得玻璃化温度刚好等于反应温度。此时在乳胶粒中，不仅活性分子链被固结，而且单体也被固结，使链增长速率常数 K 急剧地降低至零，故使链增长速率也急剧降低至零。

第三节　乳液配方设计原理

一、乳液合成的组分及其在乳液聚合中的作用

乳液聚合体系的主要组分有单体、乳化剂、引发剂和介质，另外根据需要还可以加入其他组分，如助乳化剂、分子量调节剂、pH 缓冲剂、抗冻剂、螯合剂、增塑剂、保护胶体、消泡剂等等。要正确地制定乳液配方，必须对这些组分的性质、在制备过程中所起的作用以及对制备结果的影响进行深入、系统的了解。

1. 单体

原则上讲，任何能进行自由基加成聚合反应的单体都可以通过乳液聚合法制备聚合物。在乳液聚合配方中单体用量一般为 40%～50%。从一定意义上讲，单体决定着乳液膜及其乳胶漆膜的物理、化学及机械性能，因而单体是最重要的组分。

2. 水

水通常占配方量的 50%左右，它起着乳胶漆的制备和施工涂布的媒介作用，同时在一定的程度上，决定着乳液的固体分，乳液的黏度、增稠乳液的黏度以及成漆的黏度。水的质量也影响着乳液的稳定性，对乳液聚合过程的平稳进行也有着相当的影响。因而在配方的设计中，要准确指出水的用量，水的质量以及水在工艺操作中的使用方式。

3. 乳液合成的微量组分

乳液合成所涉及的组分中，除单体、水之外，均属于微量组分。微量组分的名目繁多，用量甚少，各自的作用极大。任何一项设计的不合理，都有可能造成合成的失败，或影响所得乳液的质量。例如，引发剂虽然不过是千分之一二，但它能决定是否发生聚合反应。当然其用量还能决定分子量的大小，乳液颗粒的尺寸等。乳化剂决定着乳液聚合能否进行下去，其乳液能否稳定存在。至于其他的如 pH 调节剂、链转移剂、还原剂、促进剂等，各自都有着自己独特的微妙作用。乳液配方设计就在于统观这些组分的作用，予以合理的组合，

在正确的工艺操作下，制得能满足需要的乳液，以制得优良的乳胶漆。

二、单体的选择

1. 单体品种的选择

乳胶漆发展过程中，逐渐形成了不同的乳液系统，每一个系统都能给乳胶漆带来一定的性能特征。特定用途的乳胶漆，要求特定性能的乳液。因此与其说选择单体，不如说是选择系统。

例如，为调制平光内墙涂料选择乳液及其单体品种，就可以有多种选择。

乙酸乙烯酯均聚乳液能满足其需要，它成熟、比较便宜，而且仅涉及乙酸乙烯酯一种单体。但是乙酸乙烯酯均聚乳液（简称醋均乳液）的颜料承载能力低，苯丙乳液、乙丙乳液颜料承载能力较好，纯丙乳液承载能力更高。如果按颜料与基体之比（颜/基比）为 2:1，用醋均乳液设计内墙平光涂料，其漆膜耐湿擦洗性能达到 1000 次的话，那么达到同样的耐擦洗性，用苯丙、乙丙乳液，颜/基比可达到 3:1，用纯丙乳液，可达到 5:1（示意性数字）。那么共聚物乳液虽然本身稍贵，但用量相对降低，其成漆成本并不大幅提高。

换言之，如果按同一颜/基比，比较四种乳液，那么纯丙乳液耐湿洗性是最高的，醋均乳液是最差的。而且，内墙涂料除要求耐湿擦洗性好之外，至少还要求耐水性和耐碱性，就这两项性能来说，优劣次序也是纯丙乳液＞苯丙乳液＞乙丙乳液＞醋均乳液。因此系统的选择涉及许多复杂的因素，必须因事、因地制宜。同时，基本系统确定之后，只是确定了主要单体，还必须根据需要确定辅助单体，所谓第三单体以及某些功能单体，此过程中既要考虑技术要求，又要考虑经济因素。

苯乙烯由于价格便宜并在很多方面有特点，所以是生产丙烯酸酯涂料的常用单体，现将其聚合物或共聚合物的特点简单介绍如下：聚苯乙烯的 T_g 与聚甲基丙烯酸甲酯的很接近，同为 105℃，从共聚物膜的硬度来考虑，完全可以代替甲基丙烯酸甲酯，但其延伸性不及后者，后者在低于 T_g 温度时有延伸性，而聚苯乙烯则达到 T_g 温度时才出现可延性。因此，在制漆的树脂中用苯乙烯代替甲基丙烯酸甲酯时可能会出现硬度符合要求而抗冲击强度及弯曲性差的情况。在耐候性方面，因为与苯环相连的叔碳原子容易被氧化生成发色基团，所以使用苯乙烯的共聚物比较容易发黄，其保色性要差一些。此外，便宜的价格、耐腐蚀、抗污染性能都是其可取之处。

2. 单体比例的选择

根据性能、资源、成本因素，选定了配方路线和单体的品种之后，就要进一步确定其比例。单体的比例不同，会使乳液和高聚物的许多性能有所变化，首先是涂膜的硬度和乳液的最低成膜温度会有显著的变化。

硬度是乳液的重要指标，地板漆漆膜要求硬而耐磨，门窗漆漆膜要求硬而耐压黏，外用漆漆膜过软会引起沾尘性不良的问题，过硬又容易开裂。高聚物膜硬，意味着乳液中的高聚物粒子也是硬的。粒子硬，在低温下成膜时就难于融合为一体，则最低成膜温度会偏高。如何保证漆膜的硬度又要有足够低的最低成膜温度，是配方设计和课题研究的中心问题。从硬度出发，选择单体的比例，必须对玻璃化温度的概念以及单体和硬度、最低成膜温度的关系，均聚物的玻璃化温度和共聚物玻璃化温度的关系加以讨论。

在某些情况下需要高机械性能如高硬度、高抗张强度和最低成膜温度的聚合物，在另一些情况下又需要具有韧性或弹性的聚合物。有时聚合物乳液需在室温下进行施工，如在室温下使用的乳液涂料和黏合剂等，这又需要制备最低成膜温度低于室温的乳液共聚物。乳液的最低成膜温度（MFT）主要决定于乳液聚合物的玻璃化温度（T_g），在某些情况下 MFT 略低于 T_g，而在另一些情况下 MFT 略高于 T_g，但 MFT 一般都很接近 T_g。

经验表明，涂膜的触干、实干与（$T-T_g$）的关系大致是：

$$(T-T_g)\leqslant55℃ \qquad 触干$$
$$(T-T_g)\leqslant25℃ \qquad 实干$$

凡玻璃化温度 T_g 接近室温的高聚物或其膜，在常温下，将表现出相当的硬度。T_g 越高、越硬。反之，T_g 在常温下或零度以下就很软，T_g 越低，越软。以此为原则可将通常单体分为两类：硬单体和软单体。

调节乳液涂膜硬度的方法一般有三种：

① 硬均聚物加增塑剂，这叫作外增塑。

② 软硬均聚物以不同的比例匹配，这也叫外增塑。

③ 使硬、软单体以不同的比例进行共聚，这叫作内增塑。

其中内增塑是最佳途径。通过它，不仅可以得到任意的合适硬度，而且可以把各个单体特有的优良性质，综合到共聚物内。因此可以根据所要求聚合物的玻璃化温度来选择共聚单体的种类，并确定其用量。可采用 Fox 方程进行计算。

$$\frac{1}{T_g}=\frac{w_1}{T_{g_1}}+\frac{w_2}{T_{g_2}}+\cdots+\frac{w_i}{T_{g_i}}$$

式中　T_g——共聚物的玻璃化温度，K；

T_{g_i}——i 组分的玻璃化温度，K；

w_i——i 组分在共聚组成中所占的质量分数。

【例 3-1】　共聚物乳液中含苯乙烯（60%）和丙烯酸丁酯（40%）两种单体，试计算其玻璃化温度。

解：
$$\frac{1}{T_g}=\frac{0.6}{273+105}+\frac{0.4}{273-54}$$
$$T_g=291(K)=291-273(℃)=18(℃)$$

【例 3-2】　要使 MMA 与 BA 的共聚物在室温（25℃）达到实干，试问 BA 和 MMA 在共聚物中的比例应各为多少？

解： 设 BA 质量分数为 w_1，MMA 质量分数为 w_2

此时
$$\frac{1}{T_g}=\frac{w_1}{-54+273}+\frac{w_2}{105+273} \qquad (1)$$

实干要求　　$(T-T_g)\leqslant25℃$　　令 $(T-T_g)=25℃$ 则

$$(25+273)-T_g=25(K)$$

所以　　$T_g=273K$　代入（1）式得：$\dfrac{1}{273}=\dfrac{w_1}{219}+\dfrac{1-w_1}{378}$

计算得　　　　$w_1=0.53(BA)$　　$w_2=1-w_1=0.47(MMA)$

所以共聚物配料应 BA 最多 53%，MMA 至少 47%。

每种单体都有其独到的功能，在进行乳液聚合配方设计时，应根据具体性能要求认真选用每种单体。例如丙烯腈、甲基丙烯酰胺、甲基丙烯酸等的极性基团可赋予乳液聚合物以硬度、黏接强度、抗划痕性、耐溶剂性和耐油性。丙烯酸酯可赋予乳液聚合物以良好的耐候性、透明性和抗污染性。氯丁二烯、偏二氯乙烯和氯乙烯可赋予乳液聚合物以高强度、耐燃性和耐油性。苯乙烯、丁二烯和丙烯酸高级脂肪酯可赋予乳液聚合物以耐水性。丙烯酸、甲基丙烯酸、衣康酸（亚甲基丁二酸）和顺丁烯二酸可使聚合物分子链上带羧基，形成所谓的羧基胶乳，这样可以显著地提高聚合物乳液稳定性，并为乳液聚合物提供了交联点。

三、乳化剂的选择

在乳液聚合体系中乳化剂起着至关重要的作用。它可以将单体分散成以贮存单体为中心的细小的单体珠滴，形成乳状液。它可以形成胶束和增溶胶束，按胶束机理形成作为反应中心的乳胶粒。它可被吸附在单体珠滴和乳胶粒表面上，形成稳定的聚合物乳液，使得在聚合、存放、输送和应用过程中不会破乳，同时乳化剂还直接影响着乳液聚合反应速率。因此能否成功地进行乳液聚合和能否制成性能优良的聚合物乳液和乳液聚合物，正确选择及合理使用乳化剂是关键的步骤。

任何乳化剂分子都含有亲水基团和疏水基团。按乳化剂亲水基团的性质可将其分为四类，即阴离子型、阳离子型、两性型和非离子型乳化剂。其疏水基团有烷基、烷芳基、烷基酰胺和烷基酯等。

阴离子型乳化剂的亲水基团有羧酸型、硫酸酯型和磺酸酯型之分，其中硫酸酯型和磺酸酯型乳化剂在酸性和碱性条件下均可使用。但有机羧酸盐则应在 pH 为 8～11 的条件下使用，因为只有在碱性条件下，羧基才为离子形式。阴离子型乳化剂的共同特点是乳化效率高，能有效地降低表面张力，因而用量可以较少，它们的胶束也较小，制成的乳液粒子较小。但由于它们的离子性质，使乳液粒子带有电荷，使离子对电解质、对冻融过程，乃至对其他的乳化剂品种，往往都有不同程度的敏感，会造成乳液的稳定性降低。同时还容易起泡，造成不易消泡的缺点。

非离子型乳化剂有高级脂肪醇和环氧乙烷的加成物、脂肪酸的聚环氧乙烷酯、环氧乙烷和环氧丙烷的嵌段共聚物等。这种乳化剂对 pH 值变化不敏感。但随着温度上升，乳化剂的水化层减薄，在水中的溶解度下降，甚至达到某一温度时会从水相中沉析出来，此时的温度为浊点。因此，非离子型乳化剂必须在其浊点以下使用。非离子型乳化剂的特征与阴离子型乳化剂相反，因此两者并用，则可收到相得益彰的效果。目前市场上许多乳液，都是由混合乳化剂生产的，兼有细粒、低泡、稳定的特点。一般而言，非离子型乳化剂用量按对 100 份单体计，为 5 份左右，阴离子型则为 2 份左右，两者配合各用半量。聚乙烯醇作为保护胶体用量约为 5～10 份，但聚乙烯醇为保护胶体的乳液粒子较粗，在有关乳胶漆用乳液中，往往不使用。

选择乳化剂应考虑以下因素。

（1）临界胶束浓度　乳化剂在水中的饱和溶解度叫临界胶束浓度，又称 CMC。当乳化剂的加入量超过 CMC 时，其过量部分以胶束的形式存在，平均一个胶束中乳化剂的分子数称为聚集数，一般乳化剂的聚集数为 30～200。聚集数越小，则形成的胶束就越多。由于胶束会从水相中吸收一定量单体到其内部，使单体在水中的表观溶解度增大，这种现象叫增溶现象。吸收了单体的胶束称为增溶胶束，增溶胶束越多，成核速率越快，生成的乳胶粒就越多，聚合反应速率就越大。尽量选用临界胶束浓度 CMC 值小的乳化剂。当 CMC 值小时，无效乳化剂减少,有效乳化剂增多。胶束数目多,所生成的乳胶粒数目大,且聚合反应速率大,所得聚合物分子量高,同时还会提高聚合物乳液的稳定性。

(2)转相点　若拟采用非离子型乳化剂,可用转相点法,即相转变温度(PIT)法来进行选择。对于正相乳液聚合来说,所选乳化剂的 PIT 值应高于乳液聚合反应温度和贮存温度 T,一般来说,$PIT-T=20\sim60℃$。而对于反相乳液聚合来说,所选乳化剂的 PIT 值应低于乳液聚合反应温度和贮存温度 T,一般来说,$T-PIT=10\sim40℃$。因为转相点 PIT 既和所用的乳化剂有关,又与油的本质有关,同时也随油/水相比而发生变化,故很难得到现成的数据,一般需进行实测。

(3)乳化剂的覆盖面积　每一个乳化剂分子在胶束、单体珠滴或乳胶粒上都占有一定的面积,称作覆盖面积,覆盖面积为乳化剂的特征常数。对离子型乳化剂来说,一个乳化剂分子的覆盖面积 a_s 越大时,乳胶粒表面上的电荷密度越小,使体系趋于不稳定,故应尽量选用 a_s 小的乳化剂。对非离子型乳化剂来说,a_s 越大,说明亲水基团越大,水化作用及空间位阻作用增强,故使乳液稳定,所以应选用 a_s 大的乳化剂。

(4)三相点　同非离子型乳化剂的浊点类似,离子型乳化剂也有其特征温度三相点,又称为 Krafft 点,但不同的是离子型乳化剂应在三相点以上使用,因为当温度低于三相点时,乳化剂溶解度很小,乳化效果很差。

(5)增溶度　乳化剂对单体应具有较大的增溶能力。乳化剂对单体的增溶能力越大时,将生成尺寸更大的胶束,会增溶更多的单体,故阶段 I 聚合反应速率就更大。乳化剂的增溶能力对阶段 II 的聚合反应速率没有影响。可以预计,当乳化剂对单体增溶能力强时,乳胶粒的尺寸分布变窄,阶段 I 缩短,因此应当优先选用增溶度大的乳化剂。

(6)HLB 值　乳化剂的另一个重要参数就是亲水亲油平衡值,即 HLB 值,它用来衡量乳化剂亲水性和亲油性的大小,HLB 值越大,乳化剂的亲水性就越大。每种乳化剂都有一特定的 HLB 值,一般在 1～40 的范围内。乳化剂的 HLB 值可以通过实验测定,也可以按照基团常数进行计算,HLB 值是选用乳化剂的重要依据。

对于不同单体的乳液聚合体系来说,要求的 HLB 值的范围不同,若所采用的乳化剂落在这个范围之内,则可达最佳效果。一个具体的乳液聚合过程的最佳 HLB 值可用乳化试验法进行实地测定,也可查阅文献资料,借助他人的工作。表 3-1 列出了资料中报道的部分数据。

表 3-1　油/水(O/W)型聚合物乳液要求的最佳 HLB 值范围

O/W 聚合物乳液	最佳 HLB 值范围
聚苯乙烯	13.0～15.0
聚乙酸乙烯酯	14.5～17.5
聚甲基丙烯酸甲酯	12.1～13.7
聚丙烯酸乙酯	11.8～12.4
聚丙烯腈	13.3～13.7
甲基丙烯酸甲酯与丙烯酸乙酯的共聚物(重量比 1:1)	11.95～13.05

对于乳液共聚合体系来说,所要求的 HLB 值可将各组分的 HLB 值按各自所占的重量分数进行加权平均求取:

$$HLB=\sum(w_i HLB_i)$$

式中　w_i——共聚组分 i 所占的重量分数；

HLB$_i$——共聚物组分 i 的均聚物所要求的 HLB 值。

表 3-2 中列出了部分常用乳化剂及其有关参数。

表 3-2　常用乳化剂及其有关参数

乳化剂	CMC /(mol/L)	胶束面积 /nm²	HLB	聚集数	浊点 /℃	三相点 /℃
月桂酸钾	0.0125	0.32	22.9	50		19
硬脂酸钾	0.0005		20			
油酸钾	0.0012	0.28	20			
松香酸钾	0.012	0.30	19.1			
十二烷基磺酸钠	0.0095		12.3	54		37.5
十二烷基硫酸钠(SDS)			40			
十六烷基三甲基碘化铵	0.001	0.25	9.3	35		
聚氧乙烯辛基苯酚醚-10(OP-10)	8.3×10^{-8}	0.26	14.5		80	
聚氧乙烯辛基苯酚醚-80(OP-80)	0.00026	1.01	17.1		109	
失水山梨醇单月桂酸酯(Span20)	0.002	0.38	8.8			
失水山梨醇单硬脂酸酯(Span60)			4.7			
失水山梨醇三硬脂酸酯(Span65)			2.1			
失水山梨醇单油酸酯(Span80)			4.3			
聚氧乙烯失水山梨醇单月桂酸酯(Tween 20)			16.7			
聚山梨酯 60(Tween 60)			14.9			
聚山梨酯 80(Tween 80)			15.0			

以下举两个例子来说明怎样利用 HLB 值法来选择乳化剂及确定其用量。

【例 3-3】 有如下乳液共聚合体系：

单体	共聚组成	(HLB)
MMA	40%	12.1～13.7
St	60%	13.0～16.0

解： 该体系 HLB 值的下限为：　　　$12.1 \times 40\% + 13.0 \times 60\% = 12.64$

　　　　　HLB 值的上限为：　　　$13.7 \times 40\% + 16.0 \times 60\% = 15.08$

故该乳液共聚合体系所要求的 HLB 值范围为 12.64～15.08

【例 3-4】 进行醋酸乙烯（VAc）的乳液聚合，用十二烷基硫酸钠（SDS）和 Span 65 作乳化剂，乳化剂用量为 3 质量份，求二者各自的用量。

解： 由表 3-2 知，SDS 的 HLB 值为 40，Span 65 的 HLB 值为 2.1。

由表 3-1 知，PVAc 所要求的 HLB 值的平均值为 16.0，设 SDS 在乳化剂总量中所占的重量分数为 w，

　　则 $40w + 2.1 \times (1 - w) = 16.0$

　　所以 $w = 36.7\%$

故 SDS 用量为 $3 \times 36.7\% = 1.1$ 质量份；而 Span 65 用量则应为 1.9 质量份。

四、引发剂的选择

引发剂是乳液聚合配方的重要组分，引发剂的种类和用量直接关系到聚合反应速率、聚合物的分子结构及性能、聚合物乳液的稳定性及产品的质量，因此正确选择引发剂也是进行乳液聚合配方设计很重要的步骤。

自由基聚合反应中所用的引发剂，一般来说均可用作乳液聚合的引发剂。大量研究及生产实践证明，乳液聚合引发剂基本上分两类：一类是受热分解产生自由基的引发剂，如过硫酸钾、过硫酸钠、过硫酸铵、过氧化氢等无机过氧化物。有机过氧化物一般也能用作乳化聚合的引发剂，但大都是和一种还原剂组合而构成另一类引发剂，即所谓氧化还原引发剂。这类引发剂是两个组分，在进行氧化还原的反应过程中产生自由基引发聚合。

一般认为过硫酸盐在水相中分解成自由基的反应速度与过硫酸根的离子 $S_2O_8^{2-}$ 浓度成一级反应，而这类反应，氢离子具有催化作用。但实验证明对于 $K_2S_2O_8$，pH 的降低对速度系数的影响较小，直到溶液为强酸性时（pH 约为 3.0），速度系数才明显增加。这说明在相当宽的 pH 范围内，过硫酸钾的分解速度是平稳的，这无疑有利于聚合的控制。

自由基聚合反应，只有在单位时间内有足够的自由基存在时，才是高效和经济的。所以必须了解温度和所处环境与自由基数量的关系。这种关系对热裂解引发剂常用半衰期来表示。所谓半衰期（$t_{1/2}$），是在某一温度和环境下，引发剂裂解一半所经历的时间。$t_{1/2}$ 还与引发剂的浓度有关，浓度越小，$t_{1/2}$ 越长（所以只可能测定半衰期）。在乳液聚合系统中，为了很好地控制自由基的分解速度，引发剂分解反应的半衰期是非常重要的，工业适用的半衰期为 1～10h。与这一半衰期相适应的分解温度，因引发剂的品种而不同。对过硫酸盐而言，使用最多的是过硫酸钾和过硫酸铵。过硫酸钾的半衰期 $t_{1/2}$ 如表 3-3 所示。

表 3-3　过硫酸钾的半衰期和分离常数与温度的关系（pH＝4～5）

温度/℃	$t_{1/2}$/h	K_d/s^{-1}
40	1030	9.5×10^{-7}
60	38.5	3.16×10^{-6}
70	8.3	2.33×10^{-5}
80	2.1	9.16×10^{-5}
90	0.5	3.5×10^{-4}

由表中可见，引发剂热分解的速度随温度的升高而加速。温度的变动对 $t_{1/2}$ 有非常大的影响，所以温度的变动是自由基浓度的变动，也是聚合反应总体的变动，这就是在聚合反应中控制反应温度的重要性之所在。这也是以 $K_2S_2O_8$ 为引发剂的乳液聚合反应温度确定为 75～80℃的原因。另外还说明，如果当引发剂浓度较高，当反应温度升到 90℃以上时，非常容易引起爆聚，是很危险的。

其他物质对过硫酸盐的分解也有一定的影响，在乳液聚合系统中，由于有反应物、聚合物、缓冲剂、表面活性剂及其他添加剂存在，所以过硫酸盐在聚合系统中的热分解反应是十分复杂的。

引发剂浓度与高聚物的分子量成反比。聚合温度提高也倾向于使分子量下降。使用氧化还原引发剂，可以在降低反应温度的同时，不延长反应时间，还可以得到高分子量的聚合物。因而在必要的情况下，氧化还原反应系统还是十分有价值的系统。应用最多的氧化还原引发剂有：过硫酸盐-亚硫酸氢盐体系、过氧化氢-亚铁盐体系、有机过氧化氢-亚铁盐体系、过硫酸盐-硫醇体系及氯酸盐-亚硫酸氢盐体系等。

对于正相乳液聚合来说，为保证聚合反应发生在乳胶粒中，而不发生在单体珠滴中，要求引发剂溶于水相，故在大多数情况下都采用水溶性引发剂。但在个别情况下也可以采用油溶性引发剂，例如：

① 在微滴聚合中，靠强烈的机械搅拌，将单体打成极细的在乳胶粒尺寸范围内的单体珠滴，引发剂溶解在这些珠滴中，在珠滴中引发聚合，这些珠滴就形成聚合物颗粒。

② 在种子乳液聚合中，预先制备大量极其微小的乳胶粒作为种子，向这样的体系中加入油溶性引发剂，使引发剂溶解在种子乳胶粒中，在其中分解成自由基，并引发聚合，使乳胶粒不断长大。

③ 在反相乳液聚合体系中，加入油溶性引发剂，这些引发剂溶解在连续相油中，在油相分解成自由基，然后向乳胶粒中扩散。

对于通常的乳液聚合过程来说，引发作用要经历以下几个步骤：

① 引发剂在水相中分解成初始自由基；

② 初始自由基在水相中引发聚合，因为单体在水相中溶解度很小，在水相中很难生成大分子，只能生成齐聚物自由基；

③ 在水相中的初始自由基和齐聚物自由基扩散到乳胶粒中或单体珠滴中；

④ 在乳胶粒中引发聚合，生成大分子，使乳胶粒不断长大。

过硫酸盐引发剂在水相中进行热分解的历程为：

$$S_2O_8^{2-} \longrightarrow 2SO_4^- \cdot$$
$$SO_4^- \cdot + H_2O \longrightarrow HSO_4^- + OH \cdot$$
$$HSO_4^- \longrightarrow H^+ + SO_4^{2-}$$
$$4OH \cdot \longrightarrow 2H_2O + O_2$$

由以上反应方程式可以看出，在反应过程中会生成氢离子，故随着乳液聚合反应的进行，体系的 pH 值逐渐下降，在通常情况下可降到 pH=1～3。过硫酸盐引发剂热分解属于自动催化反应，随着反应进行 pH 值降低，其分解速率增大。同时体系 pH 值降低又使乳液稳定性下降，故为了确保在反应过程中体系的 pH 值不变，常常需要加入 pH 缓冲剂。

过硫酸盐-亚硫酸氢盐体系是常用的氧化还原引发体系，其分解反应为：

$$S_2O_8^{2-} + HSO_3^- \longrightarrow SO_4^{2-} + SO_4^- \cdot + HSO_3 \cdot$$

副反应：

$$SO_4^- \cdot + HSO_3^- \longrightarrow SO_4^{2-} + HSO_3 \cdot$$
$$2HSO_3 \cdot \longrightarrow H_2S_2O_6$$

第二个反应不影响自由基的总浓度，第三个反应会降低自由基浓度，$SO_4^- \cdot$ 和 $HSO_3 \cdot$ 都会引发聚合。$SO_4^- \cdot$ 引发时，大分子链末端将连上硫酸根基团，而 $HSO_3 \cdot$ 自由基引发时，在大分子链末端将带上磺酸根基团。实验证明，在大分子链末端这两种基团都存在，当过硫酸盐浓度大时，硫酸根基团比例大，而当亚硫酸氢盐比例大时，磺酸根所占的比例增多。

五、乳液配方设计和计算的方法

乳液聚合体系的主要组分有单体、乳化剂、引发剂和介质等。单体的组成决定着乳液状态及其乳胶漆膜的物理、化学及机械性能，因而单体是最重要的组分，其中单体混合物通常由硬单体、软单体、功能单体构成，可以通过设计单体的配比制备出不同性能的树脂乳液。

1. 乳液参数的设计

市场上出售的苯丙树脂乳液产品，都会标明含固量、玻璃化温度、酸值（S）等参数，以供客户选用的时候参考。在设计乳液聚合配方时，对这些参数都要进行设定。除了上述几个主要参数外，为了赋予树脂乳液某些特定的性能和满足合成工艺的需要，还要设定其他的相关参数。

下面以采用苯乙烯（St）、甲基丙烯酸（MAA）、甲基丙烯酸甲酯（MMA）、丙烯酸异辛酯（OA）四种单体制备苯丙树脂乳液为例，讲述乳液参数的设计方法。四种单体的性质如表 3-4 所示。

表 3-4　单体的性质

单体	均聚物 T_g/℃	沸点/℃	冰点/℃	相对密度	在水中的溶解度/%
MMA	105	100.5	−48.2	0.989	1.59
MAA	130	181	15.5	1.0153	溶于水
St	105	142.5	−30.6	0.9059	0.028
OA	−85	215	−90	0.8859	0.01

由上表可以看出，MMA、MAA 和 St 三种单体是硬单体，OA 是软单体。它们在树脂乳液配方中起着不同的作用。

① St 是硬单体，亲水性比较差，可以提供树脂的耐水性，降低稠度，但同时也会降低乳液的透明度。St 的价格比较低，适当地增加 St 的用量，可以降低产品的成本。

② MAA 是亲水性单体，提供聚合物分子链的极性。MAA 带有羧基，在配方中的用量可以用酸值来确定。提高酸值可以增加树脂的透明度，但是会增加乳液的稠度，降低耐水性。

③ MMA 是硬单体，有一定的水溶性，可以改善树脂的亲水性，提供树脂的硬度和光泽。

④ OA 是软单体，提供树脂的柔韧性或者是成膜性。

以上四种单体按照不同比例进行组合，可以制备出各种性能的树脂乳液。但是四种单体的配比并不能随意设置，需要按照树脂性能的要求设计树脂的参数，再以参数为依据计算出乳液聚合的单体配比和其他组分的用量。

纯的苯丙树脂乳液往往流动性比较差。普通的苯丙树脂乳液产品，一般是以乳液部分为主体，加入适量的碱溶树脂，这样可以明显改善乳液的流动性。在配制涂料产品的时候，碱溶树脂也会起到必要的作用。这样，合成苯丙树脂乳液的配方中就包括了水、乳化剂、单体、引发剂、碱溶树脂、氨水等组分。

需要设计的参数内容如下。

（1）乳液总量　根据实验仪器中三口瓶的容量确定。例如，使用 250ml 三口瓶的时候，乳液总量以 200g 为宜。

（2）含固量％　以 35％～40％为宜，乳液的含固量越高，应用性能越好，但是合成的难度会增大。这是由于在乳液的制备过程中，乳胶粒的粒径很小，乳液的稠度会随着含固量的增高而增大。

（3）乳/碱　乳液树脂与碱溶树脂的质量比。加入碱溶树脂的目的是改善树脂乳液的流动性，提高乳液的含固量，进而提高乳液的应用性能。乳/碱的取值范围应该小于 4，可以避免因乳液部分的含量过高而导致乳液聚合过程中稠度过大。

（4）MMA/St　亲水性单体和非亲水性单体之比。通过调整 MMA/St 的比值，可调节乳液的透明度和树脂的极性。当 MMA/St 值增大时，产物的黏度增大、透明度增加，这是由于 MMA 的亲水性比 St 的亲水性好，随着 MMA 在配方中的比例增大，聚合物分子链的亲水性增大，使乳胶粒在水中产生溶胀现象，导致产品黏度增大，透明性增加。如果 MMA/St 的比值过大，则影响产品的流动性能。MMA/St 的取值范围可根据树脂性能的要求确定。

在 T_g 和树脂的酸值（S）两个参数确定之后，MMA 和 St 两种单体的用量之和就确定了。MMA 和 St 两种单体都是硬单体，二者的均聚物 T_g 相近，但是在其他性能方面有很大的差别，具体见表 3-5。

表 3-5　苯乙烯与甲基丙烯酸甲酯物理性能比较

物理性能	苯乙烯	甲基丙烯酸甲酯
硬度	高	极高
耐湿性	良好	低
耐污染性	良好	尚好
耐光性	低	优
保光性	尚好	优
稀释性	良好	不好

MMA/St 比值的设定要根据涂料产品性能的要求来确定。从树脂成本上考虑，MMA 的价格大约是 St 的二倍，在能够满足树脂性能要求的前提下，降低 MMA/St 比值有利于降低树脂的成本。

（5）乳液树脂酸值　乳液树脂酸值（S）可以确定配方中 MAA 单体的用量，酸值的单位为 mgKOH/g，即中和每克树脂乳液消耗 KOH 的毫克数。甲基丙烯酸的羧基是亲水基团，在高分子链上引入羧基之后，羧基会朝向水相，可以提高乳胶粒的亲水性能，降低乳胶粒表面上乳化剂的吸附量，多余的乳化剂又会在水中形成新的胶束，从而可以在滴加单体的过程中形成更多新的乳胶粒。由于乳胶粒的数目多，乳胶粒的粒径就非常小，用氨水中和之后，便会形成透明的乳液。因此，提高乳液树脂的酸值可以提高乳液的透明度，但是乳液树脂的酸值不宜过高，否则会影响乳液的流动性和树脂的耐水性。

（6）碱溶树脂酸值　如果是选用固体碱溶树脂，则树脂的酸值由选用的固体碱溶树脂的性能指标确定，例如选用美国庄臣公司（SC Johnson Wax）的 678 树脂，其酸值为 215mgKOH/g。如果在乳液聚合过程中合成碱溶树脂组分，则可以设定碱溶树脂的酸值。为了使碱溶树脂具备良好的碱溶性，其酸值要高一些，而且配方中不能含有 St，因为 St 的疏水性很强，不利于树脂的溶解。实验证明，碱溶树脂酸值在 50～240mgKOH/g 的时候，都能够满足碱溶性的要求。

（7）乳液树脂玻璃化温度（$T_{g乳}$）　因为乳液树脂部分是所制备乳液的主体，乳液树脂的玻璃化温度决定了乳液的玻璃化温度。根据需要设定乳液树脂的玻璃化温度，硬树脂的T_g一般要高于90℃，而软树脂的T_g一般低于−10℃。

（8）碱溶树脂玻璃化温度（$T_{g碱}$）　如果是选用固体碱溶树脂，则树脂的玻璃化温度由选用的固体碱溶树脂的性能指标确定，例如选用美国庄臣公司的678树脂，其玻璃化温度为85℃。如果在乳液聚合过程中合成碱溶树脂组分，则可以根据需要设定碱溶树脂的玻璃化温度。

（9）乳化剂用量　乳化剂的用量以占单体量的百分比来计算。乳化剂的用量对于乳液聚合反应过程和乳液产品的性能影响很大，增加乳化剂的用量，可以减小乳胶粒的粒径，提高乳液的性能。但是如果乳化剂的用量过大，则会影响涂膜的耐水性。不同的乳化剂体系，要求不同的乳化剂用量，当采用阴离子乳化剂时，乳化剂的用量以1%～3%为宜。

（10）引发剂用量　当采用过硫酸铵作为引发剂时，引发剂的用量可以取单体总量的0.1%～0.2%。

（11）补引发剂用量　补引发剂是在单体滴加完成后补加的，其浓度不宜过高，否则容易产生凝胶，一般是采用1%～2%的浓度。用量以单体总量的0.05%～0.1%为宜。

（12）链转移剂用量　碱溶性组分的作用是使树脂乳液具有比较好的流动性能，其黏度不能太高。当采用乳液聚合的方法制备乳液的碱溶树脂组分时，需要控制这一组分的分子量，加入链转移剂可以调节聚合物的分子量，因此乳液的黏度是随着链转移剂用量的增加而降低的。链转移剂用量为碱溶树脂部分单体量的1.5%时，乳液的黏度略高，用量为2%时黏度比较合适。可以根据产品性能的需要，通过调整链转移剂的用量来调节碱溶树脂的分子量，得到具有合适黏度的树脂乳液。

参数设定完成之后，就要进行配方的计算了。

2. 乳液配方的计算

在进行树脂乳液合成之前，要根据设计的乳液参数，准确的计算出乳液聚合过程中各组分的用量。其中单体配比的计算比较复杂，计算依据是酸值、T_g和MMA/St比值。

（1）根据酸值计算MAA的用量。

酸值定义：中和1g树脂所需要的氢氧化钾毫克数。

设：单体混合物的总量为M

　　MAA的用量为M_{MAA}

　　树脂的酸值为S

根据酸值的定义及MAA的分子量为86.09、KOH的分子量为56.1，则

$$S = \frac{M_{MAA}}{M} \times \frac{56.1}{86.09} \times 1000$$

整理得

$$M_{MAA} = \frac{86.09 \times M \times S}{56.1 \times 1000}$$

（2）根据树脂的玻璃化温度计算OA的用量。

根据树脂玻璃化温度的近似计算公式：

$$\frac{1}{T_g} = \frac{w_1}{T_{g_1}} + \frac{w_2}{T_{g_2}} + \frac{w_3}{T_{g_3}} + \frac{w_4}{T_{g_4}}$$

等式两边同时乘以单体总量 M，得到：

$$\frac{M}{T_g} = \frac{M_1}{T_{g_1}} + \frac{M_2}{T_{g_2}} + \frac{M_3}{T_{g_3}} + \frac{M_4}{T_{g_4}}$$

式中：M_1、M_2、M_3、M_4 分别代表 St、MAA、MMA、OA 的质量；T_{g_1}、T_{g_2}、T_{g_3}、T_{g_4} 分别代表 St、MAA、MMA、OA 的玻璃化温度。

设：MMA/St $= n$，则 $M_{MMA} = nM_{St}$，即 $M_3 = nM_1$，代入上式得：

$$\frac{M}{T_g} = \frac{M_1}{T_{g_1}} + \frac{M_2}{T_{g_2}} + \frac{nM_1}{T_{g_3}} + \frac{M_4}{T_{g_4}} = \frac{T_{g_3} + nT_{g_1}}{T_{g_1} T_{g_3}} M_1 + \frac{M_2}{T_{g_2}} + \frac{M_4}{T_{g_4}}$$

由 $M_3 + M_1 = (n+1)M_1 = M - M_2 - M_4$ 得：

$$M_1 = \frac{M - M_2 - M_4}{n+1}$$

代入上式得：

$$\frac{M}{T_g} = \frac{T_{g_3} + nT_{g_1}}{T_{g_1} T_{g_3}} \times \frac{M - M_2 - M_4}{n+1} + \frac{M_2}{T_{g_2}} + \frac{M_4}{T_{g_4}}$$

$$= \frac{T_{g_3} + nT_{g_1}}{(n+1) T_{g_1} T_{g_3}} M - \frac{T_{g_3} + nT_{g_1}}{(n+1) T_{g_1} T_{g_3}} M_2 - \frac{T_{g_3} + nT_{g_1}}{(n+1) T_{g_1} T_{g_3}} M_4 + \frac{M_2}{T_{g_2}} + \frac{M_4}{T_{g_4}}$$

上式经过整理得：

$$M_4 = \frac{(n+1) T_{g_1} T_{g_3} T_{g_4}}{(n+1) T_{g_1} T_{g_3} - T_{g_3} T_{g_4} - nT_{g_1} T_{g_4}} \times$$

$$\left(\frac{(n+1) T_{g_1} T_{g_3} - (T_{g_3} + nT_{g_1}) T_g}{(n+1) T_{g_1} T_{g_3} T_g} M + \frac{T_{g_2} T_{g_3} + nT_{g_1} T_{g_2} - (n+1) T_{g_1} T_{g_3}}{(n+1) T_{g_1} T_{g_3} T_{g_2}} M_2 \right)$$

$$= \frac{T_{g_4}}{(n+1) T_{g_1} T_{g_3} - T_{g_3} T_{g_4} - nT_{g_1} T_{g_4}} \times$$

$$\left(\frac{(n+1) T_{g_1} T_{g_3} - (T_{g_3} + nT_{g_1}) T_g}{T_g} M + \frac{T_{g_2} T_{g_3} + nT_{g_1} T_{g_2} - (n+1) T_{g_1} T_{g_3}}{T_{g_2}} M_2 \right)$$

通过上式可以计算出 M_4 的用量，但是计算公式过于复杂，计算过程中容易出现错误。当配方中含有 St 和 MMA 两种单体时，由于聚苯乙烯的 T_g 与聚甲基丙烯酸甲酯的 T_g 很接近，同为 105℃，可以对上式进行简化。将 $T_{g_1} = T_{g_3}$ 代入上式得：

$$M_4 = \frac{(n+1) T_{g_3} T_{g_3} T_{g_4}}{(n+1) T_{g_3} T_{g_3} - T_{g_3} T_{g_4} - nT_{g_3} T_{g_4}} \times$$

$$\left(\frac{(n+1) T_{g_3} T_{g_3} - (T_{g_3} + nT_{g_3}) T_g}{(n+1) T_{g_3} T_{g_3} T_g} M + \frac{T_{g_2} T_{g_3} + nT_{g_3} T_{g_2} - (n+1) T_{g_3} T_{g_3}}{(n+1) T_{g_3} T_{g_3} T_{g_2}} M_2 \right)$$

整理得：

$$M_4 = \frac{T_{g_4}}{T_{g_3} - T_{g_4}} \times \left(\frac{T_{g_3} - T_g}{T_g} M + \frac{T_{g_2} - T_{g_3}}{T_{g_2}} M_2 \right)$$

将 St、MAA、MMA、OA 的玻璃化温度换算成绝对温度分别是 378K、403K、378K、188K。代入上式并经过计算得：

$$M_4 = \frac{188}{190} \times \left(\frac{378 - T_g}{T_g} M + \frac{25}{403} M_2 \right)$$

亦即：

$$M_{OA} = \frac{188}{190} \times \left(\frac{378 - T_g}{T_g} M + \frac{25}{403} M_{MAA} \right)$$

3. St 和 MMA 用量的计算

由式 $M_1 = \dfrac{M - M_2 - M_4}{n+1}$ 得：

$$M_{St} = \frac{M - M_{MAA} - M_{OA}}{n+1}$$

$$M_{MMA} = n M_{St}$$

单体配方的计算公式归纳如下：

$$M_{MAA} = \frac{86.09 \times M \times S}{56.1 \times 1000}$$

$$M_{OA} = \frac{188}{190} \times \left(\frac{378 - T_g}{T_g} M + \frac{25}{403} M_{MAA} \right)$$

$$M_{St} = \frac{M - M_{MAA} - M_{OA}}{n+1}$$

$$M_{MMA} = n M_{St}$$

4. 普通乳液配方的计算

（1）单体和固体碱溶树脂总量计算

$$M = 乳液总量 \times 含固量$$

（2）乳液组分单体的质量

$$M_{乳} = \frac{M \times 乳/碱}{乳/碱 + 1}$$

（3）碱溶树脂组分的质量

$$M_{碱} = \frac{M}{乳/碱 + 1}$$

（4）根据已知的酸值，计算乳液组分 MAA 的用量

$$M_{MAA} = \frac{86.09 \times M_{乳} \times S_{乳}}{56.1 \times 1000}$$

（5）计算乳液组分中 OA 的用量

$$M_{OA} = \frac{188}{190} \times \left(\frac{378 - T_g}{T_g} M_{乳} + \frac{25}{403} M_{MAA} \right)$$

（6）计算乳液组分中 St 和 MMA 的用量

$$M_{St} = \frac{M_{乳} - M_{MAA} - M_{OA}}{n+1}$$

$$M_{MMA} = n M_{St}$$

（7）计算乳化剂用量

$$M_{乳化剂} = \frac{单体总量 \times 乳化剂用量(\%)}{乳化剂含量(\%)}$$

（8）氨水用量

$$M_{氨水} = \frac{(MAA_{乳} + MAA_{碱}) \times 17}{86.09 \times 氨水含量(\%)}$$

式中$MAA_碱$为碱溶树脂组分中酸的含量，如果是采用固体碱溶树脂，可以根据固体碱溶树脂的用量和酸值来计算：

$$MAA_碱=\frac{86.09 \times M_碱 \times S_碱}{56.1 \times 1000}$$

（9）水用量

$M_水 =$乳液总量$-$（单体总量$+$引发剂$+$补引发剂$+$乳化剂$+$氨水）

六、乳液配方设计和计算举例

1. 乳液的参数设计如下：

① 乳液总量　　　　　　　　200g
② 含固量　　　　　　　　　40%
③ 乳/碱　　　　　　　　　　4
④ MMA/St　　　　　　　　3
⑤ 乳液树脂酸值　　　　　　15mgKOH/g
⑥ 碱溶树脂酸值　　　　　　215mgKOH/g
⑦ 乳液树脂玻璃化温度　　　$-10℃$
⑧ 碱溶树脂玻璃化温度　　　85℃
⑨ 乳化剂用量　　　　　　　2%
⑩ 引发剂用量（10%）　　　1g
⑪ 补引发剂用量（1%）　　　5g

2. 乳液配方的计算

（1）单体和固体碱溶树脂总量计算

$$M=乳液总量 \times 含固量 = 200 \times 40\% = 80(g)$$

（2）乳液组分单体的质量

$$M_乳 = \frac{M \times 乳/碱}{乳/碱 + 1} = \frac{80 \times 4}{4 + 1} = 64(g)$$

（3）碱溶树脂的用量

$$M_碱 = \frac{M}{乳/碱 + 1} = \frac{80}{4 + 1} = 16(g)$$

（4）根据已知的酸值，计算乳液组分 MAA 的用量

$$M_{MAA} = \frac{86.09 \times M_乳 \times S_乳}{56.1 \times 1000} = \frac{86.09 \times 64 \times 15}{56.1 \times 1000} = 1.5(g)$$

（5）计算乳液组分中 OA 的用量

$$M_{OA} = \frac{188}{190} \times \left(\frac{378 - T_g}{T_g} M_乳 + \frac{25}{403} M_{MAA} \right)$$

$$= \frac{188}{190} \times \left(\frac{378 - 263}{263} \times 64 + \frac{25}{403} \times 1.5 \right) = 27.8(g)$$

（6）计算乳液组分中 St 和 MMA 的用量

$$M_{St} = \frac{M_乳 - M_{MAA} - M_{OA}}{n + 1} = \frac{64 - 1.5 - 27.8}{3 + 1} = 8.7(g)$$

$$M_{MMA}=nM_{St}=3\times8.7=26.1(g)$$

（7）计算乳化剂用量

$$M_{乳化剂}=\frac{单体总量\times乳化剂用量(\%)}{乳化剂含量(\%)}=\frac{80\times2\%}{25\%}=6.4(g)$$

（8）氨水用量

$$MAA_{碱}=\frac{86.09\times M_{碱}\times S_{碱}}{56.1\times1000}=\frac{86.09\times16\times215}{56.1\times1000}=5.3(g)$$

$$M_{氨水}=\frac{(MAA_{乳}+MAA_{碱})\times17}{86.09\times氨水含量(\%)}=\frac{(1.5+5.3)\times17}{86.09\times25\%}=5.3(g)$$

（9）水用量

$$水=乳液总量-(单体总量+引发剂+补引发剂+乳化剂+氨水)$$
$$=200-(80+1+5+6.4+5.3)=102.3(g)$$

配方计算好之后，要整理成下面的标准配方形式，才可用于生产或者实验。

① 水　102.3 g；乳化剂（25%）　6.4g

② St　8.7g；MAA 1.5g；MMA　26.1g；OA　27.8g

③ 引发剂（10%）　　　　1.0g

④ 补引发剂（1%）　　　　5.0g

⑤ 碱溶树脂　　　　　　16.0g

⑥ 氨水（25%）　　　　　5.3g

第四章
丙烯酸树脂乳液的研制

丙烯酸树脂乳液是一大类具有多种性能的用途广泛的聚合物乳液。在工业生产中常用这些单体：苯乙烯、甲基丙烯酸、丙烯酸甲酯、甲基丙烯酸甲酯、丙烯酸丁酯、丙烯酸异辛酯等来合成这类树脂乳液，但为了赋予乳液聚合物更优异的性能，常常需要配合其它单体进行共聚，例如丙烯酰胺、丙烯酸羟乙酯、三缩丙二醇双丙烯酸酯、三羟甲基丙烷三丙烯酸酯等。

苯丙树脂乳液聚合实验的操作过程比较复杂，操作步骤多，反应时间长。在实验过程中必须严格按照工艺过程的要求进行控制和操作。乳液聚合实验的操作，不仅仅是一种实验技能，更是进行项目研究的技术手段，所以要求学生必须能够熟练、准确地进行乳液聚合的实验操作，根据所学到的知识，按照一定的组织形式进行项目研究，通过进行乳液聚合实验来完成项目的研究工作。

本章将通过研究各种涂料产品，来学习和掌握相关的涂料知识。在研究涂料产品的过程中，需要根据产品的性能要求设计和制备苯丙树脂，本章将系统学习各种苯丙树脂乳液的配方设计原理以及苯丙树脂乳液的制备和性能检测方法。

本课程采用案例教学法进行教学。案例教学法是通过实施一个完整的案例而进行的教学活动。在案例教学中，人人都能参与到这个创造实践活动的学习过程，并能让学生体验到：注重的不是最终的结果，而是完成案例的过程，从而在完成案例的过程中掌握知识，学会学习，学会思考，提高解决实际问题的综合能力。

通过本章的学习，应该达到表 4-1 所列的各项目标。

表 4-1　学习目标

编号	类别	目标
一	知识	(1)通过案例研究,熟悉乳液产品研制的基本方法和规律; (2)掌握苯丙乳液的配方设计和计算的方法; (3)掌握乳液性能检测的方法
二	能力	(1)充分利用所学的知识进行产品的研制,提高分析问题和解决问题的能力; (2)熟练掌握苯丙乳液聚合的实验方法和技巧
三	素质	(1)通过组员的分工合作,发挥小组协作的作用和发扬团队精神; (2)培养刻苦钻研,认真思考,积极上进的工作态度; (3)培养遵守纪律、工作有序、清洁环境的良好作风
四	工作	(1)探索各种参数的变化对于乳液聚合过程及产品性能的影响; (2)研制出性能优异的苯丙树脂乳液产品; (3)完成实验报告的写作

第一节　丙烯酸树脂乳液的配方设计基础

丙烯酸树脂及其涂料应用范围很广，如可用于金属、塑料、纸张及木材等基材。所涂饰的产品包括飞机、火车、汽车、工程机械、家用电器、五金制品、玩具、家具、印刷品等，因此其配方设计是非常复杂的。基本原则是首先要针对不同基材和产品确定树脂的极性，然后根据性能要求确定单体组成、玻璃化温度（T_g）、引发剂类型及用量和聚合工艺；最终通过实验进行检验、修正，以确定最佳的产品工艺和配方。其中单体的选择是配方设计的核心内容。

一、单体的选择

1. 单体的分类

依据单体对涂膜性能的影响常可将单体进行如下分类，以方便应用。

根据单体在树脂中的作用及对涂膜的贡献，丙烯酸类单体可以分为软单体和硬单体。软单体，例如丙烯酸甲酯、丙烯酸丁酯、丙烯酸-2-乙基己酯等。硬单体，例如甲基丙烯酸甲酯、甲基丙烯酸丁酯、苯乙烯和丙烯腈等。

丙烯酸类单体的分子中含有某些活性基因，如羟基、羧基、环氧基、氨基等，称为功能性单体。如含羟基的丙烯酸羟乙酯和丙烯酸羟丙酯，含羧基的单体有丙烯酸和甲基丙烯酸。其它功能单体有：丙烯酰胺（AM）、羟甲基丙烯酰胺（NAM）等。功能单体的用量一般控制在1%～6%，不能太多，否则可能会影响树脂或成漆的储存稳定性。

单体与树脂性能关系到丙烯酸涂料的涂膜性能，主要取决于丙烯酸树脂合成用单体的结构与配比，表4-2列出了单体在聚合物中的作用，对于配方的设计有一定的参考作用。

表 4-2　单体对涂膜性能的影响

单体名称	功能	单体名称	功能
甲基丙烯酸甲酯 甲基丙烯酸乙酯 苯乙烯 丙烯腈	提高硬度,称之为硬单体	丙烯酸与甲基丙烯酸的低级烷基酯 苯乙烯	抗污染性
丙烯酸乙酯 丙烯酸正丁酯 丙烯酸月桂酯 丙烯酸-2-乙基己酯 甲基丙烯酸月桂酯 甲基丙烯酸正辛酯	提高柔韧性,促进成膜,称之为软单体	丙烯腈 甲基丙烯酸丁酯 甲基丙烯酸月桂酯	耐溶剂性
丙烯酸-2-羟基乙酯 丙烯酸-2-羟基丙酯 甲基丙烯酸-2-羟基乙酯 甲基丙烯酸-2-羟基丙酯 甲基丙烯酸缩水甘油酯 丙烯酰胺 N-羟甲基丙烯酰胺 N-丁氧甲基(甲基)丙烯酰胺 二丙酮丙烯酰胺（DAAM） 甲基丙烯酸乙酰乙酸乙酯(AAEM) 二乙烯基苯 乙烯基三甲氧硅烷 乙烯基三乙氧硅烷 乙烯基三异丙氧硅烷 γ-甲基丙烯酰氧基丙基三甲氧基硅烷	引入官能团或交联点,提高附着力,称之为交联单体	丙烯酸乙酯 丙烯酸正丁酯 丙烯酸-2-乙基己酯 甲基丙烯酸甲酯 甲基丙烯酸丁酯	保光、保色性
		甲基丙烯酸甲酯 苯乙烯 甲基丙烯酸月桂酯 丙烯酸-2-乙基己酯	耐水性
		丙烯酸 甲基丙烯酸 亚甲基丁二酸(衣康酸) 苯乙烯磺酸 乙烯基磺酸钠 AMPS	实现水溶性,增加附着力,称之为水溶性单体、表面活性单体
		三缩丙二醇双丙烯酸酯(TPGDA) 三羟甲基丙烷三烯酸酯(TMPTA)	多官能团单体,可通过网状聚合和立体交联提高树脂的性能

除了上述列举的相应关系外，补充说明如下单体与涂膜的性能关系。

（1）耐候性 丙烯酸酯含有叔氢原子，而甲基丙烯酸酯不含叔氢原子，因此甲基丙烯酸酯对光和氧的作用较丙烯酸酯稳定，耐候性也优于丙烯酸酯。

在各种异构体丙烯酸酯中，叔碳是最稳定的，异丁酯不如正丁酯稳定。因为异丁基上叔碳原子上的氢原子容易被提取，聚合时易产生分支，也较易光老化。同样，丙烯酸-2-乙基己酯也存在同样的问题。

丙烯酸酯和甲基丙烯酸酯均不含共轭双键，因此它们的耐候性优于苯乙烯。将甲基丙烯酸甲酯与苯乙烯比较，苯乙烯赋予漆膜光泽度、丰满度和鲜映度；甲基丙烯酸甲酯赋予漆膜耐候性和透明性。由于苯乙烯价格较丙烯酸酯类单体便宜，在配方设计时，常用一些苯乙烯单体代替甲基丙烯酸甲酯。但在苯乙烯中，与苯环相连的碳原子容易被氧化，引起主链断裂生成发色基团，因此含苯乙烯单体多的丙烯酸树脂容易发黄、保色性也比较差。

苯乙烯的含量对其最终产品的耐候性影响极大，在使用时，要正确地把握好它的用量范围。一般情况下，在用作汽车之类对户外耐候性、装饰性要求较高的场合时，丙烯酸类共聚物中苯乙烯的含量不得高于15%。

（2）漆膜硬度 漆膜的硬度与单体均聚物的玻璃化温度有密切关系，一般玻璃化温度越高，漆膜的硬度越高；反之，则越柔软。定性上，均聚物的玻璃化温度与其单体结构有如下的规律。

① 聚甲基丙烯酸酯的 T_g 一般比相应的聚丙烯酸酯高，原因在于聚甲基丙烯酸酯中 α-甲基的存在使碳碳链的旋转位阻增大，刚性增强，从而玻璃化温度较高。

② 对于聚合物烷基异构体，一般异构化程度越高，T_g 越高。例如聚丙烯酸丁酯有四个酯基异构体：正丁酯、异丁酯、仲丁酯和叔丁酯，它们的脆化温度分别为：$-40℃$、$-24℃$、$-10℃$ 和 $40℃$。脆化温度是使聚合物在冲击载荷作用下变为脆性破坏的温度。脆化温度是聚合物能够正常使用的温度下限，低于脆化温度的聚合物丧失其柔韧性，性脆易折，无法正常工作。

③ 聚合物的玻璃化温度随烷基碳原子数的变化而变化，对于聚甲基丙烯酸酯，其脆化温度随着烷基碳原子数的增加而下降，但以十二碳酯为最低，然后又重新升高。聚丙烯酸酯的脆化温度的最低点是八碳酯。

④ 聚苯乙烯的 T_g 为 $100℃$，与聚甲基丙烯酸甲酯相近，因此用苯乙烯代替部分甲基丙烯酸甲酯，漆膜硬度相近，但延展性会变差。

涂膜的硬度与树脂的玻璃化温度密切相关，在单体组成相同时，树脂的玻璃化温度与树脂的分子量有关，一般分子量越大，T_g 越高，但分子量超过一定值时，T_g 趋于恒定。

（3）伸长率和拉伸强度 树脂的拉伸强度会随着烷基碳链的增长而下降，但伸长率则会大幅度提高。聚丙烯酸酯的拉伸强度比聚甲基丙烯酸酯小，但伸长率则要高许多。一般而言，聚甲基丙烯酸甲酯的拉伸强度可达到 $50\sim77$MPa 的水平，弯曲强度可达到 $90\sim130$MPa，而其断裂伸长率仅 $2\%\sim3\%$。侧基长度对聚合物性能有很大的影响，侧基长度增加，拉伸强度显著下降，断裂伸长率提高。

（4）耐介质性能 丙烯酸酯类单体其侧基可以有不同的功能基团，导致其极性及溶解性差异较大。

树脂的耐水性与侧基碳数的多少有很大关系。丙烯酸酯的主链是不会被水解的，但其侧链上许多酯基则有较大的水解性。酯基碳链越长，极性越小、亲水性越小，耐汽油性变差，但耐水性变好；酯基碳链越短，极性越大，耐汽油性越好，但耐水性越差。甲基丙烯酸酯类单体的耐水性比丙烯酸酯类单体好。

聚丙烯酸酯含有叔氢原子，反应活性高，因此，其水解稳定性比聚甲基丙烯酸酯差。

丙烯酸正丁酯、异丁酯和叔丁酯玻璃化温度相差很远，化学性能也差别很大，异丁酯的耐水性优于正丁酯，而叔丁酯对酸水解十分敏感。

树脂的耐酸雨性能是大家所关心的同题。从单体的角度看，一般说来丙烯酸酯单体中高碳酯（4个碳原子以上）比低碳酯有利；（甲基）丙烯酸环烷酯、芳烃酯比直链烃有利；叔碳酸缩水甘油酯等改性丙烯酸树脂也能明显提高耐酸雨性；羟基单体中，（甲基）丙烯酸羟丙酯比（甲基）丙烯酸羟乙酯有利；苯乙烯、甲基苯乙烯比丙烯酸单体好。

（5）单体功能基的作用　若在树脂中引入功能基团，可以进一步改进树脂的性能。引入极性较大的羟基、羧基、氰基等可以不同程度地改进树脂的附着力、耐汽油性及耐溶剂性。但要注意引入功能基的种类和数量要与树脂的应用相结合。若引入过多的羟基或羧基往往会降低树脂的耐水性；过多的氰基则会降低树脂的溶解性。

（6）树脂与其他树脂的相容性　含叔氨基丙烯酸类聚合物可赋予聚合物良好的混溶性能，使该品种的丙烯酸类聚合物可与绝大多数涂料用合成树脂混溶，利用该类树脂的这一特征，可把它用作所谓"通用色浆"的研磨树脂等。

根据极性相似相容原理，若丙烯酸树脂的极性与被混合树脂极性相似时，容易混溶。一般来说，用硬单体合成的树脂其相容性不如用软单体合成的树脂好，但在配方中引入部分苯乙烯对改进树脂的相容性有增进作用。

2. 单体的反应活性

在乳液共聚合中，各种单体的反应活性是不同的，故不同单体进入到共聚物链上的速率是不同的，则所得聚合物的共聚组成将因单体的比活性而异。另外，在反应过程中，随着不同单体以不同的速率参与共聚反应，其单体的比例也在发生变化，活性大的单体所占的比例将随反应时间而减少，而活性小的单体所占的比例则将随反应时间而增加，这又会引起反应前期和反应后期所得聚合物共聚组成的差别。共聚物的性能是和其共聚组成密切相关的。共聚组成的变化就意味着共聚物性能的变化及产品质量的下降。单体的共聚活性是用单体之间进行共聚的竞聚率来表示的。竞聚率是共聚合的重要参数，利用竞聚率可以预计聚合物的共聚组成，并可以为得到共聚组成均匀的共聚物、提高聚合物产品质量而制订出合理的共聚合工艺。

涂料用丙烯酸树脂常为共聚物，选择单体时必须考虑他们的共聚活性。由于单体结构不同，共聚活性不同，共聚物组成同单体混合物组成通常不同，对于二元、三元共聚，通过共聚物组成方程可以关联。对于更多元的共聚，没有很好的关联方程可用，只能通过实验研究，具体问题进行具体分析。实际工作时一般采用单体混合物"饥饿态"加料法（即单体投料速率＜共聚速率）控制共聚物组成。为使共聚顺利进行，共聚用混合单体的竞聚率（单体均聚和共聚链增长速率常数之比）不要相差太大，如苯乙烯与乙酸乙烯酯难以共聚。用活性相差较大的单体共聚时，可以补充一种单体进行过渡，即加入一种单体，而该单体同其他单体的竞聚率比较接近、共聚性好，苯乙烯与丙烯腈难以共聚，加入丙烯酸酯类单体就可以改善它们的共聚性。

表4-3中一些单体的竞聚率可用来评估单体的共聚活性（$r_1 = \dfrac{k_{11}}{k_{12}}$，$r_2 = \dfrac{k_{22}}{k_{21}}$）。

表 4-3　一些单体的竞聚率

M₁	M₂	r_1	r_2
甲基丙烯酸甲酯	苯乙烯	0.460	0.520
	丙烯酸甲酯	2.150	0.400
	丙烯酸乙酯	2.000	0.280
	丙烯酸丁酯	1.880	0.430
	甲基丙烯酸	0.550	1.550
	甲基丙烯酸缩水甘油酯	0.750	0.940
	丙烯腈	1.224	0.150
	氯乙烯	10.000	0.100
	乙酸乙烯酯	20.00	0.015
	马来酸酐	6.700	0.020
丙烯酸丁酯	苯乙烯	0.180	0.840
	丙烯腈	0.820	1.080
	甲基丙烯酸	0.350	1.310
	氯乙烯	4.400	0.070
	乙酸乙烯酯	3.480	0.018
丙烯酸-2-乙基己酯	苯乙烯	0.310	0.960
	氯乙烯	4.150	0.160
	乙酸乙烯酯	7.500	0.040
苯乙烯	丙烯酸甲酯	0.750	0.200
	甲基丙烯酸缩水甘油酯	0.450	0.550
	甲基丙烯酸	0.150	0.700
	丙烯腈	0.400	0.040
	氯乙烯	17.00	0.020
	乙酸乙烯酯	55.00	0.010
	马来酸酐	0.019	0.000

根据表 4-3 中的数据，可以归纳出以下几点：

① 苯乙烯反应活性很大，不论端基自由基是何种单体，都能与之进行共聚反应。

② 丙烯酸丁酯在聚合反应中有选择地进行共聚，只有当端基自由基为本身时，才能与其他单体共聚，而本身难以与其他单体自由基共聚。

③ 甲基丙烯酸甲酯、甲基丙烯酸丁酯、丙烯酸羟乙酯这 3 种单体在共聚体系中，都表现出选择性共聚。尤其当甲基丙烯酸丁酯与丙烯酸羟乙酯共聚时，只能是甲基丙烯酸丁酯共聚到丙烯酸羟乙酯上，反过来则不能发生共聚反应。

④ 值得注意的是，丙烯酸或甲基丙烯酸在共聚中表现出特殊反应性，本身不但容易与其他单体共聚，而且也容易发生自聚反应。而这种自聚反应是不希望发生的反应。

通过上述分析讨论，在选定单体进行树脂合成时，一定要调整聚合工艺，才能使合成的树脂结构较均匀，否则树脂的性能达不到预期的设计效果。

在工业上，改善共聚物组成分布的方法有：

① 在单体转化率比较低时，终止反应，生成共聚物的组成会均匀些，但单体的回收太复杂，不经济。

② 按单体的竞聚率，计算分批投料量的比例，但当共聚物单体组成比较多，如 4～6 个不同单体时，计算太复杂。

现在，聚合中常常采取以下三种方法来控制聚合物链结构。

(1) 增加聚合反应的温度　竞聚率是两单体与同一种自由基的反应速率常数的比值，反应速率慢的往往反应的活化能大，根据 Arrhenius 方程式，活化能越大，反应速率受温度的影响越大。通常单体的比活性为 50～60℃ 测定，如果将反应温度提高到 140℃ 以上，低活性单体的反应速率常数增加更快，也就是说，升高同样的温度，低活性单体的反应速率常数增加得更快，因此高活性与低活性单体的活性相差减小，聚合单元的分布变得均匀。这种效应也可称之为聚合反应的"温度拉平效应"。乙酸乙烯酯在 60℃ 时几乎不能与丙烯酸酯单体共聚，但当将反应温度提高到 160℃ 以上时，叔碳酸乙烯酯也有可能与丙烯酸酯单体共聚合，只是需要将它与溶剂一起先加入反应器，而后滴加丙烯酸酯单体，可制得均一、透明的丙烯酸酯树脂。在高温条件下聚合，与其他丙烯酸酯单体的活性更接近。

(2) 采用单体的饥饿滴加方式　如果聚合反应很快，单体的供应跟不上，那么活性低的单体也会及时聚合到聚合物的链段之中，迫使活性低的单体与活性高的单体可以均匀地聚合在聚合物长链之中，这也是实际反应中常常采用的方法。如上述，采用同时滴加单体混合物和引发剂，使滴入的单体在引发剂的引发下，很快发生聚合，同时又及时补充新单体，单体混合物组成会很快建立平衡。单体混合物的组成稳定了，生成共聚物的组成也会比较均一。

(3) 对于像丙烯酸或甲基丙烯酸这样的单体，在使用时往往采用分批投料的方法来控制自聚反应。开始时酸的含量较低，逐渐增加其含量。这样合成出的树脂，初始聚合物的酸含量与最终聚合物中的含酸平均值容易符合配方的比例，树脂结构组成比较均匀。

如果一种单体不能均聚，那么它就可以很好地与其他单体共聚，从而可以得到需要的共聚产物。

二、丙烯酸树脂的配方设计

上面是树脂合成的一般过程，对树脂的评价一般包括固体分、黏度、酸值、羟基含量、平均分子量以及重均分子量 M_w 与数均分子量 M_n 的比值 M_w/M_n 等。树脂的上述指标仅仅反映一个方面，一种树脂要真正成为一个产品，还要重视它的应用评价，即评价由该树脂和相应的溶剂、助剂、颜料、固化剂等做成的涂料包括清漆和色漆的性能，通过其涂料的性能可以知道在一定条件下，该树脂所呈现的耐候性、光泽、丰满度、硬度、附着力、干性等各种耐介质性能以及它的施工性能。考虑到很多物件的涂装是多层涂装，如汽车的涂装有底涂、中涂、面涂、罩光，在评价树脂时要考虑该树脂与其他树脂的配套性。此外，在喷涂物件出现次品需要返工时还要考虑涂料的返工性能。

根据单体结构特征及聚合反应机理，可以认为丙烯酸树脂在聚合反应过程中，反应只在乙烯基双键上进行，而单体侧链基无论是非极性还是极性都不参与反应。根据上述推定，可根据树脂单体组成，在合成树脂前计算出有关树脂的某些特征值，便于修改树脂配方、指导实验，对树脂进行检测分析，确定树脂性能指标。

丙烯酸树脂的特征值一般包括分子量、玻璃化温度、极性、亚甲基含量、酸值、羟基含量、固体含量等七个指标。其中除树脂分子量难以用简单的计算方法外，其余都可通过简单计算得到，结果与实验测定基本符合。

1. 乳液配方参数的设计

不同用途的涂料产品，对于树脂的性能有不同的要求。我们将影响树脂使用性能的因素设计成乳液配方参数，通过参数的设计，可以计算出合成乳液的配方。

有关乳液配方参数的设计可参考本书第三章第三节的内容。

2. 聚合物乳液配方的计算

为了实施乳液聚合，需要根据所设计的配方参数计算出乳液聚合的配方。计算乳液聚合配方的方法有两种，计算表法和笔算法。计算表法是将设计好的配方参数输入相应的计算表，计算表将自动生成配方；笔算法是在没有电脑的情况下，按照计算步骤，把参数代入计算公式，计算出配方中的所有数值，最后整理成配方。

三、树脂乳液的制备实验

丙烯酸树脂乳液聚合实验的操作过程比较复杂，操作步骤多，反应时间长。在实验过程中必须严格按照工艺过程的要求进行控制和操作。乳液聚合实验的操作，不仅仅是一种实验技能，更重要的是进行项目研究的技术手段，所以要求学生必须能够熟练、准确地进行乳液聚合的实验操作。

1. 实验目的

（1）了解和掌握乳液聚合的基本原理，主要反应设备和工艺操作过程。

（2）掌握乳液聚合反应机理及影响因素。

（3）学习掌握乳液聚合的实验技术。

（4）学习掌握乳液聚合配方参数的设计和配方的计算。

2. 实验原理

乳液聚合的主要组分是单体、分散介质（水）、乳化剂和引发剂，其聚合机理详见本书第三章。

3. 实验仪器及药品

（1）仪器　标准磨口三颈瓶（250mL/19mm×2＋24mm×1）一只；球形冷凝器（300mm）一支；Y形连接管一只；温度计（100℃）一支；恒压滴液漏斗（100mL、50mL）各一只；烧杯150mL一只、50mL一只，电动搅拌器一套；恒温水浴槽一只，精度0.01g电子秤一台。

乳液聚合实验装置见图4-1。

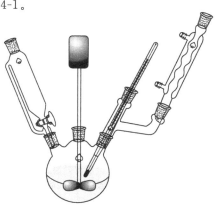

图 4-1　乳液聚合实验装置

（2）药品。

苯乙烯	工业品
甲基丙烯酸	工业品
丙烯酸-2-乙基己酯	工业品
甲基丙烯酸甲酯	工业品
二缩三丙二醇二丙烯酸酯（TPGDA）	工业品
三羟甲基丙烷三丙烯酸酯（TMPTA）	工业品
丙烯酸	工业品
丙烯酸羟乙酯	工业品
丙烯酸羟丙酯	工业品
丙烯酰胺	工业品
N-羟甲基丙烯酰胺	工业品
乙酸乙烯酯	工业品
乳化剂	工业品（自选）
氨水	试剂
过硫酸铵	工业品
巯基乙醇	工业品

4. 操作步骤

（1）单组分（纯乳液、软树脂、硬树脂、碱溶树脂）

① 安装实验装置，恒温水浴加热升温。

② 称取乳化剂和水（组分①），溶解后加入三口瓶中。

③ 在 150mL 烧杯中称取单体（组分②），加入 100mL 恒压滴液漏斗中。

④ 配制 10％浓度的过硫酸铵溶液（组分③）。

⑤ 温度升温至 80℃时，向三颈瓶中加入十五分之一的组分②，搅拌 2min 后加入组分③，保温反应 15min。

⑥ 滴加剩余的组分②，在 1.5h 左右加完。

⑦ 配制 1％浓度的过硫酸铵溶液，加入 50mL 恒压滴液漏斗中（组分④）。

⑧ 滴加完组分②后滴加组分④，5min 左右加完，加完后保温 3h。

⑨ 降温至 50℃以下，出料、过滤。

（2）双组分（核壳树脂、中空树脂）

① 安装实验装置，恒温水浴加热升温。

② 称取乳化剂和水（组分①），溶解后加入三口瓶中。

③ 在 150mL 烧杯中称取单体（组分②），加入 100mL 恒压滴液漏斗中。

④ 配制 10％浓度的过硫酸铵溶液（组分③）。

⑤ 加料方式分为以下两种情况：

当核/壳≤0.1 时	当核/壳＞0.1 时
温度升温至 80℃时，向三颈瓶中一次性加入组分②，搅拌 2min 后加入 1g 组分③，保温反应 30min	温度升温至 80℃时，向三颈瓶中加入十分之一的组分②，搅拌 2min 后加入 1g 组分③，保温反应 15min。滴加剩余的组分②，按核/壳比例确定滴加时间（总滴加时间 1.5～2h）。滴加完毕后保温 60min

⑥ 在 150mL 烧杯中称取单体（组分④），加入 100mL 恒压滴液漏斗中。

⑦ 配制 1% 浓度的过硫酸铵溶液，取 5g 加入 50mL 恒压滴液漏斗中（组分⑤）。

⑧ 这一步的操作有以下两种方法：

溶胀法	直接滴加法
保温结束后加入十分之一组分④单体，两分钟后滴加组分⑤，组分⑤约 5min 加完，之后滴加剩余组分④，按核/壳比例确定滴加时间（总滴加时间 1.5～2h），之后保温 3h	保温结束后滴加组分⑤，组分⑤约 5min 加完，之后滴加组分④，按核/壳比例确定滴加时间（总滴加时间 1.5～2h），之后保温 3h

⑨ 降温至 50℃ 以下，出料、过滤。

第二节　单组分丙烯酸乳液合成

以丙烯酸酯、甲基丙烯酸酯及苯乙烯等乙烯基类单体为主要原料合成的共聚物称为丙烯酸树脂，以其为成膜基料的涂料称作丙烯酸树脂涂料。该类涂料具有色浅、保色、保光、耐候、耐腐蚀和耐污染等优点，已广泛应用于汽车、飞机、机械、电子、家具、建筑、皮革涂饰、造纸、印染、木材加工、工业塑料及日用品的涂饰。近年来，国内外丙烯酸烯树脂涂料的发展很快，目前已占涂料的 1/3 以上，因此，丙烯酸树脂在涂料成膜树脂中居于重要地位。

涂料用丙烯酸树脂经常按其成膜特性分为热塑性丙烯酸树脂和热固性丙烯酸树脂。热塑性丙烯酸树脂其成膜主要靠溶剂或分散介质（常为水）挥发使大分子或大分子颗粒聚集融合成膜，成膜过程中没有化学反应发生，为单组分体系，施工方便，但涂膜的耐溶剂性较差；热固性丙烯酸树脂也称为反应交联型树脂，其成膜过程中伴有几个组分可反应基团的交联反应，因此涂膜具有网状结构，因此其耐溶剂性、耐化学品性好，适合于制备防腐涂料。

丙烯酸树脂乳液是配制涂料产品的主要成膜物质，不同的涂料产品，对丙烯酸树脂的性能有不同的要求。结合涂料产品对树脂性能的要求，设计树脂的配方参数，精心实验，制备出符合设计要求的树脂产品。单组分苯丙树脂乳液组分比较简单，合成工艺也比较简单，可以用来与其他丙烯酸树脂调配，制备所需的涂料产品，具有调配灵活的优点。从组成上分，丙烯酸树脂包括纯丙树脂、苯丙树脂、胺丙树脂、醋丙树脂、羟丙树脂等。

一、学习目标

（1）通过项目研究，熟悉乳液产品研制的基本方法和规律。

（2）熟练掌握苯丙树脂乳液聚合的实验方法和技巧。

（3）充分利用所学的知识进行产品的研制，提高分析问题和解决问题的能力。

（4）通过组员的分工合作以及各组之间的资源共享，发扬小组协作和团队精神。

（5）探索各种参数的变化对于乳液聚合过程及产品性能的影响。

（6）研制出性能优异的苯丙树脂乳液产品。

二、技术关键

（1）选择合适的乳化剂。本研究项目的乳液聚合需要合成各种参数的乳液，各种单体的比例变化对乳化剂的乳化效果会产生影响。要求所使用的乳化剂能够兼顾各种乳液聚合配方的需要。乳化剂的乳化效果应满足在酸值较高的情况下乳液聚合的稳定性。

（2）单体配比的影响。产品的乳胶粒粒径与配方中甲基丙烯酸的用量和 MMA/St 的比值有关。增加甲基丙烯酸的用量和 MMA/St 的比值，有利于降低乳胶粒的粒径，但是聚合过程中乳液的稠度会增大。如果甲基丙烯酸的用量过大，用氨水中和之后乳胶粒就会发生溶胀，导致乳液变稠。酸值 S 和 MMA/St 两个参数的设定，通常需要考虑涂料产品对于树脂极性的要求。

其余单体的选择和单体用量的确定，也要根据单体的性质，树脂的性能要求来确定。

（3）乳液聚合实验必须认真操作，严格按照实验步骤中规定的工艺过程进行操作。包括称料准确，单体滴加过程要平稳均匀，搅拌状态要平稳和有效，温度控制要稳定等。

配方形式：

① 水（　　）　　乳化剂（　　）

② 单体1（　　）　　单体2（　　）　　单体3（　　）　　单体4（　　）……

③ 引发剂（10%）（　　）

④ 补引发剂（1%）（　　）

⑤ 氨水（25%）（　　）

三、树脂合成

1. 实验步骤

（1）安装实验装置，恒温水浴加热升温。

（2）称取乳化剂和水（组分①），溶解后加入三口瓶中。

（3）在 150mL 烧杯中称取组分②单体，加入 100mL 恒压滴液漏斗中。

（4）配制 10% 浓度的过硫酸铵溶液（组分③）。

（5）温度升温至 80℃时，向三颈瓶中加入十分之一的组分②，搅拌 2min 后加入组分③，保温反应 15min。

（6）滴加剩余的组分②，在 1.5h 左右加完。

（7）配制 1% 浓度的过硫酸铵溶液，取 5g 加入 50mL 恒压滴液漏斗中（组分④）。

（8）滴加完组分②后滴加组分④，约 5min 加完，之后保温 3h。

（9）降温至 50℃以下，加入氨水（组分⑤）。

（10）加氨水调 pH 至 8～9，出料、过滤。

2. 注意事项

（1）称取药品要准确无误。

（2）引发剂乳液和补引发剂溶液的配制要准确无误。

（3）搅拌要平稳，要根据物料的黏度变化情况，随时调整搅拌的速度。

（4）单体滴加速度要平稳。

【案例 4-1】　普通苯丙树脂的研制

使用苯乙烯、甲基丙烯酸、甲基丙烯酸甲酯、丙烯酸异辛酯四种基本单体，可以合成具备各种性能的苯丙树脂乳液。单体中，苯乙烯和甲基丙烯酸甲酯属于硬单体，丙烯酸异辛酯属于软单体，甲基丙烯酸属于可以提供极性和官能团的功能单体。

一、配方参数与配方

1. 配方参数

① 乳液总量　　　　　　　　　200g

② 含固量　　　　　　　　　　35%～40%

③ MMA/St　　　　　　　　　0～8

④ 乳液树脂酸值（S）　　　　　0～120mgKOH/g

⑤ 乳液树脂玻璃化温度（T_g）　－60～105℃

⑥ 乳化剂用量　　　　　　　　1%～3%

⑦ 引发剂用量　　　　　　　　1g

⑧ 补引发剂用量　　　　　　　5g

2. 配方

① 水（　　　）　　乳化剂（　　　）

② St（　　　）　　MAA（　　　）　　MMA（　　　）　　OA（　　　）

③ 引发剂（10%）（　　　）

④ 补引发剂（1%）（　　　）

⑤ 氨水（25%）（　　　）

二、配方参数设计与配方计算

配方参数的设计和计算可以在配方计算表（表 4-4）中进行，在计算表的上部输入配方参数，在计算表的下部就会自动生成配方（配方计算表请登录化学工业出版社教学资源网免费获取）。

表 4-4　苯丙树脂配方参数设计与配方计算表

纯乳液	总量/g	200	S/(mgKOH/g)	30	MMA/St	3	引发剂/g	1
	固/%	35	T_g/℃	105	乳化剂/%	2	补引发剂/g	5
①	水/g	115.9	乳化剂/g	5.6				
②	St/g	16.6	MAA/g	3.2	MMA/g	49.9	OA/g	0.2
③	引发剂(10%)/g	1.0						
④	补引发剂(1%)/g	5.0						
⑤	氨水/g	2.5						

配方计算可以在计算表中完成，在没有计算机的情况下，也可以按照下列步骤进行计算。

① 单体总量计算：

$$M＝乳液总量×含固量$$

② 根据已知酸值，计算 MAA 或 AA 的用量：

$$M_{MAA}＝\frac{86.09×M×S}{56.1×1000}$$

③ 根据玻璃化温度计算 OA 的用量：

$$M_{OA}＝\frac{188}{190}×\left(\frac{378-T_g}{T_g}M+\frac{25}{403}M_{MAA}\right)$$

④ 计算 St 和 MMA 的用量：

$$M_{St} = \frac{M - M_{MAA} - M_{OA}}{MMA/St + 1}$$

$$M_{MMA} = MMA/St \times M_{St}$$

⑤ 计算乳化剂用量：

$$M_{乳化剂} = \frac{单体总量 \times 乳化剂用量(\%)}{乳化剂含量(\%)}$$

⑥ 计算氨水用量：

$$M_{氨水} = \frac{M_{MAA}}{86.09} \times \frac{17}{氨水含量(\%)}$$

⑦ 计算水用量：

$$M_{水} = 乳液总量 - (单体总量 + 引发剂 + 补引发剂 + 乳化剂 + 氨水)$$

计算过程中的得数保留两位小数，写入配方中的数值保留一位小数。

【案例 4-2】　加入 TPGDA 或 TMPTA 的苯丙树脂的研制

　　TPGDA 和 TMPTA 属于多双键型交联单体，这类交联剂至少带有两个双键，将其作为共聚单体在进行乳液共聚合时，由于空间障碍，一个该种交联单体分子大多仅有一个双键参与聚合反应，生成仅有轻度交联的乳液聚合物，在其后的成膜过程中，在更高的反应条件下，再进一步进行深度交联。加入 TPGDA 和 TMPTA 可以提高涂膜的各种性能。

　　加入 TPGDA 和 TMPTA 可以提高树脂乳胶粒的强度，进而提高涂膜的各种性能。加入 TPGDA 和 TMPTA 要适量，过度的交联会对乳液的性能产生不利的影响。

一、配方参数与配方

1. 配方参数

① 乳液总量　　　　　　　　200g

② 含固量　　　　　　　　　35%～40%

③ MMA/St　　　　　　　　0～8

④ 乳液树脂酸值（S）　　　0～120mgKOH/g

⑤ 乳液树脂玻璃化温度（T_g）　　－60～105℃

⑥ TPGDA 加入量　　　　　0%～5%

⑦ TMPTA 加入量　　　　　0%～5%

⑧ 乳化剂用量　　　　　　　1%～3%

⑨ 引发剂用量　　　　　　　1g

⑩ 补引发剂用量　　　　　　5g

2. 配方

① 水（　　　） 　乳化剂（　　　）

② St（　　　）　MAA（　　　）　MMA（　　　）　OA（　　　）　TPGDA（　　　）
　　TMPTA（　　　）

③ 引发剂（10%）（　　　）

④ 补引发剂（1%）（　　　）

⑤ 氨水（25%）（　　　）

二、配方参数设计与配方计算

配方参数的设计和计算可以在配方计算表（表 4-5）中进行，在计算表的上部输入配方参数，在计算表的下部就会自动生成配方。

表 4-5 加入 TPGDA 或 TMPTA 的苯丙树脂配方参数设计与配方计算表

加入 TPGDA 或 TMPTA 的纯乳液							乳化剂/%	2
总量/g	固/%	30	S/(mgKOH/g)	30	TPGDA/%	0.1	引发剂/g	1
200	MMA/St	3	T_g/℃	-20	TMPTA/%	0	补引发剂/g	5
①	水/g	127.0	乳化剂/g	4.8				
②	St/g	6.9	MAA/g	2.8	MMA/g	20.8	OA/g	29.5
⑥	TMPTA/g	0.0	TPGDA/g	0.1				
④	引发剂(10%)/g	1.0						
⑤	补引发剂(1%)/g	5.0						
⑥	氨水/g	2.2					成本	

配方计算可以在计算表中完成，在没有计算机的情况下，也可以按照下列步骤进行计算。

① 单体总量计算：

$$M = 乳液总量 \times 含固量$$

② 根据已知酸值，计算 MAA 的用量：

$$M_{MAA} = \frac{86.09 \times M \times S}{56.1 \times 1000}$$

③ 计算 TPGDA 和 TMPTA 的加入量：

$$M_{TPGDA} = M \times TPGDA 占单体总量的百分比$$

$$M_{TMPTA} = M \times TMPTA 占单体总量的百分比$$

④ 根据玻璃化温度计算 OA 的用量：

$$M_{OA} = \frac{188}{190} \times \left(\frac{378 - T_g}{T_g} M + \frac{25}{403} M_{MAA} - \frac{41}{337} M_{TPGDA} - \frac{2}{375} M_{TMPTA} \right)$$

⑤ 计算 St 和 MMA 的用量：

$$M_{St} = \frac{M - M_{TPGDA} - M_{TMPTA} - M_{MAA} - M_{OA}}{MMA/St + 1}$$

$$M_{MMA} = MMA/St \times M_{St}$$

⑥ 计算乳化剂用量：

$$M_{乳化剂} = \frac{单体总量 \times 乳化剂用量(\%)}{乳化剂含量(\%)}$$

⑦ 计算氨水用量：

$$M_{氨水} = \frac{M_{MAA}}{86.09} \times \frac{17}{氨水含量(\%)}$$

⑧ 计算水用量：

$$M_{水} = 乳液总量 - (单体总量 + 引发剂 + 补引发剂 + 乳化剂 + 氨水)$$

计算过程中的得数保留两位小数，写入配方中的数值保留一位小数。

【案例 4-3】　加入 HEA 或 HPA 的苯丙树脂的研制

丙烯酸羟乙酯（HEA）和丙烯酸羟丙酯（HPA）是羟基型交联单体，在这种交联单体的分子上同时带有双键和羟基，作为共聚单体参与乳液共聚合反应后，就把羟基引入到共聚物分子链上，在其后的成膜过程中，在一定条件下，羟基可以和分子链上的其他基团，如羧基、氨基、环氧基等发生化学反应，或者分子链上的羟基与外加交联剂发生交联反应而形成交联聚合物。同时，所引入的羟基是极性基团，可以增加树脂的极性，增大树脂分子之间和乳胶粒之间的内聚力。

一、配方参数与配方

1. 配方参数

① 乳液总量	200g
② 含固量	35%～40%
③ MMA/St	0～8
④ 乳液树脂玻璃化温度（T_g）	−60～105℃
⑤ 羟值	0～50mol/100g
⑥ HEA（HPA）选择	0%～1%
⑦ 乳化剂用量	1%～3%
⑧ 引发剂用量	1g
⑨ 补引发剂用量	5g

2. 配方

① 水（　　　）　乳化剂（　　　）

② St（　　　）　HEA（　　　）　HPA（　　　）　MMA（　　　）　OA（　　　）

③ 引发剂（10%）（　　　）

④ 补引发剂（1%）（　　　）

⑤ 氨水（25%）　（　　　）

二、配方参数设计与配方计算

配方参数的设计和计算可以在配方计算表（表 4-6）中进行，在计算表的上部输入配方参数，在计算表的下部自动生成配方。

表 4-6　加入 HEA 或 HPA 的苯丙树脂配方参数设计与配方计算表

羟基	总量/g	200	T_g/℃	90	MMA/St	3	HEA/%	1	引发剂/g	1
	固/%	35	羟值	40	乳化剂/%	2	HPA/%	0	补引发剂/g	5
①	水/g	118.4	乳化剂/g	5.6						
②	St/g	14.9	HEA/g	5.8	HPA/g	0.0	MMA/g	44.6	OA/g	4.8
③	引发剂(10%)/g	1.0								
④	补引发剂(1%)/g	5.0								
⑤	氨水/g	0.0								

配方计算可以在计算表中完成，在没有计算机的情况下，也可以按照下列步骤进行计算。

① 单体总量计算：

$$M = 乳液总量 \times 含固量$$

② 根据已知羟值，计算 HEA 或 HPA 的用量：

$$M_{HEA} = \frac{116.12 \times M \times 羟值}{56.1 \times 1000}$$

$$M_{HPA} = \frac{130.14 \times M \times 羟值}{56.1 \times 1000}$$

③ 根据玻璃化温度计算 OA 的用量：

$$M_{OA} = \frac{188}{190} \times \left(\frac{378 - T_g}{T_g} M - \frac{120}{258} M_{HEA} + \frac{112}{266} M_{HPA} \right)$$

④ 计算 St 和 MMA 的用量：

$$M_{St} = \frac{M - M_{OA} - M_{HEA} - M_{HPA}}{MMA/St + 1}$$

$$M_{MMA} = MMA/St \times M_{St}$$

⑤ 计算乳化剂用量：

$$M_{乳化剂} = \frac{单体总量 \times 乳化剂用量(\%)}{乳化剂含量(\%)}$$

⑥ 计算水用量：

$$M_水 = 乳液总量 - (单体总量 + 引发剂 + 补引发剂 + 乳化剂 + 氨水)$$

计算过程中的得数保留两位小数，写入配方中的数值保留一位小数。

【案例 4-4】　加入 AM 或 NAM 的苯丙树脂的研制

丙烯酰胺（AM）和 N-羟甲基丙烯酰胺（NAM）这类交联单体，在进行乳液聚合过程中，作为共聚单体加入反应体系，使共聚物的分子链上带上 N-羟甲基，在其后的成膜过程中，N-羟甲基之间，或 N-羟甲基与分子链上的其他基团，如羧基、羟基、氨基、酰胺基等发生缩合反应而形成交联键。所引入的酰胺基和羟甲基都是极性基团，可以增加树脂的极性，增大树脂分子之间和乳胶粒之间的内聚力。

一、配方参数与配方

1. 配方参数

① 乳液总量　　　　　　　　　　　　　200g

② 含固量　　　　　　　　　　　　　　35%～40%

③ MMA/St　　　　　　　　　　　　　0～8

④ 乳液树脂玻璃化温度（T_g）　　　　　-60～105℃

⑤ 胺值　　　　　　　　　　　　　　　0～50mgKOH/g

⑥ AM（NAM）选择　　　　　　　　　0%～1%

⑦ 乳化剂用量　　　　　　　　　　　　1%～3%

⑧ 引发剂用量　　　　　　　　　　　　1g

⑨ 补引发剂用量　　　　　　　　　　　5g

2. 配方

① 水（　　）　乳化剂（　　　）

② St（　　）　AM（　　）　NAM（　　）　MMA（　　）　OA（　　）

③ 引发剂（10%）（　　　）

④ 补引发剂（1%）（　　　）

⑤ 氨水（25%）（　　　）

二、配方参数设计与配方计算

配方参数的设计和计算可以在配方计算表（表 4-7）中进行，在计算表的上部输入配方参数，在计算表的下部自动生成配方。

表 4-7　加入 AM 或 NAM 的苯丙树脂配方参数设计与配方计算表

酰胺		总量/g	200	AM/%	0	T_g(℃)	−20	MMA/St	3	引发剂/g	1
		固/%	35	NAM/%	1	胺值/(mgKOH/g)	40	乳化剂/%	2	补引发剂/g	5
①	水/g	118.4	乳化剂/g	5.6							
②	St/g	7.7	AM/g	0.0	NAM/g	5.0	MMA/g	23.0	OA/g	34.2	
③	引发剂(10%)/g	1.0									
④	补引发剂(1%)/g	5.0									
⑤	氨水/g	0.0									

配方计算可以在计算表中完成，在没有计算机的情况下，也可以按照下列步骤进行计算。

① 单体总量计算：

$$M = 乳液总量 \times 含固量$$

② 根据已知羟值，计算 AM 或 NAM 的用量：

$$M_{AM} = \frac{71.08 \times M \times 胺值}{56.1 \times 1000}$$

$$M_{NAM} = \frac{101.1 \times M \times 胺值}{56.1 \times 1000}$$

③ 根据玻璃化温度计算 OA 的用量：

$$M_{OA} = \frac{188}{190} \times \left(\frac{378 - T_g}{T_g} M + \frac{48}{426} M_{AM} + \frac{1}{379} M_{NAM} \right)$$

④ 计算 St 和 MMA 的用量：

$$M_{St} = \frac{M - M_{OA} - M_{AM} - M_{NAM}}{MMA/St + 1}$$

$$M_{MMA} = MMA/St \times M_{St}$$

⑤ 计算乳化剂用量：

$$M_{乳化剂} = \frac{单体总量 \times 乳化剂用量(\%)}{乳化剂含量(\%)}$$

⑥ 计算水用量：

$$M_水 = 乳液总量 - (单体总量 + 引发剂 + 补引发剂 + 乳化剂 + 氨水)$$

计算过程中的得数保留两位小数，写入配方中的数值保留一位小数。

【案例 4-5】　纯丙树脂的研制

纯丙乳液粒径细，高光泽，具有优良的耐候性，优良的抗回黏性，广泛的适用性，常用来调制各种中高档的外墙涂料及金属防锈乳胶涂料，其合成过程也较为复杂，通常用不同的丙烯酸酯、甲基丙烯酸酯及少量的丙烯酸和甲基丙烯酸之间的共聚而制得。

一、配方参数与配方

1. 配方参数

配方参数设计包括以下内容：

① 乳液总量　　　　　　　　　　　　200g
② 含固量　　　　　　　　　　　　　35%～40%
③ 乳液树脂酸值（S）　　　　　　　　0～40mgKOH/g
④ 乳液树脂玻璃化温度（T_g）　　　　－60～105℃
⑤ 乳化剂用量　　　　　　　　　　　1%～3%
⑥ 引发剂用量　　　　　　　　　　　1g
⑦ 补引发剂用量　　　　　　　　　　5g

2. 配方形式

① 水（　　）　　乳化剂（　　）
② MAA（　　）　　MMA（　　）　　OA（　　）
③ 引发剂（10%）（　　）
④ 补引发剂（1%）（　　）
⑤ 氨水（25%）（　　）

二、配方参数设计与配方计算

配方参数的设计和计算可以在配方计算表（表 4-8）中进行，在计算表的上部输入配方参数，在计算表的下部自动生成配方。

表 4-8　纯丙树脂配方参数设计与配方计算表

		总量/g	固/%	35	乳化剂/%	2	引发剂/g	1
纯丙乳液		200	S/(mgKOH/g)	10	T_g/℃	35	补引发剂/g	5
	①	水/g	117.6	乳化剂/g	5.6			
	②	MAA/g	1.1	MMA/g	53.1	OA/g	15.8	
	③	引发剂(10%)/g	1.0					
	④	补引发剂(1%)/g	5.0					
	⑤	氨水/g	0.8					

配方计算可以在计算表中完成，在没有计算机的情况下，也可以按照下列步骤进行计算。

① 单体总量计算：

$$M＝乳液总量×含固量$$

② 根据已知酸值，计算 MAA 或 AA 的用量：

$$M_{MAA}＝\frac{86.09×M×S}{56.1×1000}$$

$$M_{AA}＝\frac{72.06×M×S}{56.1×1000}$$

③ 根据玻璃化温度计算 OA 的用量：

$$M_{OA} = \frac{188}{190} \times \left(\frac{378 - T_g}{T_g} M + \frac{25}{403} M_{MAA} \right)$$

④ 计算 MMA 的用量：

$$M_{MAA} = M_总 - M_{MAA} - M_{OA}$$

⑤ 计算乳化剂用量：

$$M_{乳化剂} = \frac{单体总量 \times 乳化剂用量(\%)}{乳化剂含量(\%)}$$

⑥ 计算氨水用量：

$$M_{氨水} = \frac{M_{MAA}}{86.09} \times \frac{17}{氨水含量(\%)}$$

⑦ 计算水用量：

$$M_水 = 乳液总量 - (单体总量 + 引发剂 + 补引发剂 + 乳化剂 + 氨水)$$

计算过程中的得数保留两位小数，写入配方中的数值保留一位小数。

【案例 4-6】 软醋丙树脂的研制

醋丙乳液又称乙丙乳液，是以乙酸乙烯酯和丙烯酸类单体为主要功能单体共聚而成的水性高分子树脂，适用于建筑内墙涂料和丝光涂料，这种乳液成本低廉，但是耐水性、抗蠕变性、耐碱性和抗老性较差，适作为低 PVC 内墙建筑涂料使用。

与普通苯丙乳液相比，乙丙乳液具有以下优点：对比率高，有良好的开罐效果；成膜温度低，价格适中，可适当少加成膜助剂，降低涂料成本，为涂料厂家提供最佳性价比；粒径细、光泽高，漆膜细腻、平整光滑，装饰效果好，硬度大、耐擦洗等。

特别适用于配制高、中、低 PVC 高品质的平光和半光环境友好型健康环保内墙乳胶漆。乙酸乙烯酯与苯乙烯的竞聚率相差比较大，不能进行共聚。用乙酸乙烯酯替代纯丙树脂配方中的 MMA 制备软树脂，可以减少 OA 单体的用量，降低成本。

聚乙酸乙烯酯（PVAc）的玻璃化温度是 29℃，单体单价约为甲基丙烯酸甲酯的 50%，以其作为软单体替代甲基丙烯酸甲酯，可以达到有效降低成本，降低乳胶粒粒径，增加乳液透明性等目的。

一、配方参数与配方

1. 配方参数

配方参数设计包括以下内容：

① 乳液总量　　　　　　　　　　　　200g
② 含固量　　　　　　　　　　　　　35%～40%
③ 乳液树脂酸值（S）　　　　　　　　0～40mgKOH/g
④ 乳液树脂玻璃化温度（T_g）　　　　−60～30℃
⑤ 乳化剂用量　　　　　　　　　　　1%～3%
⑥ 引发剂用量　　　　　　　　　　　1g
⑦ 补引发剂用量　　　　　　　　　　5g

2. 配方形式

① 水（　　）　　乳化剂（　　）
② MAA（　　）　　VAc（　　）　　OA（　　）

③ 引发剂（10%）（　　　）

④ 补引发剂（1%）（　　　）

⑤ 氨水（25%）（　　　）

二、配方参数设计与配方计算

配方参数的设计和计算可以在配方计算表（表 4-9）中进行，在计算表的上部输入配方参数，在计算表的下部自动生成配方。

表 4-9　软醋丙树脂配方参数设计与配方计算表

	总量/g	固/%	35	乳化剂/%	2	引发剂/g	1
软醋丙乳液	200	S/(mgKOH/g)	10	T_g/℃	−25	补引发剂/g	5
	①	水/g	117.6	乳化剂/g	5.6		
	②	MAA/g	1.1	VAc/g	43.3	OA/g	25.6
	③	引发剂(10%)/g	1.0				
	④	补引发剂(1%)/g	5.0				
	⑤	氨水/g	0.8				

配方计算可以在计算表中完成，在没有计算机的情况下，也可以按照下列步骤进行计算。

① 单体总量计算：

$$M＝乳液总量×含固量$$

② 根据已知酸值，计算 MAA 或 AA 的用量：

$$M_{MAA}＝\frac{86.09×M×S}{56.1×1000}$$

③ 根据玻璃化温度计算 VAc 的用量：

$$M_{VAc}＝\frac{188}{114}×\left(\frac{302－T_g}{T_g}M＋\frac{101}{403}M_{MAA}\right)$$

④ 计算 OA 的用量：

$$M_{OA}＝M_{总}－M_{MAA}－M_{VAc}$$

⑤ 计算乳化剂用量：

$$M_{乳化剂}＝\frac{单体总量×乳化剂用量(\%)}{乳化剂含量(\%)}$$

⑥ 计算氨水用量：

$$M_{氨水}＝\frac{M_{MAA}}{86.09}×\frac{17}{氨水含量(\%)}$$

⑦ 计算水用量：

$$M_{水}＝乳液总量－(单体总量＋引发剂＋补引发剂＋乳化剂＋氨水)$$

计算过程中的得数保留两位小数，写入配方中的数值保留一位小数。

注意：乙酸乙烯酯的沸点为 72.5℃，低于反应温度，滴加单体的时候要注意滴加速度，防止乙酸乙烯酯单体的挥发。

【案例 4-7】　硬醋丙树脂的研制

以乙酸乙烯酯替代丙烯酸异辛酯，可以合成玻璃化温度较高的醋丙树脂乳液。适用于建筑内墙涂料和丝光涂料，这种乳液成本低廉，但是耐水性、抗蠕变性、耐碱性和抗老性较差，适用作低 PVC 内墙建筑涂料。

适用于配制高、中、低 PVC 高品质的平光和半光环境友好型健康环保内墙乳胶漆。乙酸乙烯酯与苯乙烯的竞聚率相差比较大，不能进行共聚。用乙酸乙烯酯替代纯丙树脂配方中的 OA 制备硬树脂，可以减少 MMA 单体的用量，降低成本。

一、配方参数与配方

1. 配方参数

配方参数设计包括以下内容：

① 乳液总量　　　　　　　　　　　　200g

② 含固量　　　　　　　　　　　　　35%～40%

③ 乳液树脂酸值（S）　　　　　　　0～40mgKOH/g

④ 乳液树脂玻璃化温度（T_g）　　　30～105℃

⑤ 乳化剂用量　　　　　　　　　　　1%～3%

⑥ 引发剂用量　　　　　　　　　　　1g

⑦ 补引发剂用量　　　　　　　　　　5g

2. 配方形式

① 水（　　）　　乳化剂（　　）

② MAA（　　）　　MMA（　　）　　VAc（　　）

③ 引发剂（10%）（　　）

④ 补引发剂（1%）（　　）

⑤ 氨水（25%）（　　）

二、配方参数设计与配方计算

配方参数的设计和计算可以在配方计算表（表 4-10）中进行，在计算表的上部输入配方参数，在计算表的下部自动生成配方。

表 4-10　硬醋丙树脂乳液配方参数设计与配方计算表

		总量/g	固/%	35	乳化剂/%	2	引发剂/g	1
		200	S/(mgKOH/g)	10	T_g/℃	90	补引发剂/g	5
硬醋丙树脂乳液	①	水/g		117.6	乳化剂/g	5.6		
	②	MAA/g		1.1	MMA/g	57.2	VAc/g	11.8
	③	引发剂(10%)/g		1.0				
	④	补引发剂(1%)/g		5.0				
	⑤	氨水/g		0.8				

配方计算可以在计算表中完成，在没有计算机的情况下，也可以按照下列步骤进行计算。

① 单体总量计算：

$$M = 乳液总量 \times 含固量$$

② 根据已知酸值，计算 MAA 或 AA 的用量：

$$M_{MAA} = \frac{86.09 \times M \times S}{56.1 \times 1000}$$

③ 根据玻璃化温度计算 VAc 的用量：

$$M_{\text{VAc}}=\frac{302}{76}\times\left(\frac{378-T_g}{T_g}M+\frac{25}{403}M_{\text{MAA}}\right)$$

④ 计算 MMA 的用量：

$$M_{\text{MMA}}=M_\text{总}-M_{\text{MAA}}-M_{\text{VAc}}$$

⑤ 计算乳化剂用量：

$$M_\text{乳化剂}=\frac{单体总量\times乳化剂用量(\%)}{乳化剂含量(\%)}$$

⑥ 计算氨水用量：

$$M_\text{氨水}=\frac{M_{\text{MAA}}}{86.09}\times\frac{17}{氨水含量(\%)}$$

⑦ 计算水用量：

$$M_\text{水}=乳液总量-(单体总量+引发剂+补引发剂+乳化剂+氨水)$$

计算过程中的得数保留两位小数，写入配方中的数值保留一位小数。

【案例 4-8】　加入 TPGDA 或 TMPTA 的纯丙树脂的研制

纯丙乳液粒径细，高光泽，具有优良的耐候性，优良的抗回黏性，广泛的适用性，常用来调制各种中高档的外墙涂料及金属防锈乳胶涂料，加入 TPGDA 和 TMPTA 可以提高涂膜的各种性能。TPGDA 和 TMPTA 属于多双键型交联单体，其中 TPGDA 含有两个双键，TMPTA 含有三个双键。两种交联单体可以单独加入，也可以同时加入。

一、配方参数与配方

1. 配方参数

① 乳液总量　　　　　　　　　　　　　200g

② 含固量　　　　　　　　　　　　　　35%～40%

③ 乳液树脂酸值（S）　　　　　　　　0～120mgKOH/g

④ 乳液树脂玻璃化温度（T_g）　　　　－60～105℃

⑤ TPGDA 加入量　　　　　　　　　　0%～5%

⑥ TMPTA 加入量　　　　　　　　　　0%～5%

⑦ 乳化剂用量　　　　　　　　　　　　1%～3%

⑧ 引发剂用量　　　　　　　　　　　　1g

⑨ 补引发剂用量　　　　　　　　　　　5g

2. 配方

① 水（　　）　　乳化剂（　　）

② MAA（　　）　　MMA（　　）　　OA（　　）　　TPGDA（　　）　　TMPTA（　　）

③ 引发剂（10%）（　　）

④ 补引发剂（1%）（　　）

⑤ 氨水（25%）（　　）

二、配方参数设计与配方计算

配方参数的设计和计算可以在配方计算表（表 4-11）中进行，在计算表的上部输入配方参数，在计算表的下部可自动生成配方。

表 4-11　加入 TPGDA 或 TMPTA 的纯丙树脂配方参数设计与配方计算表

加 TPGDA 或 TMPTA 的纯丙	总量/g	200	TPGDA/%	0	乳化剂/%	1
	固/%	35	TMPTA/%	0.5	引发剂/g	1
	T_g/℃	35	S/(mgKOH/g)	10	补引发剂/g	5
①	水/g	120.4	乳化剂/g	2.8		
②	MAA/g	1.1	MMA/g	52.8	OA/g	15.8
	TPGDA/g	0.1	TMPTA/g	0.4		
③	引发剂(10%)/g	1.0				
④	补引发剂(1%)/g	5.0				
⑤	氨水/g	0.8				

配方计算可以在计算表中完成，在没有计算机的情况下，也可以按照下列步骤进行计算。

① 单体总量计算：

$$M = 乳液总量 \times 含固量$$

② 根据已知酸值，计算 MAA 的用量：

$$M_{MAA} = \frac{86.09 \times M \times S}{56.1 \times 1000}$$

③ 计算 TPGDA 和 TMPTA 的加入量：

$$M_{TPGDA} = M \times TPGDA \ 占单体总量的百分比$$
$$M_{TMPTA} = M \times TMPTA \ 占单体总量的百分比$$

④ 根据玻璃化温度计算 OA 的用量：

$$M_{OA} = \frac{188}{190} \times \left(\frac{378 - T_g}{T_g} M + \frac{25}{403} M_{MAA} - \frac{41}{337} M_{TPGDA} - \frac{43}{335} M_{TMPTA} \right)$$

⑤ 计算 MMA 的用量：

$$M_{MAA} = M - M_{MAA} - M_{TPGDA} - M_{TMPTA}$$

⑥ 计算乳化剂用量：

$$M_{乳化剂} = \frac{单体总量 \times 乳化剂用量(\%)}{乳化剂含量(\%)}$$

⑦ 计算氨水用量：

$$M_{氨水} = \frac{M_{MAA}}{86.09} \times \frac{17}{氨水含量(\%)}$$

⑧ 计算水用量：

$$M_{水} = 乳液总量 - (单体总量 + 引发剂 + 补引发剂 + 乳化剂 + 氨水)$$

计算过程中的得数保留两位小数，写入配方中的数值保留一位小数。

第三节　碱溶树脂合成

碱溶树脂是指用碱中和后能够溶于水的树脂，是涂料配方中重要的组分之一，其作用是调节涂料产品的黏度和流动性；赋予颜料分散效果；赋予涂料的成膜性能及颜料固着的性能。

一、合成的意义

碱溶树脂的传统制备方法是采用溶液聚合。溶液聚合是将单体溶解于溶剂中，加入引发剂进行的聚合方法，反应完毕后只需要聚合物的产品，而溶剂要全部回收，工艺复杂，操作成本极大地增加。溶液聚合法依靠大量溶剂来解决传热问题，以溶剂的挥发，将热以溶剂蒸气的形式带出反应区。此外，由于溶剂的存在，使物料黏度低，有利于流动、传热、物料混合。不过溶剂的使用也使反应釜的体积增大，游离基向溶剂的链转移使得产品的平均分子量降低。与此同时，分子尺寸却比较均匀，所以分子量的分布较好。溶液聚合法后继的分离和溶剂精制等系统常常是很大的负担，此外聚合物的黏壁往往更是生产中的一大麻烦，尽管有溶剂存在，但聚合物溶液的黏度仍然很高。在丙烯酸自由基均相溶液聚合反应过程中，所用原料、单体、溶剂、引发剂、链转移剂中所含杂质以及生产工艺过程中的反应温度、投料顺序、速度、均匀程度，甚至釜内空气的存在等因素都能极大地影响反应，使产品质量发生较大变化。溶液聚合的优点是：体系中聚合物浓度相对较低，因此，由于向聚合物的链转移较小而支化交联产物较少；反应产物是一种流体，易于输送；可以选用溶剂沸点和反应温度相近的溶剂，用回流溶剂量来控制反应温度，能达到很好的反应效果；可以通过溶剂单体比来调节分子量的大小。缺点是聚合速度较缓慢，聚合物平均分子量不能很高，反应装置能力由于被大量溶剂占用而较小。对于自由基聚合往往收率较低，使用和回收大量昂贵、可燃、甚至有毒的溶剂，不仅增加生产成本和设备投资、降低设备生产能力，还会造成环境污染。如要制得固体聚合物，还要配置分离设备，增加洗涤、溶剂回收和精制等工序。

本节内容是采用乳液聚合的方法制备水溶性丙烯酸酯共聚物，水溶性丙烯酸树脂是以水为溶剂，丙烯酸树脂以单相形式均匀分散在水中形成的透明状牛顿流体。水溶性丙烯酸树脂可广泛应用于水性油墨、水性涂料、水性光油等印刷、涂料行业。水溶性丙烯酸树脂利用含羧基单体使共聚树脂侧基带上羧基，经中和成盐后赋予水溶性，故多属于阴离子型。大部分涂料中使用的水溶性聚合物，并非真正的水溶性聚合物，而是一种胶体分散液，因为粒子极细，成透明状，故被称为"溶液"。从真正的溶液到所谓的"溶液"与共聚物中羧基的数量有关。例如，当共聚物中含有 50％ 的丙烯酸单体时，聚合物是真正可溶的，但当减少至 20％ 时，就是典型的分散体。严格说来，我们讨论的是水可稀释的体系，因此应将"水溶性"改称为水稀释性。真正的水溶性丙烯酸树脂大量被用来做增稠剂。制备水可稀释丙烯酸树脂常用的方法是以丙烯酸酯类单体和含有不饱和双键的羧酸单体（如丙烯酸、甲基丙烯酸、顺丁烯二酸酐等）在溶液中共聚成为酸性聚合物，树脂的酸值在 $50 \sim 200 \mathrm{mgKOH/g}$。将得到的酸性聚合物加碱（主要是胺）中和成盐而获得水溶性。如此得到的丙烯酸树脂可溶于水，但水溶性不太强，所以要在水溶性丙烯酸树脂中加入一定的亲水性共溶剂来稀释树脂，以得到水可稀释的丙烯酸树脂。

影响树脂水溶性的主要因素是 MAA 单体的用量和—COOH 的中和程度；影响树脂水溶液黏度的主要因素是分子量调节剂和助溶剂的种类及用量，为了获得较低黏度的树脂水溶液，一般加十二烷基硫醇和巯基乙醇等含巯基的化合物作为分子量调节剂。当 MAA 用量小于 6％ 时，聚合物水溶性较差，为 4％ 时几乎不溶于水，大于 6％ 时，聚合物能溶于水。

这种方法的显著特点是聚合始终在较低的黏度条件下进行，克服了溶液聚合法制备大分子量共聚物黏度过大的缺点；聚合完成后直接用氨水中和就可以得到丙烯酸树脂的水溶液，可以大幅度地降低产品的生产成本。

二、学习目标

(1) 通过项目研究，熟悉乳液聚合法制备碱溶树脂产品研制的基本方法和规律。

(2) 熟练掌握用乳液聚合的工艺制备碱溶树脂的方法和技巧。

(3) 充分利用所学的知识进行产品的研制，提高分析问题和解决问题的能力。

(4) 通过组员的分工合作以及各小组之间的资源共享，发扬小组协作和团队精神。

(5) 探索各种参数的变化对于乳液聚合过程及碱溶树脂产品性能的影响。

(6) 研制出性能优异的碱溶树脂产品。

三、技术关键

1. 单体配比的影响

碱溶性丙烯酸树脂的水溶性是通过在高分子链上引入羧基实现的，甲基丙烯酸是极性单体，聚合配方中加入甲基丙烯酸单体可以提高分子链的亲水性能，羧基用碱中和之后可以进一步提高高分子链的亲水性能。在乳液聚合的配方中，随着甲基丙烯酸用量的增加，聚合物乳液的细度和稠度都会增加，当甲基丙烯酸的用量达到一定的比例时，产品用碱中和后会得到完全透明的溶液，随着甲基丙烯酸用量的进一步增加，中和后所得到的透明溶液的流动性能会越来越好。由于甲基丙烯酸是水溶性单体，其用量过多会对乳液聚合过程产生不利的影响，使聚合过程中的乳胶粒粒径增大，影响单体的转化率，甚至会发生破乳的现象。

苯乙烯是疏水性单体，配方中加入苯乙烯会影响聚合物分子的亲水性能，因此在制备碱溶性树脂时不宜使用苯乙烯单体。在没有苯乙烯的配方中，酸值达到 40 以上时即可得到透明的产品，酸值达到 160～180 时，即可得到流动性能较好的产品。酸值过高会增加乳液聚合的难度。

2. 含固量的影响

由于合成碱溶性树脂时配方的酸值比较高，大量的甲基丙烯酸单体溶解于乳液聚合体系的水相当中，同时也增大了其它疏水性单体在水中的溶解度，使乳液聚合的聚合反应过程和乳液体系的稳定性都受到影响，当含固量增大时，这种影响也会增大。因此，采用乳液聚合的方法制备碱溶性丙烯酸树脂，产品的含固量不宜过高，以 25％～30％为宜。

3. 链转移剂用量的影响

采用乳液聚合的方法制备的丙烯酸树脂通常分子量比较大，为了制备分子量适宜的碱溶性树脂产品，获得较低黏度的树脂水溶液，一般加十二烷基硫醇和巯基乙醇等含巯基的化合物作为分子量调节剂，巯基乙醇的效果较十二烷基硫醇的好。当巯基乙醇的用量为总单体质量的 1％～2％时，可获得黏度适宜的产品。巯基乙醇的用量过高，会对乳液聚合的过程产生不良影响，其用量以不超过单体总量的 2.5％为宜。

4. 选择合适的乳化剂

由于乳液聚合反应体系中有大量的甲基丙烯酸单体，对于乳液体系的稳定和乳液聚合的反应过程都会产生影响，必须选择适宜的乳化剂才能使乳液聚合反应得以顺利的进行。采用阴离子表面活性剂作为乳液聚合的乳化剂，可以得到乳胶粒粒径很小的聚合物乳液，有利于聚合过程中乳液的稳定。

5. 单体滴加速度的影响

碱溶树脂配方的酸值比较高，单体中甲基丙烯酸的比例比较大。如果滴加单体速度过快，会导致反应体系中存留单体过多，会有很多丙烯酸单体溶解在水相当中，致使聚合物链段结构不均匀。

6. 配方形式

① 水（   ）   乳化剂（   ）

② 链转移剂（   ）   MAA（   ）   MMA（   ）   OA（   ）………

③ 引发剂（10%）（   ）

④ 补引发剂（1%）（   ）

⑤ 氨水（25%）（   ）

四、树脂合成

1. 实验步骤

（1）安装实验装置，恒温水浴加热升温。

（2）称取乳化剂和水（组分①），溶解后加入三口瓶中。

（3）在150mL烧杯中称取组分②单体，加入100mL恒压滴液漏斗中。

（4）配制10%浓度的过硫酸铵溶液（组分③）。

（5）温度升温至80℃时，向三颈瓶中加入十分之一的组分②，搅拌2min后加入组分③，保温反应15min。

（6）滴加剩余的组分②，在1.5h左右加完。

（7）配制1%浓度的过硫酸铵溶液，取5g加入50mL恒压滴液漏斗中（组分④）。

（8）滴加完组分②后滴加组分④，约5min加完，之后保温3h。

（9）降温至50℃以下，加入氨水（组分⑤）。

（10）加氨水调pH至8~9，出料、过滤。

2. 注意事项

（1）称取药品要准确无误。

（2）引发剂乳液和补引发剂溶液的配制要准确无误。

（3）搅拌要平稳，要根据物料的黏度变化情况，随时调整搅拌的速度。

（4）单体滴加速度要平稳。

（5）在制备高黏度碱溶树脂的时候，反应结束之后不需要加氨水中和，否则容易形成凝胶。

【案例4-9】 纯丙碱溶树脂的研制

纯丙碱溶树脂由功能单体甲基丙烯酸（或丙烯酸）、硬单体甲基丙烯酸甲酯、软单体丙烯酸异辛酯通过乳液聚合共聚制备。可根据涂料产品的性能要求，制备不同玻璃化温度、不同黏度、不同酸值的产品。

一、配方参数与配方

1. 配方参数

配方参数设计包括以下内容：

① 乳液总量　　　　　　　　　200g

② 含固量　　　　　　　　　　30%～35%

③ 酸值（S）　　　　　　　　≥50mgKOH/g

④ 玻璃化温度（T_g）　　　　任意

⑤ 乳化剂用量　　　　　　　　1%～3%

⑥ 链转移剂用量　　　　　　　0%～2%

⑦ 引发剂用量　　　　　　　　1g

⑧ 补引发剂用量　　　　　　　5g

2. 配方形式

① 水（　　　）　　乳化剂（　　　）

② 链转移剂（　　　）　　MAA（　　　）　　MMA（　　　）　　OA（　　　）

③ 引发剂（10%）（　　　）

④ 补引发剂（1%）（　　　）

⑤ 氨水（25%）（　　　）

二、配方参数设计与配方计算

配方参数的设计和计算可以在配方计算表（表4-12）中进行，在计算表的上部输入配方参数，在计算表的下部自动生成配方。

表4-12　纯丙碱溶树脂配方参数设计与配方计算表

碱溶树脂	总量/g	200	S/(mgKOH/g)	120	链转移剂/%	2	乳化剂/%	2
	固/%	30	T_g/℃	105	引发剂/g	1	补引发剂/g	5
①	水/g	119.3	乳化剂/g	4.8				
②	链转移剂/g	1.20	MAA/g	11.0	MMA/g	48.3	OA/g	0.7
③	引发剂(10%)/g	1.0						
④	补引发剂(1%)/g	5.0						
⑤	氨水/g	8.7						

配方计算可以在计算表中完成，在没有计算机的情况下，也可以按照下列步骤进行计算。

（1）单体总量计算：

$$M = 乳液总量 \times 含固量$$

（2）根据已知的酸值，计算MAA的用量：

$$M_{MAA} = \frac{86.09 \times M \times S}{56.1 \times 1000}$$

（3）计算OA的用量：

$$M_{OA} = \frac{188}{190} \times \left(\frac{378 - T_g}{T_g} M + \frac{25}{403} M_{MAA} \right)$$

（4）计算MMA的用量：

$$M_{MMA} = M - M_{MAA} - M_{OA}$$

（5）计算乳化剂用量：

$$M_{乳化剂} = \frac{单体总量 \times 乳化剂用量(\%)}{乳化剂含量(\%)}$$

（6）计算氨水用量：

$$M_{\text{氨水}} = \frac{M_{\text{MAA}} \times 17}{86.09 \times \text{氨水含量}(\%)}$$

（7）计算链转移剂用量：

$$M_{\text{链转移剂}} = M \times \text{链转移剂用量}(\%)$$

（8）计算水用量：

$M_{\text{水}} = $ 乳液总量 $-$（单体总量 $+$ 引发剂 $+$ 补引发剂 $+$ 乳化剂 $+$ 氨水 $+$ 链转移剂）

计算过程中的得数保留两位小数，写入配方中的数值保留一位小数。

【案例 4-10】　高 T_g 醋丙碱溶树脂的研制

高 T_g 醋丙碱溶树脂由功能单体甲基丙烯酸（或丙烯酸）、硬单体甲基丙烯酸甲酯、软单体乙酸乙烯酯通过乳液聚合共聚制备。可根据涂料产品的性能要求，制备不同玻璃化温度、不同黏度、不同酸值的产品。与案例 4-9 相比，本案例以价格低廉的乙酸乙烯酯单体替代丙烯酸异辛酯，可明显降低产品的成本，适合于对涂膜性能要求不高的涂料。

乙酸乙烯酯在水中的溶解度远远高于丙烯酸异辛酯在水中的溶解度，用乙酸乙烯酯替代丙烯酸异辛酯，在相同酸值的情况下，树脂将会有更好的溶解性能。

乙酸乙烯酯单体的竞聚率比丙烯酸类单体的竞聚率低很多，在滴加单体的时候，要尽量保持较低的滴加速度，保持乳液聚合反应在"饥饿态"进行，以保证聚合物链段的均匀性。

一、配方参数与配方

1. 配方参数

配方参数设计包括以下内容：

① 乳液总量　　　　　　　　200g

② 含固量　　　　　　　　　30%～35%

③ 酸值（S）　　　　　　　≥50mgKOH/g

④ 玻璃化温度（T_g）　　　≥50℃

⑤ 乳化剂用量　　　　　　　1%～3%

⑥ 链转移剂用量　　　　　　0%～2%

⑦ 引发剂用量　　　　　　　1g

⑧ 补引发剂用量　　　　　　5g

2. 配方形式

① 水（　　）　　乳化剂（　　）

② 链转移剂（　　）　MAA（　　）　　MMA（　　）　　VAc（　　）

③ 引发剂（10%）（　　）

④ 补引发剂（1%）（　　）

⑤ 氨水（25%）（　　）

二、配方参数设计与配方计算

配方参数的设计和计算可以在配方计算表（表 4-13）中进行，在计算表的上部输入配方参数，在计算表的下部自动生成配方。

表 4-13　高 T_g（硬）醋丙碱溶树脂配方参数设计与配方计算表

硬醋丙	总量/g	200	T_g/℃	90	链转移剂/%	0.5	引发剂/g	1
	固/%	30	S/(mgKOH/g)	200	乳化剂/%	2	补引发剂/g	5
①	水/g	114.7	乳化剂/g	4.8				
②	链转移剂/g	0.3	MAA/g	18.4	MMA/g	27.2	VAc/g	14.4
③	引发剂(10%)/g	1.0						
④	补引发剂(1%)/g	5.0						
⑤	氨水/g	14.5						

　　配方计算可以在计算表中完成，在没有计算机的情况下，也可以按照下列步骤进行计算。
　　① 单体总量计算：

$$M = 乳液总量 \times 含固量$$

　　② 根据已知酸值，计算 MAA 的用量：

$$M_{MAA} = \frac{86.09 \times M \times S}{56.1 \times 1000}$$

　　③ 根据玻璃化温度计算 VAc 的用量：

$$M_{VAc} = \frac{302}{76} \times \left(\frac{378 - T_g}{T_g} M + \frac{25}{403} M_{MAA} \right)$$

　　④ 计算 MMA 的用量：

$$M_{MMA} = M_总 - M_{MAA} - M_{VAc}$$

　　⑤ 计算乳化剂用量：

$$M_{乳化剂} = \frac{单体总量 \times 乳化剂用量(\%)}{乳化剂含量(\%)}$$

　　⑥ 计算氨水用量：

$$M_{氨水} = \frac{M_{MAA} \times 17}{86.09 \times 氨水含量(\%)}$$

　　⑦ 计算链转移剂用量：

$$M_{链转移剂} = M \times 链转移剂用量(\%)$$

　　⑧ 计算水用量：
　　$M_水 =$ 乳液总量－（单体总量＋引发剂＋补引发剂＋乳化剂＋氨水＋链转移剂）
　　计算过程中的得数保留两位小数，写入配方中的数值保留一位小数。

【案例 4-11】　低 T_g 醋丙碱溶树脂的研制

　　低 T_g 醋丙碱溶树脂由功能单体甲基丙烯酸（或丙烯酸）、软单体丙烯酸异辛酯、乙酸乙烯酯通过乳液聚合共聚制备。可根据涂料产品的性能要求，制备不同玻璃化温度、不同黏度、不同酸值的产品。与案例 4-9 相比，本项目以价格低廉的乙酸乙烯酯单体替代甲基丙烯酸甲酯，在相同玻璃化温度的情况下，可大幅度的降低丙烯酸异辛酯的用量，明显降低产品的成本，适合于对涂膜性能要求不高的涂料。

一、配方参数与配方

　　1. 配方参数
　　配方参数设计包括以下内容：

① 乳液总量　　　　　　　　200g

② 含固量　　　　　　　　　30%～35%

③ 酸值（S）　　　　　　　≥50mgKOH/g

④ 玻璃化温度（T_g）　　　≤50℃

⑤ 乳化剂用量　　　　　　　1%～3%

⑥ 链转移剂用量　　　　　　0%～2%

⑦ 引发剂用量　　　　　　　1g

⑧ 补引发剂用量　　　　　　5g

2. 配方形式

① 水（　　）　　乳化剂（　　）

② 链转移剂（　　）　MAA（　　）　OA（　　）　VAc（　　）

③ 引发剂（10%）（　　）

④ 补引发剂（1%）（　　）

⑤ 氨水（25%）（　　）

二、配方参数设计与配方计算

配方参数的设计和计算可以在配方计算表（表 4-14）中进行，在计算表的上部输入配方参数，在计算表的下部较好自动生成配方。

表 4-14　低 T_g（软）醋丙碱溶树脂配方参数设计与配方计算表

软醋丙	总量/g	200	T_g/℃	−10	链转移剂/%	2	引发剂/g	1
	固/%	30	S/(mgKOH/g)	110	乳化剂/%	2	补引发剂/g	5
①	水/g	120.0	乳化剂/g	4.8				
②	链转移剂/g	1.2	MAA/g	10.1	VAc/g	31.2	OA/g	18.7
③	引发剂(10%)/g	1.0						
④	补引发剂(1%)/g	5.0						
⑤	氨水/g	8.0						

配方计算可以在计算表中完成，在没有计算机的情况下，也可以按照下列步骤进行计算。

① 单体总量计算：

$$M = 乳液总量 \times 含固量$$

② 根据已知酸值，计算 MAA 或 AA 的用量：

$$M_{MAA} = \frac{86.09 \times M \times S}{56.1 \times 1000}$$

③ 根据玻璃化温度计算 VAc 的用量：

$$M_{VAc} = \frac{188}{114} \times \left(\frac{302 - T_g}{T_g} M + \frac{101}{403} M_{MAA} \right)$$

④ 计算 OA 的用量：

$$M_{OA} = M_总 - M_{MAA} - M_{VAc}$$

⑤ 计算乳化剂用量：

$$M_{乳化剂} = \frac{单体总量 \times 乳化剂用量(\%)}{乳化剂含量(\%)}$$

⑥ 计算氨水用量：

$$M_{氨水}=\frac{M_{MAA}\times 17}{86.09\times 氨水含量(\%)}$$

⑦ 计算链转移剂用量：

$$M_{链转移剂}=M\times 链转移剂用量(\%)$$

⑧ 计算水用量：

$M_{水}=$乳液总量－(单体总量＋引发剂＋补引发剂＋乳化剂＋氨水＋链转移剂)

计算过程中的得数保留两位小数，写入配方中的数值保留一位小数。

第四节　微乳液合成

传统乳液的定义是珠滴直径在 $1\sim 10\mu m$ 范围内的不透明的非热力学稳定体系。与传统的乳液不同，微乳液是热力学稳定的乳状液，它是各向同性、热力学稳定的透明或半透明胶体分散体系，粒径为 $10\sim 100nm$，其分散相（乳胶粒）直径范围一般为 $10\sim 50nm$，界面层厚度通常为 $2\sim 5nm$。丙烯酸酯微乳液具有热力学稳定、光学透明、分散相尺寸小、表面张力低、渗透性好等特性。苯丙树脂微乳液具有优异的性能，可用于制备高光泽、高耐磨的涂料产品。

采用普通的微乳液聚合工艺，微乳液的固含量一般都小于20％。在聚合过程中，除了水、单体，还需要加入大量的乳化剂和助乳化剂，以使表面活性剂分子在溶液中由于亲水、亲油基团而产生的胶束构成热力学稳定的乳状液。它与传统乳液不同，是各向同性、热力学稳定的分散体系。微乳液聚合法可以合成平均粒径小、表面张力低、润湿性渗透性极强、稳定性更好的聚合物微乳液。微乳液聚合与乳液聚合的区别在于乳胶粒径更小，所以体系会需要更多的乳化剂和分散相，只有达到一定量的体系，才能称为微乳液，即透明稳定的乳状状态。无论是乳液聚合还是微乳液聚合，聚合反应的场所都是在胶束中，固含量高，势必导致胶粒碰撞、凝聚的机会增加，体系不稳定。微乳液体系胶粒粒径更小，比表面积更大，表面能更高，更加不稳定。因此，相对乳液体系而言，其固含量要更小，否则不可能得到一个稳定的微乳液体系。

由于传统方法制备的微乳液含固量低，又含有大量的乳化剂和助乳化剂（＞10％），其应用受到了限制。本节内容采用在乳液聚合的单体配方中加入适量甲基丙烯酸的办法，增加乳胶粒的亲水性能，降低乳化剂的用量，制备能够满足各种应用性能要求的苯丙树脂微乳液产品。

一、研究聚合物微乳液的意义

聚合物微乳液是用微乳液聚合方法制备而成的。尽管微乳液早已被人们所认识，但是直到20世纪80年代初期，才开始对其进行较广泛和较深入的研究。由于聚合物微乳液有其独到的特点，故已逐渐引起人们的重视，目前已合成出不少聚合物微乳液新产品，并且已经开发出诸多的用途。

① 由于聚合物微乳液乳胶粒直径非常小，且表面张力非常低，故它们有极好的渗透性、润湿性、流平性和流变性，可渗入具有极微细凹凸图纹、微细毛细孔道中和几何形状异常复杂的基体表面，因而它可以作为涂料、浸渍剂及油墨等制品对木器、石料、混凝土、纸张、织物及金属制件等进行高质量加工和高光泽性涂装。可用以代替相应的溶剂型产品。

② 聚合物微乳液所形成的涂膜具有类似于玻璃的极好的透明性，可作金属等材料表面透明保护清漆。若将其和蜡系化合物配伍，可制成具有高透明性、光泽性和滑爽性的抛光材料；还可作透明材料的填料，以改善其平滑性和光泽性，并可用于光引发聚合及其他光化学反应的研究。

③ 若向常规聚合物乳液（粒径为 $0.1 \sim 0.5 \mu m$）中，加入 $10\% \sim 30\%$ 的聚合物微乳液，由于微乳胶粒可渗入大尺寸乳胶粒所不能及的空隙和毛细孔道内部，并可填塞于大乳胶粒之间的空隙中，这样可实现两种乳液性能互补，可以显著地提高皮膜的强度、附着力、平滑性和光泽性。

④ 近年来，膜技术正引起各方面的关注，若将玻璃化温度高的聚合物微乳液以最密的填充状态制成皮膜，可得到一种具有 5nm 以下超微细孔径的超滤膜。

⑤ 近来人们发现，聚合物微乳液可具有与生物体的反应性，可望在高分子催化、酶的固定及药物载体等方面得到应用。

二、学习目标

（1）通过研究，熟悉微乳液产品研制的基本方法和规律。

（2）熟练掌握苯丙微乳液聚合的实验方法和技巧。

（3）充分利用所学的知识进行产品的研制，提高分析问题和解决问题的能力。

（4）通过组员的分工合作以及各小组之间的资源共享，发扬小组协作的团队精神。

（5）探索各种参数的变化对于乳液聚合过程及产品性能的影响。

（6）研制出性能优异的苯丙树脂微乳液产品。

三、技术关键

（1）选择合适的乳化剂　采用阴离子表面活性剂作为乳液聚合的乳化剂，可以得到乳胶粒粒径很小的聚合物乳液，有利于微乳液的形成。乳化剂用量是直接影响乳液聚合和聚合物乳液储存稳定性的重要因素。按照乳液聚合的基本理论，乳化剂用量的提高有利于聚合反应和乳液储存稳定性，而且还可以降低乳胶粒粒径，从而提高聚合物涂膜的透明性。但是，过高的乳化剂用量会导致成核期延长，使乳胶粒粒径分布变宽。更重要的是，乳化剂含量过高的聚合物乳液在使用中易起泡，涂膜的耐水性也会变差。所以，一般要求在满足聚合物乳液稳定性的前提下，尽可能降低乳化剂的用量。

（2）单体配比的影响　产品的透明度与配方中甲基丙烯酸的用量和 MMA/St 的比值有关。甲基丙烯酸的羧基是亲水基团，在高分子链上引入羧基之后，可以降低乳胶粒表面上乳化剂的吸附量，多余的乳化剂又会在水中形成新的胶束，从而可以在滴加单体的过程中形成更多新的乳胶粒。当甲基丙烯酸的用量达到一定的比例时，由于乳胶粒的数目多，乳胶粒的粒径就非常小，用氨水中和之后，便会形成透明的乳液。微乳液的透明度是随着甲基丙烯酸用量的增大而增大的，如果甲基丙烯酸的用量过大，乳胶粒就会发生溶胀，导致微乳液变稠。

苯乙烯是疏水性单体，苯乙烯的用量对于微乳液的性能也会产生影响。如果用量过多，会影响乳胶粒的亲水性能，进而影响乳液的透明度；如果用量过少，由于乳胶粒的亲水性太强，会在水中发生溶胀，使乳液的流动性能变差。

（3）选择使用性能优良的固体碱溶树脂　微乳液的乳胶粒粒径非常小，纯乳液的流动性能很差，必须加入碱溶树脂改善其流动性能。碱溶树脂的质量对于乳液的外观、质量及应用性能影响很大，应尽量选择高质量的固体碱溶树脂。

（4）乳液聚合实验必须认真操作，严格按照实验步骤中规定的工艺过程进行操作。包括称料准确，单体滴加过程要平稳均匀，搅拌状态要平稳和有效，温度控制要稳定。

四、配方参数与配方

配方参数设计包括以下内容：

① 乳液总量	200g
② 含固量	≥40%
③ 乳/碱	2~4
④ MMA/St	2~6
⑤ 乳液树脂酸值（$S_乳$）	≥30mgKOH/g
⑥ 碱溶树脂酸值	215mgKOH/g（庄臣678树脂）
⑦ 乳液树脂玻璃化温度（$T_{g乳}$）	任意
⑧ 碱溶树脂玻璃化温度（$T_{g碱}$）	80℃（庄臣678树脂）
⑨ 乳化剂用量	1%~3%
⑩ 引发剂用量	1g
⑪ 补引发剂用量	5g

配方形式

① 水（　　）　乳化剂（　　）

② St（　　）　MAA（　　）　MMA（　　）　OA（　　）

③ 引发剂（10%）（　　）

④ 补引发剂（1%）（　　）

⑤ 固体碱溶树脂（　　）

⑥ 氨水（25%）（　　）

五、配方参数设计与配方计算

配方参数的设计和计算可以在配方计算表（表4-15）中进行，在计算表的上部输入配方参数，在计算表的下部自动生成配方。

表 4-15　微乳液苯丙树脂配方参数设计与配方计算表

微乳液	总量/g	200	$S_乳$/(mgKOH/g)	30	$T_{g乳}$/℃	−10	乳化剂/%	2
	固/%	35	$S_碱$/(mgKOH/g)	215	$T_{g碱}$/℃	85	引发剂/g	1
	乳/碱	3	MMA/St	4	L/%	0	补引发剂/g	5
①	水/g	111.9	乳化剂/g	5.6				
②	St/g	5.4	MAA/g	2.4	MMA/g	21.8	OA/g	22.9
③	引发剂(10%)/g	1.0						
④	补引发剂(1%)/g	5.0						
⑤	碱溶树脂/g	17.5						
⑥	氨水/g	6.5						

　　配方计算可以在计算表中完成，在没有计算机的情况下，也可以按照下列步骤进行计算。

（1）单体和固体碱溶树脂总量计算：

$$M = 乳液总量 \times 含固量$$

（2）乳液组分单体的质量：

$$M_{乳} = \frac{M \times 乳/碱}{乳/碱 + 1}$$

（3）碱溶树脂组分的质量：

$$M_{碱} = \frac{M}{乳/碱 + 1}$$

（4）根据已知的酸值，计算乳液组分 MAA 的用量：

$$M_{MAA} = \frac{86.09 \times M_{乳} \times S_{乳}}{56.1 \times 1000}$$

（5）计算乳液组分中 OA 的用量：

$$M_{OA} = \frac{188}{190} \times \left(\frac{378 - T_g}{T_g} M + \frac{25}{403} M_{MAA} \right)$$

（6）计算乳液组分中 St 和 MMA 的用量：

$$M_{St} = \frac{M - M_{MAA} - M_{OA}}{MMA/St + 1}$$

$$M_{MMA} = MMA/St \times M_{St}$$

（7）计算乳化剂用量：

$$M_{乳化剂} = \frac{单体总量 \times 乳化剂用量(\%)}{乳化剂含量(\%)}$$

（8）氨水用量：

$$M_{氨水} = \frac{(MAA_{乳} + MAA_{碱}) \times 17}{86.09 \times 氨水含量(\%)}$$

式中 $MAA_{碱}$ 为碱溶树脂组分中酸的含量，如果是采用固体碱溶树脂，可以根据固体碱溶树脂的用量和酸值来计算：

$$MAA_{碱} = \frac{86.09 \times M_{碱} \times S_{碱}}{56.1 \times 1000}$$

（9）水用量：

$$M_{水} = 乳液总量 - (单体总量 + 引发剂 + 补引发剂 + 乳化剂 + 氨水)$$

计算过程中的得数保留两位小数，写入配方中的数值保留一位小数。

六、乳液制备

1. 实验步骤

（1）安装实验装置，恒温水浴加热升温。

（2）称取乳化剂和水（组分①），溶解后加入三口瓶中。

（3）在 150mL 烧杯中称取组分②单体，加入 100mL 恒压滴液漏斗中。

（4）配制 10% 浓度的过硫酸铵溶液（组分③）。

（5）温度升温至 80℃时，向三颈瓶中加入十分之一的组分②，搅拌 2min 后加入 1g 组分③，保温反应 15min。

（6）滴加剩余的组分②，在 1.5h 左右加完。

（7）配制 1% 浓度的过硫酸铵溶液，取 5g 加入 50mL 恒压滴液漏斗中（组分④）。

（8）滴加完组分②后滴加组分④，约 5min 加完，加完后保温 3h。

（9）降温至 50℃以下，加入固体碱溶树脂（组分⑤）。

（10）加入氨水（组分⑥）溶解固体碱溶树脂，约需 20min 溶解完。

（11）加氨水调 pH 至 8～9，出料。

（12）样品冷却至常温后，观察其透明性和流动性能，并使用黏度计测量样品的黏度。

2. 注意事项

（1）称取药品要准确无误。

（2）引发剂乳液和补引发剂溶液的配制要准确无误。

（3）搅拌要平稳，要根据物料的黏度变化情况，随时调整搅拌的速度。

（4）单体滴加速度要平稳。

（5）溶解固体碱溶树脂的时候，要将按配方量称量好的氨水一次性加入，否则容易出现固体碱溶树脂颗粒黏结的情况。

（6）在溶解固体碱溶树脂过程中要注意 pH 值的变化，如果 pH 低于 10，就要适当补加氨水，这样才能保证碱溶树脂的溶解速度。

第五节　核壳乳液合成

核壳苯丙树脂乳液的研制是通过粒子设计制备性能优异的乳液产品。所谓粒子设计是指在分子组成相同或不改变原料组成及不增加原料成本的前提下，只通过改变乳液的聚合工艺（如改变单体、乳化剂、引发剂的滴加程序和方式）而改变乳胶粒的结构形态，即可显著地改善乳液性能的方法。核壳结构乳胶粒每层的聚合物种类、共聚组成及分子结构各不相同。目前，设计的乳胶粒子有硬核软壳、软核硬壳和互穿网络型等。以这种乳液配制的涂料可明显提高涂膜的耐水、耐候、耐污染、抗回黏性能，同时也可降低 MFT，提高其拉伸强度、耐冲击性等。

本节内容是采用两阶段聚合即种子乳液聚合的核壳结构技术，通过控制乳胶粒子形态结构来调节乳液各种性能，聚合工艺、体系黏度、两阶段单体用量配比、乳化剂、引发剂用量等因素均影响粒子形态结构。但是，这些因素的影响程度又随两阶段单体的亲水性及两阶段聚合物的相容性的不同而不同。

核壳型乳液聚合可以认为是种子乳液聚合的发展。乳胶粒可分为均匀粒子和不均匀粒子两大类。其中不均匀粒子又可分为两类：成分不均匀粒子和结构不均匀粒子。前者指大分子链的组成不同，但无明显相界面，后者粒子内部的聚合物出现明显的相分离。结构不均匀粒子按其相数可分为两相结构和多相结构。核壳结构是最常见的两相结构。如果种子乳液聚合第二阶段加入的单体同制备种子乳液的配方不同，且对核层聚合物溶解性较差，就可以形成具有复合结构的乳胶粒，即核壳型乳胶粒。即由性质不同的两种或多种单体分子在一定条件下多阶段聚合，通过单体的不同组合，可得到一系列不同形态的乳胶粒子，从而赋予核壳各不相同的功能。核壳型乳胶粒由于其独特的结构，同常规乳胶粒相比，即使组成相同也往往具有优秀的性能。根据"核-壳"的玻璃化温度不同，可以将核壳型乳胶粒分为硬核-软壳型和软核-硬壳型；从乳胶粒的结构形态看，主要有以下几种：如正常型、手镯型、夹心型、雪人型及反常型，其中反常型以亲水树脂部分为核。核壳型乳胶粒究竟采取何种结构形态受制于许多因素。主要因素如下。

1. 单体性质

乳胶粒的核壳结构常常是由加入的水溶性单体形成的。这些聚合单体通常含有羧基、酰胺基、羟基等亲水性基团。由于其水溶性大，易于扩散到胶粒表面，在乳胶粒-水的界面处富集和聚合。当粒子继续生长时，其水性基团仍留在界面区，从而产生壳结构。具有一定水溶性的单体，特别是当其共聚单体玻璃化温度 T_g 较低而聚合温度较高时，有朝水相自发定向排列的较强倾向。

因此用疏水性单体聚合作核层、亲水性单体聚合作壳层，可得到正常结构形态的乳胶粒；相反，若用亲水性单体聚合作核层，则疏水性单体加入后将向原种子乳胶粒内部扩散，经聚合往往生成异型核壳结构乳胶粒。

丙烯酸正丁酯（BA）与乙酸乙烯酯（VAc）的二元自由基乳液共聚合，由于两者的自由基聚合活性相差很大，当采用间歇工艺进行时，反应初期生成的大分子主要由 BA 单元组成，后期生成的大分子则富含 VAc，BA 和 VAc 两者均聚物的 T_g 相差很大，溶混性差，使粒子产生相分离。

另外，加入特种功能性单体，在聚合时引入接枝或交联，亦有利于生成核壳结构粒子。

2. 加料方式

常用的加料方法有平衡溶胀法、分段加料法等。

平衡溶胀法用单体溶胀种子粒子再引发聚合，控制溶胀时间和溶胀温度，从而可以控制粒子的溶胀状态和胶粒结构。

分段加料并在"饥饿态"条件下进行聚合是制备各种核壳结构乳胶粒最常用的方法。特别是在第一阶段加疏水性较大的单体、第二阶段加亲水性较大的单体更是如此。通常第一阶段加的单体组成粒子的核，第二阶段加的单体形成壳。有时也有例外。如 BA（丙烯酸丁酯）/AA（丙烯酸）和 St（苯乙烯）/AA 两步法加料时，无论加料次序如何，生成的粒子都是以 St/AA 为核、以 BA/AA 为壳的核壳结构。显然，这是 PBA（聚丙烯酸丁酯）链段的柔韧性和 PAA（聚丙烯酸）的亲水性相结合起主要作用，而不是聚合顺序起主要作用。

3. 其他因素

核壳型乳胶粒的结构形态受到上述因素的主要影响，而其他因素对乳胶粒的形态也有重要影响，如：反应温度低，大分子整体和链段的活动性低，聚合物分子、链段间的混溶性变差，有利于生成核壳结构粒子。

水溶性引发剂自由基只在水相引发，并以齐聚物自由基的形式接近粒子表面，使聚合反应在粒子表面进行。当然，其效能还与其浓度和聚合温度等因素有关。

离子型乳化剂由于其静电屏蔽效应，使带同性电荷的自由基难以进入粒子内部。有利在聚合物粒子-水相界面处进行聚合。

控制聚合过程中的黏度以控制增长中的活自由基的扩散性，从而可以影响粒子的结构、形态。

一、学习目标

(1) 通过研究，熟悉核壳苯丙乳液产品研制的基本方法和规律。

(2) 熟练掌握苯丙乳液聚合的实验方法和技巧。

(3) 充分利用所学的知识进行产品的研制，提高分析问题和解决问题的能力。

(4) 通过组员的分工合作以及各小组之间的资源共享，发扬小组协作的团队精神。

(5) 探索各种参数的变化对于核壳苯丙乳液聚合过程及产品性能的影响。

(6) 研制出性能优异的核壳苯丙树脂微乳液产品。

二、技术关键

1. 加料方式的影响

聚合工艺对乳胶粒颗粒形态有较大影响，其中最重要的就是加料方式。核壳乳液聚合（种子乳液聚合）第二阶段反应单体Ⅱ的加料方式，对最终形成的乳胶粒的结构形态有很大的影响。具体说，单体Ⅱ的加入可以采用三种方式：半连续法、间歇法和预溶胀法。很显然，这三种加料方式造成了单体Ⅱ在种子乳胶粒的表面及内部的浓度分布有所不同：采用"饥饿态"半连续加料时，种子乳胶粒表面及内部的单体Ⅱ浓度均很低；如果将单体Ⅱ一次全部加入，则在种子乳胶粒的表面单体Ⅱ的浓度很高；而采用预溶胀方法加料，不但种子乳胶粒的表面单体Ⅱ浓度很高，而且单体Ⅱ有充分的时间向种子乳胶粒内部渗透，所以种子乳胶粒内部也富含单体Ⅱ。因此，采用预溶胀法或间歇加料方式所形成的乳胶粒，在核壳之间有可能发生接枝或相互贯穿，这样就改善了核层与壳层聚合物的相容性，从而能提高乳液聚合物的性能。

2. 单体亲水性的影响

单体的亲水性对乳胶粒的结构形态也有较大影响。显而易见，亲水性较大的单体更倾向于靠近水相进行反应，而疏水性的单体则倾向于远离水相，所以，如果以疏水性单体为核层单体，以亲水性单体为壳层单体进行种子乳液聚合，通常能形成正常核壳结构的乳胶粒；反之，以亲水性单体为核层单体，而以疏水性单体为壳层单体的种子乳液聚合，在聚合过程中，壳层疏水性聚合物可能向种子乳胶粒内部迁移，从而有可能形成非正常的结构形态（如草莓型、雪人型、海岛型、翻转型）乳胶粒。

3. 引发剂的影响

如上所述，如果以亲水性单体为核，以疏水性单体为壳进行核壳乳液聚合可能得到非正常的核壳结构，如果进一步考虑引发剂的性质，则结果将会更复杂一些。例如以甲基丙烯酸甲酯（MMA）为核单体，以苯乙烯（St）为壳单体进行乳液聚合，采用油溶性引发剂（如偶氮二异丁腈）时，会如预期的那样得到"翻转"的核壳乳胶粒；但当以水溶性引发剂（如过硫酸铵）引发反应时，由于大分子链上带有亲水性离子基团，增大了壳层聚苯乙烯分子链的亲水性。引发剂浓度越大，聚苯乙烯分子链上离子基团就越多，壳层亲水性就越大，所得乳胶粒就可能不发生"翻转"。如果采用水溶性引发剂，随着用量由少到多，则可能得到"翻转"型、半月型、夹心型或正常型结构的乳胶粒。

除了以上的几个影响因素外，其他如反应体系的 pH 值、反应温度及聚合场所的黏度对乳胶粒的结构形态均有影响，这是因为 pH 值直接影响引发剂的分解；而反应温度和黏度对聚合物分子链的运动有影响，当黏度太大时，由于聚合物分子链运动困难，有可能使位于壳层的疏水性聚合物不能扩散到亲水性聚合物核中去，从而形成非"翻转"的乳胶粒。

三、配方参数

核壳苯丙乳液由核组分、壳组分、碱溶树脂三部分构成，配方参数设计包括以下内容：

① 乳液总量	200g
② 含固量	35%～40%
③ 乳/碱	1～4
④ 核/壳	1～4
⑤ MMA/St(核)	1～6
⑥ MMA/St(壳)	1～6
⑦ 核组分酸值（$S_核$）	0～100mgKOH/g
⑧ 壳组分酸值（$S_壳$）	0～100mgKOH/g
⑨ 核组分玻璃化温度（$T_{g乳}$）	－60～105℃
⑩ 壳组分玻璃化温度（$T_{g碱}$）	－60～105℃
⑪ 碱溶树脂酸值（$S_碱$）	215mgKOH/g
⑫ 碱溶树脂玻璃化温度（$T_{g碱}$）	85℃
⑬ 乳化剂用量	1%～3%
⑭ 引发剂用量	1g
⑮ 补引发剂用量	5g

四、配方参数设计与配方计算

配方参数的设计和计算可以在配方计算表（表4-16）中进行，在计算表的上部输入配方参数，在计算表的下部自动生成配方。

表 4-16　核壳乳液配方参数设计与配方计算表

核壳乳液	总量/g	200	$T_{g核}$/℃	100	$T_{g壳}$/℃	－3	$T_{g碱}$/%	85
	固/%	40	$S_核$	40	$S_壳$	27	$S_碱$	215
	核/壳	1.5	MMA/St(核)	6	MMA/St(壳)	4	L/%	0
	乳/碱	1.5	R/%	1	引发剂/g	1	补引发剂/g	5
①	水/g	100.4	乳化剂/g	3.2				
②	St/g	3.8	MAA/g	1.8	MMA/g	22.7	OA/g	0.5
③	引发剂(10%)/g	1.0						
④	St/g	2.2	MAA/g	0.8	MMA/g	8.6	OA/g	7.6
⑤	补引发剂(1%)/g	5.0						
⑥	碱溶树脂/g	32.0						
⑦	氨水(25%)/g	10.4						

配方计算可以在计算表中完成，在没有计算机的情况下，也可以按照下列步骤进行计算。

（1）单体和固体碱溶树脂总量计算：

$$M = 乳液总量 \times 含固量$$

（2）乳液组分单体的质量：

$$M_乳 = \frac{M \times 乳/碱}{乳/碱 + 1}$$

（3）碱溶树脂组分的质量：

$$M_碱 = \frac{M}{乳/碱 + 1}$$

（4）核组分的质量：

$$M_核 = \frac{M_乳 \times 核/壳}{核/壳 + 1}$$

（5）壳组分的质量：

$$M_壳 = \frac{M_乳}{核/壳 + 1}$$

（6）核组分的配方计算：

根据核组分的酸值，计算核组分 MAA 的用量

$$M_{MAA(核)} = \frac{86.09 \times M_核 \times S_核}{56.1 \times 1000}$$

计算核组分中 OA 的用量

$$M_{OA(核)} = \frac{188}{190} \times \left(\frac{378 - T_{g核}}{T_{g核}} M_核 + \frac{25}{403} M_{MAA(核)} \right)$$

计算核组分中 St 和 MMA 的用量

$$M_{St(核)} = \frac{M_核 - M_{MAA(核)} - M_{OA(核)}}{MMA/St_{(核)} + 1}$$

$$M_{MMA(核)} = MMA/St_{(核)} \times M_{St(核)}$$

（7）壳组分的配方计算：

根据壳组分的酸值，计算壳组分 MAA 的用量

$$M_{MAA(壳)} = \frac{86.09 \times M_壳 \times S_壳}{56.1 \times 1000}$$

计算壳组分中 OA 的用量

$$M_{OA(壳)} = \frac{188}{190} \times \left(\frac{378 - T_{g壳}}{T_{g壳}} M_壳 + \frac{25}{403} M_{MAA(壳)} \right)$$

计算壳组分中 St 和 MMA 的用量

$$M_{St(壳)} = \frac{M_壳 - M_{MAA(壳)} - M_{OA(壳)}}{MMA/St_{(壳)} + 1}$$

$$M_{MMA(壳)} = MMA/St_{(壳)} \times M_{St(壳)}$$

（8）计算乳化剂用量：

$$M_{乳化剂} = \frac{单体总量 \times 乳化剂用量（\%）}{乳化剂含量（\%）}$$

（9）计算氨水用量：

$$MAA_碱 = \frac{86.09 \times M_碱 \times S_碱}{56.1 \times 1000}$$

$$M_{氨水} = \frac{(MAA_{核} + MAA_{壳} + MAA_{碱}) \times 17}{86.09 \times 氨水含量(\%)}$$

（10）计算水用量：

$M_{水}$＝乳液总量－（单体总量＋引发剂＋补引发剂＋乳化剂＋氨水＋固体碱溶树脂）

计算过程中的得数保留两位小数，写入配方中的数值保留一位小数。

五、配方形式

① 水（　　）　　乳化剂（　　）

② St（　　）　　MAA（　　）　　MMA（　　）　　OA（　　）

③ 引发剂（10％）（　　）

④ St（　　）　　MAA（　　）　　MMA（　　）　　OA（　　）

⑤ 补引发剂（1％）（　　）

⑥ 固体碱溶树脂（　　）

⑦ 氨水（25％）（　　）

六、实验步骤

（1）安装实验装置，恒温水浴加热升温。

（2）称取乳化剂和水（组分①），溶解后加入三口瓶中。

（3）在150mL烧杯中称取组分②单体，加入100mL恒压滴液漏斗中。

（4）配制10％浓度的过硫酸铵溶液（组分③）。

（5）温度升温至80℃时，向三颈瓶中加入十分之一的组分②，搅拌2min后加入1g组分③，保温反应15min。

（6）滴加剩余的组分②，在1.5h左右加完。滴加完毕后保温1h。

（7）在150mL烧杯中称取组分④单体，加入100mL恒压滴液漏斗中。

（8）配制1％浓度的过硫酸铵溶液，取5g加入50mL恒压滴液漏斗中（组分⑤）。

（9）保温结束后加入十分之一组分④单体，2min后滴加组分⑤，组分⑤约5min加完，之后滴加组分④，约30min滴完，之后保温3h。

（10）降温至50℃以下，加入固体碱溶树脂（组分⑥）。

（11）加入氨水（组分⑥）溶解固体碱溶树脂，约需20min溶解完。

（12）加氨水调pH至8～9，出料、过滤。

（13）样品冷却至常温后，观察其透明性和流动性能，并使用涂-4杯黏度计测量样品的黏度。

第六节　普通乳液合成

大约从20世纪60年代开始，尤其是80年代以来，人们对聚合物乳液中的乳胶粒结构形态进行了深入的研究。发现乳胶粒结构形态不同，其乳液聚合物的性能大不相同，乳胶粒的结构形态与聚合物的性能有对应关系。于是，人们提出了"粒子设计"这一新概念。所谓粒子设计就是在不改变原料组成，不增加产品成本的前提下，利用高分子化学、高分子物理、分子设计、乳胶粒形态热力学及乳胶粒形态动力学等基本原理，通过巧妙的构思，精细的设计，制订合理的合成工艺，选择适当的聚合条件，有意识有目的地制备出具有某种特定结构形态的乳胶粒，来赋予乳液聚合物以优异的性能和特殊的功能。

传统的苯丙乳液制备方法大都采用外加固体碱溶树脂来改善乳液的流动性能，固体碱溶树脂的成本比较高，且通过选择固体碱溶树脂的品种来调整乳液的黏度有一定的局限性。本节内容以乳液聚合的方法制备碱溶树脂代替固体碱溶树脂，按照核壳乳液制备的方法，加入"粒子设计"的思想，制备可用于涂料产品生产的低成本的苯丙树脂乳液。

一、学习目标

（1）通过研究，熟悉乳液产品研制的基本方法和规律。

（2）熟练掌握苯丙乳液聚合的实验方法和技巧。

（3）充分利用所学的知识进行产品的研制，提高分析问题和解决问题的能力。

（4）通过组员的分工合作以及各小组之间的资源共享，发扬小组协作的团队精神。

（5）探索各种参数的变化对于乳液聚合过程及产品性能的影响。

（6）研制出性能优异的普通树脂微乳液产品。

二、技术关键

（1）选择合适的乳化剂　本研究项目的乳液聚合既有苯丙乳液的制备，又有碱溶树脂的合成，要求所使用的乳化剂能够兼顾两种乳液聚合配方的需要。乳化剂的乳化效果应满足在酸值较高的情况下聚合乳液的稳定。

（2）单体配比的影响　产品的乳胶粒粒径与配方中甲基丙烯酸的用量和 MMA/St 的比值有关。增加甲基丙烯酸的用量和 MMA/St 的比值，有利于降低乳胶粒的粒径，但是聚合过程中乳液的稠度会增大。如果甲基丙烯酸的用量过大，用氨水中和之后乳胶粒就会发生溶胀，导致乳液变稠。

（3）链转移剂用量的影响　为了制备黏度适宜的苯丙树脂乳液，需要加入分子量调节剂对碱溶树脂组分的分子量进行调节。当使用巯基乙醇作为分子量调节剂的时候，巯基乙醇的用量和乳液树脂/碱溶树脂的比值有关，随着乳液树脂/碱溶树脂的比值增大，碱溶树脂组分中巯基乙醇的比例应适当降低。

（4）碱溶树脂部分所占比例的影响　碱溶树脂的作用是改善乳液产品的流动性，其比例在 1/5 以上时即可很好的改善乳液产品的流动性，但是在乳液树脂所占比例过大时，乳液聚合过程中物料的稠度会很大，将导致滴加的单体不能很好地分散，产生凝胶和结皮等不良后果。当乳液树脂/碱溶树脂的比值为 3～4 时，可获得较好的乳液产品。

三、配方参数

配方参数设计包括以下内容：

① 乳液总量　　　　　　　　　　200g

② 含固量　　　　　　　　　　　35%～40%

③ 乳/碱　　　　　　　　　　　1～10

④ MMA/St　　　　　　　　　　　　　0～6
⑤ 乳液树脂酸值（$S_乳$）　　　　　　　0～100mgKOH/g
⑥ 碱溶树脂酸值（$S_碱$）　　　　　　　50～240mgKOH/g
⑦ 乳液树脂玻璃化温度（$T_{g乳}$）　　　－60～105℃
⑧ 碱溶树脂玻璃化温度（$T_{g碱}$）　　　－60～110℃
⑨ 乳化剂用量　　　　　　　　　　　　1%～3%
⑩ 引发剂用量　　　　　　　　　　　　1g
⑪ 补引发剂用量　　　　　　　　　　　5g

四、配方形式

① 水（　　）　　乳化剂（　　）
② St（　　）　　MAA（　　）　　MMA（　　）　　OA（　　）
③ 引发剂（10%）（　　）
④ MAA（　　）　　MMA（　　）　　OA（　　）　　链转移剂（　　）
⑤ 补引发剂（1%）（　　）
⑥ 氨水（25%）（　　）

五、配方计算

配方参数的设计和计算可以在配方计算表（表 4-17）中进行。在表格上方输入数据后，表格下方自动生成配方。

表 4-17　普通液配方参数设计与配方计算表

苯丙	总量/g	200	$T_{g乳}$/℃	－40	$T_{g碱}$/℃	20	R/%	2
	固/%	35	$S_乳$/℃	40	$S_碱$/(mgKOH/g)	110	引发剂/g	1
	乳/碱	3	MMA/St	0	L/%	1	补引发剂/g	5
①	水/g	113.3	乳化剂/g	5.6				
②	St/g	16.8	MAA/g	3.2	MMA/g	0.0	OA/g	32.5
③	引发剂(10%)/g	1.0						
④	链转移剂/g	0.2	MAA/g	3.0	MMA/g	9.3	OA/g	5.2
⑤	补引发剂(1%)/g	5.0						
⑥	氨水/g	4.9						

在没有计算机的情况下，配方计算也可以按照下列步骤进行计算。

（1）单体总量计算：

$$M＝乳液总量×含固量$$

（2）乳液组分单体的质量：

$$M_乳＝\frac{M×乳/碱}{乳/碱＋1}$$

（3）碱溶树脂组分单体的质量：

$$M_碱＝\frac{M}{乳/碱＋1}$$

（4）乳液组分的计算：

根据已知乳液组分的酸值，计算乳液组分 MAA 的用量

$$M_{MAA} = \frac{86.09 \times M_{乳} \times S_{乳}}{56.1 \times 1000}$$

计算乳液组分中 OA 的用量

$$M_{OA} = \frac{188}{190} \times \left(\frac{378 - T_g}{T_g}M + \frac{25}{403}M_{MAA} \right)$$

计算乳液组分中 St 和 MMA 的用量

$$M_{St} = \frac{M_{乳} - M_{MAA} - M_{OA}}{n+1}$$

$$M_{MMA} = nM_{St}$$

（5）碱溶树脂组分的计算：

根据已知碱溶树脂组分的酸值，计算碱溶树脂组分 MAA 的用量

$$M_{MAA} = \frac{86.09 \times M_{碱} \times S_{碱}}{56.1 \times 1000}$$

计算碱溶树脂组分中 OA 的用量

$$M_{OA} = \frac{188}{190} \times \left(\frac{378 - T_g}{T_g}M_{碱} + \frac{25}{403}M_{MAA} \right)$$

计算碱溶树脂组分中 MMA 的用量

$$M_{MMA} = M_{碱} - M_{MAA} - M_{OA}$$

（6）计算乳化剂用量：

$$M_{乳化剂} = \frac{单体总量 \times 乳化剂用量(\%)}{乳化剂含量(\%)}$$

（7）计算氨水用量：

$$M_{氨水} = \frac{[M_{MAA(乳)} + M_{MAA(碱)}] \times 17}{86.09 \times 氨水含量(\%)}$$

（8）计算链转移剂用量：

$$M_{链转移剂} = M_{碱} \times 链转移剂用量(\%)$$

（9）计算水用量：

$$M_{水} = 乳液总量 - (单体总量 + 引发剂 + 补引发剂 + 乳化剂 + 氨水 + 链转移剂)$$

计算过程中的得数保留两位小数，写入配方中的数值保留一位小数。

六、实验步骤

（1）安装实验装置，恒温水浴加热升温。

（2）称取乳化剂和水（组分①），溶解后加入三口瓶中。

（3）在 150mL 烧杯中称取组分②单体，加入 100mL 恒压滴液漏斗中。

（4）配制 10% 浓度的过硫酸铵溶液（组分③）。

（5）温度升温至 80℃ 时，向三颈瓶中加入十分之一的组分②，搅拌 2min 后加入 1g 组分③，保温反应 15min。

（6）滴加剩余的组分②，在 1.5h 左右加完。滴加完毕后保温 1h。

（7）在 150mL 烧杯中称取组分④单体，加入 100mL 恒压滴液漏斗中。

（8）配制 1%浓度的过硫酸铵溶液，取 5g 加入 50mL 恒压滴液漏斗中（组分⑤）。

（9）保温结束后同时滴加组分④和组分⑤，组分⑤约 5min 加完，组分④约 30min 滴完，之后保温 3h。

（10）降温至 50℃以下，加入氨水（组分⑥）。

（11）加氨水调 pH 至 8～9，出料、过滤。

（12）样品冷却至常温后，观察其透明性和流动性能，并使用涂-4 杯黏度计测量样品的黏度。

第七节　中空树脂乳液合成

中空树脂乳液的研制也是通过粒子设计制备性能优异的乳液产品。它的乳胶粒粒子结构核是碱溶树脂，壳为硬树脂，在后续中和过程中，碱溶树脂溶解，因此会形成中空结构。根据光的折射原理，以这种乳液配制的涂料可明显提高涂膜对底材的遮盖性能。

本小节是采用两阶段聚合即种子乳液聚合的核壳结构技术，通过控制乳胶粒子形态结构来调节乳液各种性能，聚合工艺、体系黏度、两阶段单体用量配比、乳化剂、引发剂用量等因素均影响粒子形态结构。但是，这些因素的影响程度又随两阶段单体的亲水性及两阶段聚合物的相容性的不同而不同。

一、中空树脂的应用

1. 在建筑涂料中的应用

很久以前，人们就发现了若在建筑涂料中加入带有空气泡囊的颗粒状填料，或向涂料中加入某种溶剂，在成膜过程中会产生小气泡，可以大大提高涂膜的遮盖力。但是用这种方法所引入的气泡大小不一，且在涂膜中分布不均匀，且会增大涂膜孔隙率而影响其力学性能。近年来开发出的中空聚合物乳胶粒，是向涂膜中引入空气微泡的有效方法，微泡大小均一，在膜中分布均匀，且不增大涂膜的孔隙率，因此中空乳胶粒是一种制备高性能建筑涂料的有效遮盖物质。

中空乳胶粒外壳是聚合物，内部空腔是空气，由于壳聚合物及涂膜中的黏合剂和空气的折射率相差很大，会造成入射光的散射和折射。同时，由于中空乳胶粒具有球形的外表面及球形结构或结构不规则的内表面，会使入射光多向、多次反射，进而发生多次散射和折射，这种对入射光的多重累积作用，就赋予了涂膜非常优异的遮盖力，所以可以将其用作高性能的塑料颜料，用其所配制的建筑涂料遮盖力强、白度大、光泽度高及耐擦洗性好，可代替或部分代替价格昂贵的金红石钛白粉，配制出高档的建筑涂料，既提高了产品质量，又降低了成本，还可以使涂层轻质化，同时还可以赋予涂层隔热、阻尼等性能。

2. 在纸张涂布中的应用

按照配方把黏合剂、颜填料及其他助剂相混合即可配制成纸张涂布浆料，用辊涂、刮涂或气刀涂布等方法将其涂覆于灰板纸、箱板纸、白板纸或铜板纸的表面上，经过焙烘、压光等操作就加工成了涂布纸，通过涂布加工可以改善纸的外观和性能。过去所用的颜填料多为轻钙、瓷土、钛白粉等无机物。轻钙和瓷土遮盖效果较差，而钛白粉价格又太贵，且无机颜填料密度很大，会使涂布纸重量增加。

近年来，人们把中空聚合物乳胶粒作为塑料颜填料来部分代替无机颜填料，尤其是用来代替钛白粉，取得了良好的效果。中空乳胶粒的内部为空腔结构，故密度很低，且具有优异的遮光性能，同时由于中空乳胶粒的外壳多为热塑性聚合物，在高温压光时，在涂层表面上的乳胶粒会发生变形，因此用中空乳胶粒来作塑料颜填料可制得轻质涂布纸，其白度、不透明度、平滑度、光泽度、印刷光泽度、防潮性、耐磨性等性能都得到了明显提高，且可以降低成本。

3. 在皮革工业中的应用

以甲基丙烯酸甲酯和丙烯酸为单体进行乳液聚合并经过中空化处理，可以制成具有中空结构乳胶粒的聚合物乳液。其乳胶粒的外壳玻璃化温度很高，很坚硬，乳胶粒直径分布窄，球形性好，这种乳液在室温下不能成膜，在乳胶粒内充满了水，经干燥后，水分挥发，变为内充空气的中空乳胶粒。在皮革加工中，这种具有中空结构乳胶粒的聚合物乳液可用作皮革复鞣剂、皮革涂饰剂的添加剂及皮革消光剂等，可赋予皮革特殊的性能。

由于中空乳胶粒对入射光的散射、折射和反射作用，可使皮革具有白度大、丰满、有丝光感、色泽艳丽等特性。由于中空乳胶粒密度很小，故用其所加工的皮革质轻、柔软；由于坚硬、球形性好、粒度均一的乳胶粒在复鞣等皮革加工过程中填充于皮革纤维之间，聚合物空心微球在皮革内可以滑动或滚动，这样可以降低皮革的摩擦系数，因此就赋予了皮革制品粒面平细、滑爽、手感好等特殊功能。同时，由于选用了丙烯酸系单体来制备中空乳胶粒，故可使皮革制品的耐光老化性能得以提高。

4. 在生物医学领域中的应用

人们将药物封装到中空乳胶粒内，可以实现药物的缓释、控释；纳米级的中空乳胶粒还可以作为药物的传递系统，能把药物有效地传递到病灶部位；中空乳胶粒还可以用于生物大分子，如蛋白质、酶及核酸的微胶囊化，并进行迁移及释放，还可以用于基因疗法及制备人造血液等用途。在生物医学领域里中空乳胶粒具有广阔的应用前景。

5. 在其他方面的应用

除了上述用途之外，中空乳胶粒还可以用于水性油墨的配制，可赋予水性油墨大的遮盖力，丰满、鲜艳的印刷效果；可用于橡胶改性，能提高橡胶的抗撕裂性能和弯曲强度；可用作化妆品添加剂，能防止紫外线对人体造成的伤害，可保护人的皮肤和头发；可用作微型反应器，以制备无机或有机微粒子；可用作低密度、吸音、隔热复合材料的添加剂；可用作催化剂的载体；在原子能工业中，中空乳胶粒可用作惯性约束裂变燃料容器（靶丸）；在宇航工业中，中空乳胶粒可用作航天器抗紫外线涂料添加剂。另外，中空乳胶粒还可以用作胶片消光剂、情报信息材料等。目前人们正在致力于开拓中空乳胶粒更广阔的应用领域，展现出不可低估的应用前景。

二、学习目标

(1) 通过研究，熟悉中空苯丙乳液产品研制的基本方法和规律。

(2) 熟练掌握苯丙乳液聚合的实验方法和技巧。

(3) 充分利用所学的知识进行产品的研制，提高分析问题和解决问题的能力。

（4）通过组员的分工合作以及各小组之间的资源共享，发扬小组协作的团队精神。

（5）探索各种参数的变化对于中空苯丙乳液聚合过程及产品性能的影响。

（6）研制出性能优异的中空苯丙树脂微乳液产品。

三、技术关键

（1）乳/碱的影响。该乳液以碱溶树脂为核，硬、软单体为壳，因此碱溶树脂和纯乳液的组分质量决定了核/壳比例，同时也决定了核的大小和壳的厚度。不同的核/壳比影响着树脂的折光率，从而影响了其遮盖性能。

（2）在包壳反应阶段，滴加单体的速度应足够慢，使乳胶粒处于对单体的极度饥饿状态，在此情况下，单体加入速度低于聚合反应速率，壳单体一旦加入体系中并扩散到乳胶粒表面上或表面层，还没来得及向乳胶粒内部扩散，就已经在表面上发生了聚合反应，于是就制成了以羧基聚合物为乳胶粒内核的核壳聚合物乳液。

四、配方参数与配方形式

中空苯丙乳液由核组分（碱溶树脂）和壳组分（纯乳液）两部分构成，配方参数设计包括以下内容：

① 乳液总量。

② 含固量（%）。

③ 乳/碱。

④ MMA/St。

⑤ 核组分酸值（$S_{碱}$）。

⑥ 壳组分酸值（$S_{乳}$）。

⑦ 核组分玻璃化温度（$T_{g乳}$）。

⑧ 壳组分玻璃化温度（$T_{g碱}$）。

⑨ 链转移剂用量。

⑩ 乳化剂用量。

⑪ 引发剂用量。

⑫ 补引发剂用量。

配方形式：

① 水（　　）　乳化剂（　　）

② MAA（　　）　MMA（　　）　OA（　　）　链转移剂（　　）

③ 引发剂（10%）（　　）

④ St（　　）　MAA（　　）　MMA（　　）　OA（　　）

⑤ 补引发剂（1%）（　　）

⑥ 氨水（25%）（　　）

五、配方计算

配方参数的设计和计算可以在配方计算表（表 4-18）中进行。在上方输入数据后，表格下方自动生成配方。

表 4-18 中空树脂乳液配方参数设计与配方计算表

中空树脂	总量/g	200	$S_{核}$/(mgKOH/g)	180	$T_{g核}$/℃	80	乳化剂/%	2
	固/%	35	$S_{壳}$/(mgKOH/g)	30	$T_{g壳}$/℃	80	引发剂/g	1
	核/壳	1	MMA/St 壳	5	链转移剂/%	2	补引发剂/g	5
①	水/g	109.5	乳化剂/g	5.6				
②	链转移剂/g	0.7	MAA/g	9.7	MMA/g	21.6	OA/g	3.0
③	引发剂(10%)/g	1.0						
④	St/g	5.1	MAA/g	1.6	MMA/g	25.7	OA/g	2.6
⑤	补引发剂(1%)/g	5.0						
⑥	氨水/g	8.9						

配方的手动计算如下。

(1) 单体总量计算:

$$M=乳液总量×含固量$$

(2) 碱溶树脂组分的质量:

$$M_{碱}=\frac{M×乳/碱}{乳/碱+1}$$

(3) 乳液组分单体的质量:

$$M_{乳}=\frac{M}{乳/碱+1}$$

(4) 碱溶组分的配方计算:

根据碱溶组分的酸值,计算核组分 MAA 的用量

$$M_{MAA(碱)}=\frac{86.09×M_{碱}×S_{碱}}{56.1×1000}$$

计算碱溶组分中 OA 的用量

$$M_{OA(碱)}=\frac{188}{190}×\left(\frac{378-T_{g碱}}{T_{g碱}}M_{碱}+\frac{25}{403}M_{MAA(碱)}\right)$$

计算碱溶组分中 MMA 的用量

$$M_{MMA(碱)}=M_{碱}-M_{MAA(碱)}-M_{OA(碱)}$$

(5) 链转移剂用量:

$$M_{链转移剂}=M_{碱}×链转移剂用量(\%)$$

(6) 乳液组分的配方计算:

根据乳液组分的酸值,计算乳液组分 MAA 的用量

$$M_{MAA(乳)}=\frac{86.09×M_{乳}×S_{乳}}{56.1×1000}$$

计算乳液组分中 OA 的用量:

$$M_{OA(乳)}=\frac{188}{190}×\left(\frac{378-T_{g乳}}{T_{g乳}}M_{乳}+\frac{25}{403}M_{MAA(乳)}\right)$$

计算乳液组分中 St 和 MMA 的用量:

$$M_{St(乳)}=\frac{M_{乳}-M_{MAA(乳)}-M_{OA(乳)}}{MMA/St_{(乳)}+1}$$

$$M_{\text{MMA(乳)}} = \text{MMA/St}_{\text{(乳)}} \times M_{\text{St(乳)}}$$

（7）计算乳化剂用量：

$$M_{\text{乳化剂}} = \frac{\text{单体总量} \times \text{乳化剂用量}(\%)}{\text{乳化剂含量}(\%)}$$

（8）计算氨水用量：

$$M_{\text{氨水}} = \frac{(MAA_{\text{乳}} + MAA_{\text{碱}}) \times 17}{86.09 \times \text{氨水含量}(\%)}$$

（9）计算水用量：

$M_{\text{水}}$ ＝乳液总量－（单体总量＋引发剂＋补引发剂＋乳化剂＋氨水＋链转移剂）

计算过程中的得数保留两位小数，写入配方中的数值保留一位小数。

六、实验步骤

（1）安装实验装置，恒温水浴加热升温。

（2）称取乳化剂和水（组分①），溶解后加入三口瓶中。

（3）在150mL烧杯中称取组分②单体，加入100mL恒压滴液漏斗中。

（4）配制10％浓度的过硫酸铵溶液（组分③）。

（5）温度升温至80℃时，向三颈瓶中加入十分之一的组分②，搅拌2min后加入1g组分③，保温反应15min。

（6）滴加剩余的组分②，在1.5h左右加完。滴加完毕后保温30min。

（7）在150mL烧杯中称取组分④单体，加入100mL恒压滴液漏斗中。

（8）配制1％浓度的过硫酸铵溶液，取5g加入50mL恒压滴液漏斗中（组分⑤）。

（9）保温结束后加入十分之一组分④单体，2min后滴加组分⑤，组分⑤约5min加完，之后滴加组分④，约30min滴完，之后保温3h。

（10）降温至50℃以下，加入氨水（组分⑥）。

（11）加氨水调pH至8～9，出料、过滤。

（12）样品冷却至常温后，观察其透明性和流动性能，并使用涂-4杯黏度计测量样品的黏度。

第八节　三层中空树脂乳液合成

三层中空树脂乳液是在中空树脂乳液的基础上，为了进一步提高其各方面性能而研制的，其也是通过粒子设计制备得到的性能优异的乳液产品。它的乳胶粒粒子结构是以硬、软树脂为核，将碱溶树脂包覆其上，再以硬、软树脂包覆在碱溶树脂上。如图4-2所示，阴影部分为碱溶树脂部分，核及外壳为纯乳液部分。在后续中和过程中，碱溶树脂溶解，因此会形成三层中空的结构。根据光的折射原理，以这种乳液配制的涂料可明显提高涂膜对底材的遮盖性能。同时，由于三层中空用化学的方法将硬、软、碱溶树脂有机结合在一起，使得其各方面性能优于普通复配得到的涂料。

图4-2　三层中空苯丙乳胶粒结构

本节采用三阶段聚合即种子乳液聚合的核壳结构技术，通过控制乳胶粒子形态结构来调节乳液各种性能，聚合工艺、体系黏度、三阶段单体用量配比、乳化剂、引发剂用量等因素均影响粒子形态结构。但是，这些因素的影响程度又随三阶段单体的亲水性及三阶段聚合物的相容性不同而不同。

一、学习目标

(1) 通过研究，熟悉三层中空苯丙乳液产品研制的基本方法和规律。

(2) 熟练掌握苯丙乳液聚合的实验方法和技巧。

(3) 充分利用所学的知识进行产品的研制，提高分析问题和解决问题的能力。

(4) 通过组员的分工合作以及各小组之间的资源共享，发扬小组协作的团队精神。

(5) 探索各种参数的变化对于三层中空苯丙乳液聚合过程及产品性能的影响。

(6) 研制出性能优异的三层中空苯丙树脂微乳液产品。

二、技术关键

(1) 乳/碱及核/壳的影响。该乳液以硬、软树脂为核，将碱溶树脂包覆其上，再以硬、软树脂包覆在碱溶树脂上。乳/碱及核/壳决定了三层树脂的厚度比例，从而决定了各种乳液的质量比，进而影响其各项性能。

(2) 在包壳反应阶段，滴加单体的速度应足够慢，使乳胶粒处于对单体的极度饥饿状态，在此情况下，单体加入速度低于聚合反应速率，壳单体一旦加入体系中并扩散到乳胶粒表面上或表面层，还没来得及向乳胶粒内部扩散，就已经在表面上发生了聚合反应，于是就制成了以羧基聚合物为乳胶粒内核的核壳聚合物乳液。

三、配方参数与配方形式

三层中空苯丙乳液由核、壳组分（纯乳液）和中间层组分（碱溶树脂）三部分构成，配方参数设计包括以下内容：

① 乳液总量。

② 含固量（%）。

③ 乳/碱。

④ 核/壳。

⑤ $MMA/St_{(核)}$。

⑥ $MMA/St_{(壳)}$。

⑦ 核组分酸值（$S_核$）。

⑧ 壳组分酸值（$S_壳$）。

⑨ 碱溶组分酸值（$S_碱$）。

⑩ 核组分玻璃化温度（$T_{g核}$）。

⑪ 壳组分玻璃化温度（$T_{g壳}$）。

⑫ 碱溶组分玻璃化温度（$T_{g碱}$）。

⑬ 链转移剂用量。

⑭ 乳化剂用量。

⑮ 引发剂用量。

⑯ 补引发剂用量。

配方形式：

① 水（ ） 乳化剂（ ）

② St（ ） MAA（ ） MMA（ ） OA（ ）

③ 引发剂（10%）（ ）

④ MAA（ ） MMA（ ） OA（ ） 链转移剂（ ）

⑤ 补引发剂（1%）（ ）

⑥ St（ ） MAA（ ） MMA（ ） OA（ ）

⑦ 氨水（25%）（ ）

四、配方计算

配方参数的设计和计算可以在配方计算表（表 4-19）中进行，在表格上方输入配方参数，表格下方自动生成配方。

表 4-19 三层中空树脂乳液配方参数设计与配方计算表

三层中空树脂	总量/g	200	MMA/St$_核$	6	$T_{g核}$/℃	100	链转移剂/%	0
	固/%	40	MMA/St$_壳$	4	$T_{g壳}$/℃	−3	乳化剂/%	1
	核/壳	1.5	$S_核$	40	$T_{g碱}$/℃	85	引发剂/g	1
	乳/碱	1.5	$S_壳$	27	$S_碱$/(mgKOH/g)	215	补引发剂/g	5
①	水/g	100.4	乳化剂/g	3.2				
②	St/g	3.8	MAA/g	1.8	MMA/g	22.7	OA/g	0.5
③	引发剂(10%)/g	1.0						
④	链转移剂/g	0.00	MAA/g	10.6	MMA/g	19.0	OA/g	2.4
⑤	补引发剂(1%)/g	5.0						
⑥	St/g	2.2	MAA/g	0.8	MMA/g	8.6	OA/g	7.6
⑦	氨水(25%)/g	10.4						

配方的手动计算如下。

（1）单体总量计算：

$$M = 乳液总量 \times 含固量$$

（2）碱溶树脂组分的质量：

$$M_壳 = \frac{M \times 核/壳}{核/壳 + 1}$$

（3）乳液组分单体的质量：

$$M_乳 = \frac{M}{乳/碱 + 1}$$

（4）碱溶组分的配方计算：

根据碱溶组分的酸值，计算核组分 MAA 的用量

$$M_{MAA(碱)} = \frac{86.09 \times M_碱 \times S_碱}{56.1 \times 1000}$$

计算碱溶组分中 OA 的用量

$$M_{OA(碱)} = \frac{188}{190} \times \left(\frac{378 - T_{g碱}}{T_{g碱}} M_{碱} + \frac{25}{403} M_{MAA(碱)} \right)$$

计算碱溶组分中 MMA 的用量

$$M_{MMA(碱)} = M_{碱} - M_{MAA(碱)} - M_{OA(碱)}$$

（5）链转移剂用量：

$$M_{链转移剂} = M_{碱} \times 链转移剂用量（\%）$$

（6）乳液组分的配方计算：

壳组分的质量

$$M_{壳} = \frac{M_{乳} \times 核/壳}{核/壳 + 1}$$

根据壳组分的酸值，计算壳组分 MAA 的用量

$$M_{MAA(壳)} = \frac{86.09 \times M_{壳} \times S_{壳}}{56.1 \times 1000}$$

计算壳组分中 OA 的用量

$$M_{OA(壳)} = \frac{188}{190} \times \left(\frac{378 - T_{g壳}}{T_{g壳}} M_{壳} + \frac{25}{403} M_{MAA(壳)} \right)$$

计算壳组分中 St 和 MMA 的用量

$$M_{St(壳)} = \frac{M_{壳} - M_{MAA(壳)} - M_{OA(壳)}}{MMA/St_{壳} + 1}$$

$$M_{MMA(壳)} = MMA/St_{壳} \times M_{St(壳)}$$

核组分的质量

$$M_{核} = \frac{M_{乳}}{核/壳 + 1}$$

根据核组分的酸值，计算核组分 MAA 的用量

$$M_{MAA(核)} = \frac{86.09 \times M_{核} \times S_{核}}{56.1 \times 1000}$$

计算核组分中 OA 的用量

$$M_{OA(核)} = \frac{188}{190} \times \left(\frac{378 - T_{g核}}{T_{g核}} M_{核} + \frac{25}{403} M_{MAA(核)} \right)$$

计算核组分中 St 和 MMA 的用量

$$M_{St(核)} = \frac{M_{核} - M_{MAA(核)} - M_{OA(核)}}{MMA/St_{核} + 1}$$

$$M_{MMA(核)} = MMA/St_{核} \times M_{St(核)}$$

（7）计算乳化剂用量：

$$M_{乳化剂} = \frac{单体总量 \times 乳化剂用量（\%）}{乳化剂含量（\%）}$$

（8）计算氨水用量：

$$M_{氨水} = \frac{(MAA_{核} + MAA_{壳} + MAA_{碱}) \times 17}{86.09 \times 氨水含量（\%）}$$

（9）计算水用量：

$M_水$＝乳液总量－（单体总量＋引发剂＋补引发剂＋乳化剂＋氨水＋链转移剂）

计算过程中的得数保留两位小数，写入配方中的数值保留一位小数。

五、实验步骤

（1）安装实验装置，恒温水浴加热升温。

（2）称取乳化剂和水（组分①），溶解后加入三口瓶中。

（3）在150mL烧杯中称取组分②单体，加入100mL恒压滴液漏斗中。

（4）配制10％浓度的过硫酸铵溶液（组分③）。

（5）温度升温至80℃时，向三颈瓶中加入十分之一的组分②，搅拌2min后加入1g组分③，保温反应15min。

（6）滴加剩余的组分②，在1h左右加完。滴加完毕后保温40min。

（7）在150mL烧杯中称取组分④单体，加入100mL恒压滴液漏斗中。

（8）配制1％浓度的过硫酸铵溶液，取5g加入50mL恒压滴液漏斗中（组分⑤）。

（9）保温结束后加入十分之一组分④单体，两分钟后滴加组分⑤，组分⑤约5min加完，之后滴加组分④，约30min滴完。滴加完毕后保温40min。

（10）向三颈瓶中加入十分之一的组分⑥，保温反应15min。滴加剩余的组分⑥，在30min左右加完。之后保温3h。

（11）降温至50℃以下，加入氨水（组分⑦）。

（12）加氨水调pH至8～9，出料、过滤。

（13）样品冷却至常温后，观察其透明性和流动性能，并使用涂-4杯黏度计测量样品的黏度。

第五章
丙烯酸树脂乳液性能研究

制备乳液聚合物是丙烯酸酯的最大用途。当进行乳液聚合时，水、单体、表面活性剂、引发剂等是混合起来使用的。各种单体的用量决定了乳液的玻璃化温度、酸值、黏度等特性。而聚丙烯酸酯乳液的性能对最终涂料的性能起着决定性作用。因此。本章着重从设计乳液的参数来阐述如何实现对涂料涂膜的性能设计和控制。

第四章我们学习了通过设计参数来制备各种树脂。在本章，主要是学习通过所制的树脂，调配成产品，制作涂膜，研究各种参数对涂膜的影响，从而实现对产品涂膜的性能设计和控制。通过本章的学习，学生应具备能从产品的性能要求出发，设计并研制出合格产品的基本能力。

第一节 概　　述

以丙烯酸酯、甲基丙烯酸酯及苯乙烯等乙烯基类单体为主要原料合成的共聚物称为丙烯酸树脂，以其为成膜基料的涂料称作丙烯酸树脂涂料。该类涂料具有色浅、保色、保光、耐候、耐腐蚀和耐污染等优点，使用温度范围宽，已广泛应用于汽车、飞机、机械、电子、家具、建筑、皮革涂饰、造纸、印染、木材加工、工业塑料及日用品的涂饰。

从组成上分，丙烯酸烯树脂包括：纯丙树脂、苯丙树脂、硅丙树脂、醋丙树脂、氟丙树脂、叔丙（叔碳酸酯-丙烯酸酯）树脂等。

从涂料剂型上分，主要有：溶剂型涂料、水性涂料、高固体组分涂料和粉末涂料。

涂料用丙烯酸树脂也经常按其成膜特性分为：热塑性丙烯酸树脂和热固性丙烯酸树脂。

一、单体共聚的目的

丙烯酸类及甲基丙烯酸类单体是合成丙烯酸树脂的重要单体。该类单体品种多，用途广，活性适中，可均聚也可与其他许多单体共聚。

例如均聚物难满足成膜物要求：PMMA 太脆；聚丙烯酸丁酯太软、黏，可做黏合剂，不宜作涂料。二者共聚物最常用，称为纯丙涂料。

共聚目的：

（1）改进树脂的 T_g；

（2）调节树脂极性、溶解性、机械力学性能，如丙烯酸、甲基丙烯酸可改进漆膜与底材的附着力；

（3）引进官能团，用以和交联剂反应形成交联结构，主要功能单体有：丙烯酸羟乙酯（羟丙酯），N-羟甲基丙烯酰胺，引入—OH；丙烯酸，甲基丙烯酸，亚甲基丁二酸，引入—COOH，使共聚物成为水溶性，改进树脂附着力，与有关交联剂发生反应。所以，应共聚涂膜的使用要求，选择合适的单体对共聚物进行分子设计并通过实验，研制符合要求的涂料用树脂。单体对涂膜性能的影响，见表 4-2。

二、丙烯酸树脂的配方设计

丙烯酸树脂及其涂料应用范围很广，如可用于金属、塑料及木材等基材。其配方设计是非常复杂的。基本原则是：

（1）首先要针对不同基材和产品确定树脂配方类型：纯乳液、纯丙乳液、微乳液、核壳乳液、中空树脂、普通乳液等；

（2）然后根据性能要求确定配方参数：玻璃化温度（T_g）、酸值、MMA/St 比值、带官能团单体的选择和用量、TPGDA 或 TMPTA 单体的选择和用量等；

（3）最终通过实验进行检验、修正，以确定最佳的产品工艺和配方。其中单体的选择是配方设计的核心内容。

1. 单体的选择

为方便应用，通常将聚合单体分为硬单体、软单体和功能单体三大类。

甲基丙烯酸甲酯（MMA）、苯乙烯（St）是最常用的硬单体；

丙烯酸丁酯（BA）、丙烯酸异辛酯（OA）为最常用的软单体。

长链的丙烯酸及甲基丙烯酸酯（如月桂酯、十八烷酯）具有较好的耐醇性和耐水性。

功能性单体有含羟基的丙烯酸羟乙酯（HEA）和丙烯酸羟丙酯（HPA），含羧基的单体有丙烯酸（AA）和甲基丙烯酸（MAA）。

其他功能单体有：丙烯酰胺（AAM）、羟甲基丙烯酰胺（NMA）等。

多官能团单体有三缩丙二醇二丙烯酸酯（TPGDA）、三羟甲基丙烷三丙烯酸酯（TMPTA）。

功能单体的用量一般控制在 1%～6%，不能太多，否则可能会影响树脂或成漆的储存稳定性。

含羧基的单体引入羧基可以改善树脂的亲水性和对颜、填料的润湿性及对基材的附着力。

合成羟基型丙烯酸树脂时羟基单体的种类和用量对树脂性能有重要影响。

另外，通过羟基型链转移剂（如巯基乙醇）可以在大分子链端引入羟基，改善羟基分布，提高硬度，并使分子量分布变窄，降低体系黏度。

为提高耐乙醇性要引入苯乙烯、丙烯腈及甲基丙烯酸的高级烷基酯，降低酯基含量。可以考虑二者并用，以平衡耐候性和耐乙醇性。甲基丙烯酸的高级烷基酯有甲基丙烯酸月桂酯、甲基丙烯酸十八醇酯等。

涂料用苯丙树脂常为共聚物，选择单体时必须考虑他们的共聚活性。

2. T_g 的设计

玻璃化温度反映无定型聚合物由脆性的玻璃态转变为高弹态的转变温度。不同用途的涂料，其树脂的玻璃化温度相差很大。外墙漆用的弹性乳液 T_g 一般低于 -10℃，北方应更低一些；而热塑性塑料漆用树脂的一般高于 60℃，交联型丙烯酸树脂的一般在 -20～400℃。

玻璃化温度的设计常用 FOX 公式：

$$\frac{1}{T_g} = \frac{w_1}{T_{g1}} + \frac{w_2}{T_{g2}} + \cdots + \frac{w_i}{T_{gi}}$$

式中　　w_i——第 i 种单体的质量分数；

T_{gi}——第 i 种单体对应均聚物的玻璃化温度，单位用 K。

该公式计算值有一定参考价值，但其准确度和单体组成有关，并不确定。

3. 树脂极性的设计

根据涂料产品的用途，需要设计合成不同极性的树脂。例如用于塑料基材的涂料产品，需要低极性的树脂；用于金属基材的涂料产品，需要高极性的树脂。

涂料配方组成中，软树脂、硬树脂和碱溶树脂之间的组合搭配也要考虑各种树脂的极性，用于不同涂料产品的搭配，对于各自的极性有不同的要求。

影响树脂极性的参数为酸值（S）和 MMA/St 比值，这两个参数的数值越高，树脂的极性越大。

4. 分子量调节剂

为了调控碱溶树脂的分子量，就需要加入分子量调节剂（或称为黏度调节剂、链转移剂）。现在常用的品种为硫醇类化合物。如正十二烷基硫醇，仲十二烷基硫醇，叔十二烷基硫醇，巯基乙醇，巯基乙酸等。

巯基乙醇在转移后再引发时可在大分子链上引入羟基，减少羟基型丙烯酸树脂合成中羟基单体用量。

硫醇一般带有臭味，其残余将影响感官评价，因此其用量要很好地控制。目前，也有一些低气味转移剂可以选择，如甲基苯乙烯的二聚体。另外根据聚合度控制原理，通过提高引发剂用量也可以对分子量起到一定的调控作用。

三、水性丙烯酸树脂的应用

水性丙烯酸树脂涂料是水性涂料中发展最快、品种最多的无污染型涂料。包括：丙烯酸树脂乳液和碱溶性丙烯酸树脂。

丙烯酸乳液主要用于乳胶漆的基料，在建筑涂料市场占有重要的地位，目前其应用还在不断扩大；近年来丙烯酸树脂水分散体的开发、应用日益引起人们的重视，在工业涂料、民用涂料领域的应用不断拓展。根据单体组成通常分为纯丙乳液、苯丙乳液、醋丙乳液、硅丙乳液、叔醋（叔碳酸酯-乙酸乙烯酯）乳液、叔丙（叔碳酸酯-丙烯酸酯）乳液等。

丙烯酸树脂是重要的涂料工业用成膜物质，其今后的发展仍将呈加速增长趋势。其中水性丙烯酸树脂（包括乳液型和水可稀释型）的研究、开发、生产及应用将更加受到重视，要加强核壳结构、互穿网络结构乳液的研究；高固体分丙烯酸树脂和粉末涂料用丙烯酸树脂也将占有一定的市场份额；同时，氟、硅单体改性、聚氨酯改性、环氧树脂改性以及醇酸树脂改性的丙烯酸树脂在一些高端及特殊领域的应用会得到进一步推广。

第二节　丙烯酸树脂乳液成膜性能研究方法

为了达到形成涂膜的目的，聚合物链必须具有流动性。涂膜通常由聚合物溶液或分散液制备而成，但也可以用聚合物熔融液涂布获得。由溶液形成涂膜的机理，与从分散液形成涂膜的机理有根本性的区别。从溶液形成薄膜是通过溶剂的蒸发进行，因此，聚合物链距离越来越近，甚至直接接触。溶剂的增塑效应使薄膜具有足够的弹性而不产生破裂。有时候，可外加增塑剂来改变最终涂膜的性能。

水分散体中含有的是聚合物乳胶颗粒，而不是溶解的单个聚合物分子。随着水的蒸发，单个的粒子相互靠近。但不产生相互间的渗透。只有当粒子发生碰撞，并且聚介物球粒具有足够的弹性时，粒子由于表面张力的作用发生合并，从而形成均匀的涂膜（图 5-1）。

粒子的聚结取决于聚合物本身、配方和工艺参数。乳液成膜主要关注的特性是玻璃化温度和分散粒子的粒径。涂膜开始形成的温度即最低涂膜形成温度，是分散液的特性参数。当然，加入增塑剂可使其发生改变。分散相粒子的大小对涂膜形成过程的粒子聚结，具有重要的影响。

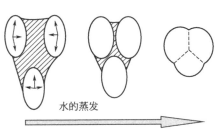

水的蒸发

图 5-1　水分散体成膜示意图

一般的涂膜产品是由硬树脂、软树脂和碱溶树脂共同调配而成的。其中软树脂提供成膜作用；硬树脂提供涂膜的强度、光泽性等作用；碱溶树脂提供配方的黏度、流平性、慢干性等作用。较为重要的参数设计体现在乳液的玻璃化温度、酸值、单体比例以及链转移剂用量等数值上。本节我们将分别研究硬树脂、软树脂和碱溶树脂的各种参数对树脂成膜性能的影响，以期掌握乳液设计的一般性规律，为今后涂料产品的开发打下基础。

一、样品配方的设计与调配

1. 样品配方的设计

为了探索丙烯酸树脂乳液某一参数的变化对涂膜性能的影响，首先要在确定其余参数的前提下，设计一组改变待考察参数的乳液配方。制备出树脂乳液之后，选择另外两种能够与之配合成膜的树脂，按照设定的配方参数进行配方调配，将调配好的配方样品分别在纸板和玻璃上涂膜。待涂膜完全干燥成膜之后，测试涂膜的各种性能。

例如，考察硬树脂酸值变化对涂膜性能的影响，可以按照计算表（表 5-1）进行实验设计。

表 5-1　硬树脂酸值（S）对涂膜性能的影响

M	硬树脂	含固量/%	35	$T_{g乳}$/℃	-20	MMA/St	1
4		S/(mgKOH/g)	0	10	20	30	40
	配方参数	T_g/℃	5	5	5	5	5
软树脂		碱溶树脂	15	15	15	15	15
		成膜助剂/%	0	0	0	0	0
含固量/%		$M_{软}$/g	2.41	2.41	2.41	2.41	2.41
35	配方	$M_{硬}$/g	0.99	0.99	0.99	0.99	0.99
T_g/℃		$M_{碱}$/g	0.60	0.60	0.60	0.60	0.60
80		成膜助剂/g	0.00	0.00	0.00	0.00	0.00

续表

S/(mgKOH/g)		光泽度(60°)/(°)				
20		硬度/(6B~6H)				
MMA/St		耐湿擦/次				
2		最低成膜温度/℃				
碱溶树脂		耐磨/次				
		附着力/(0~5级)				
含固量/%	涂膜性能	干燥时间/s				
30		润湿时间/s				
$T_{g碱}$/℃		耐水/min				
20		耐酸/min				
S/(mgKOH/g)		耐碱/min				
160		耐乙醇/次				
链转移剂/%		耐高温/℃				
1		摩擦系数				

表 5-1 用法说明：

（1）左上角的 M 值表示调配的配方样品总量为 $M=4\mathrm{g}$，可以根据三种树脂乳液的余量多少以及计划调配配方的次数，调整 M 值的大小。

（2）计算表上部和左侧是硬树脂、软树脂及碱溶树脂的配方参数，分别按照所选用的树脂配方参数输入。其中，硬树脂选择酸值不同、其他参数相同的五个样品。

（3）配方参数是指所调配的配方的性能指标参数，包括涂膜的玻璃化温度、碱溶树脂在配方中的比例和成膜助剂的用量。

（4）配方一栏是在配方参数输入之后自动计算出来的样品配方。

（5）涂膜性能是考察所调配方涂膜后的一些性能指标，逐项测试之后填入表中，是项目研究的基本数据。

其他计算表的用法和表 5-1 基本相同。

2. 涂料配方参数说明

表 5-1 中所调配的配方的性能指标参数，包括涂膜的玻璃化温度、碱溶树脂在配方中的比例和成膜助剂的用量。

（1）涂膜的玻璃化温度　涂料用丙烯酸树脂属高聚物，其运动具有两重性，即链段运动和整个分子链运动。且兼有固体的弹性与液体的黏弹性。玻璃化温度（T_g）是链段能运动的最低温度，其高低与分子链的柔性有直接关系，分子链柔性越大，玻璃化温度就低；分子链刚性大，玻璃化温度就高。对于涂料制品，由于在玻璃化温度以上涂膜就会变软，故通常在玻璃化温度以下使用。所以希望在使用时玻璃化温度高些。T_g 的重要性主要表现在以下几个方面：

① 设计涂料的配方，一旦根据涂料品种、性能和特殊性能等综合要求，确定了样品的 T_g 后，就基本上确定了各种树脂的用量，也就决定了涂料的性能。

② 涂料的 T_g 值决定了其涂膜的硬度和抗划伤性。T_g 值越高则涂膜越硬（但要注意涂膜不能脆，制漆时要调整），抗划伤性越强；反之，T_g 值越低，其涂膜硬度越低，其抗划

伤能力越差。在夏天温度较高时涂膜容易变软，回黏，易受污染。这是 T_g 值高低对涂膜硬度和抗划伤力最直观的影响规律。

③ 涂料的 T_g 越高，制漆后涂膜干率越好；反之，T_g 低，树脂制漆后干率越差。

④ 涂料的 T_g 越高，其涂料的溶剂释放性越好；反之，T_g 越低，其溶剂的释放性越差。

⑤ 涂料的 T_g 值越高，涂膜耐溶剂、耐腐蚀性越好；反之，涂料的 T_g 值越低，其涂膜耐腐蚀性、耐溶剂性越差。

所以，在涂料诸多技术指标中，T_g 值对涂膜性能的影响是比较大的一个技术指标，所以必须设计合理、选择正确。

（2）碱溶树脂在配方中的比例的影响

① 影响样品的黏度，碱溶树脂比例越高，样品的黏度越大。

② 影响样品在底材上的润湿和流平，碱溶树脂比例过低，润湿和流平不好；比例过高，样品黏度增大，也会影响流平性能。

③ 影响涂膜的干燥时间，碱溶树脂比例越高，涂膜的干燥速度越慢。

④ 碱溶树脂的用量对涂膜的各种性能都会产生影响。

（3）成膜助剂的用量　成膜助剂的作用是保证成膜，能不加就不加，能少加就少加。

3.配方的调配

按照计算表中的配方准确称料，首先把硬树脂和软树脂混合好，一边搅拌一边加入碱溶树脂。如果碱溶树脂是没有中和的，在加入碱溶树脂之后，一边搅拌一边加入氨水中和。在加入成膜助剂的时候，也要一边搅拌一边加入，因为成膜助剂的用量比较少，最好是用减量法，把计算量的成膜助剂吸入塑料滴管中，再在搅拌下加入配方样品中。

二、涂膜的制备

样品调配好之后，用线棒分别在纸板上和玻璃板上涂膜。线棒制膜的示意图如图 5-2 所示。

涂料涂装后，涂膜会存在一系列相互平行的条带，但涂膜的表面张力会将这些条带拉平，得到平整的湿膜，然后在室温或烘烤下干燥成膜。湿的涂膜的厚度由绕线棒上缠绕的金属丝的直径决定。试验中根据需要的厚度，选择不同型号的线棒进行涂装。在制膜的时候，要尽量保持每一次制膜操作的一致性。涂

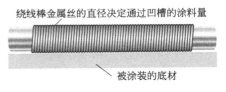

图 5-2　线棒制膜示意图

装完后，晾干涂膜直至涂膜达到实干。然后进行各个考察项目的测试。

三、涂膜性能的测试

（一）铅笔硬度测定法

硬度是表示涂层机械强度的重要性能之一，其物理意义可理解为涂层被另一种更硬的物体穿入时所表现的阻力。涂层硬度与涂料品种及涂层的固化程度有关。油性涂料及醇酸树脂涂料的涂层硬度较低，而合成树脂涂料的硬度较高。在一些固化剂固化型的涂料中，涂层硬度还与固化剂的使用量有关，大多数情况下提高固化剂的比例，涂层的硬度增加，与此同时，涂层的柔韧性、耐冲击性等性能则随之下降。此外，涂层的固化程度也直接影响其硬度

值，即硬度由小到大是涂层在干燥过程中时间的函数，完全干燥的涂层，才具有其特定的最高硬度。一些自干型涂料，若能在适当的温度烘烤，亦能在一定程度上提高涂层硬度。

涂层硬度的测试可以采用铅笔硬度测定法。

铅笔硬度测定法系采用一套已知硬度的绘图铅笔芯来进行漆膜硬度的测定。漆膜硬度可由能够穿透漆膜而达到底材的铅笔硬度等级来表示。如采用一组中华牌高级绘图铅笔，其硬度等级为 6H、5H、4H、3H、2H、H、HB、B、2B、3B、4B、5B、6B，其中以 6H 为最硬，6B 为最软，由 6H 到 6B 硬度递减，两相邻笔芯之间的硬度等级差视为一个硬度单位。操作方法可采用手工方法或仪器试验方法，采用手工方法对不同的操作者可能会得到不同的结果，故作为仲裁试验应采用仪器试验方法。

测试用的铅笔应用削笔刀将其削到露出柱形笔芯 $5\sim6mm$（切不可松动或削伤铅芯），握住铅笔使其与 No.400 砂纸面成 $90°$，在砂纸上不停划圈，以摩擦铅芯端面，直至获得端面平整、边缘锐利的笔端为止（边缘不得有破碎或缺口）。铅笔每使用一次后要旋转 $180°$ 再用，或者重磨后再用。

1. 手工操作

手工操作的测试方法如图 5-3 所示，把涂漆试样固定于水平面上，用手握住铅笔，铅笔与被检漆膜表面保持 $45°$ 角，推进速度约 $3mm/s$，推力要保持均匀，用力以不折断铅芯为限（此力大小或使铅笔端缘破碎，或划伤漆膜）。从最硬的铅笔开始每级铅笔划五道 $3mm$ 的痕，直至找出都不划伤漆膜的铅笔为止，该铅笔的硬度即代表所测漆膜的铅笔硬度。

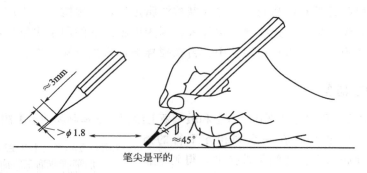

图 5-3　手工试验示意图

2. 仪器试验

把涂漆试样置于试验仪的试件台上，涂漆面朝上，把通过试验仪砝码重心的垂线调节到通过铅笔端与漆膜交点，把已削好的铅笔装入铅笔夹使其与漆膜成 $45°$ 角，用平衡砝码把铅笔上的负荷调到使铅笔刚好接触试样，拧紧止动螺钉，使铅笔端离开漆膜表面，在砝码台上加上 $(1\pm0.05)kg$ 的砝码，松开止动螺钉，以便铅笔端与漆膜接触。摇动试验台的移动摇臂，使试样与铅笔端反向移动 $3mm$，移动速度约 $0.5mm/s$。然后拧紧止动螺钉，转动铅笔 $180°$（保证笔端面无损伤）并变换试样位置，依次划出五道痕，用此方法（见图 5-4）从最硬的铅笔开始测试，并相继换上低一级的铅笔，直至找出五道痕中

图 5-4　铅笔硬度试验仪

只有一次划伤漆膜的铅笔，以其下一级铅笔代表所测漆膜的铅笔硬度。如未划伤漆膜，则以此级的铅笔代表所测漆膜的铅笔硬度。

（二）光泽度测量方法

光泽度是涂层表面把投射在其上的光线向一个方向反射出去的能力。反射率越高，则其光泽度就越高。涂层光泽度是鉴别涂层外观质量的一个主要性能指标。不同产品对涂层光泽度的要求是不同的，如高级轿车需要涂层光泽度越高越好，而一些光学仪器、军用器械和地面伪装设施等则要求平光和无涂层。光泽按照其光泽度的高低可以分为高光泽、半光或中等光泽等，其光泽范围见表5-2。

表 5-2　涂层光泽的分类

光泽的区分	高光泽	半光	蛋壳光	平光	无光
光泽度/%	70 以上	30～70	6～30	2～6	2 以下

光泽度是根据 60°光泽计测得的。

涂层光泽度不仅与所用涂料有关，而且还与涂装施工质量有关。施工得当的涂层表面比较平整光滑，对光线的反射率高，而有流挂、针孔、桔纹及黏附有杂质的比较粗糙的涂层表面对光线的反射率就较低，见图 5-5。涂层光泽度一般采用光泽计测量，其结果以从涂层表面来的正反射光量与在同一条件下从标准表面来的正反射光量之比的百分数表示。所以涂层光泽度一般是指与标准板光泽的相对比较值。

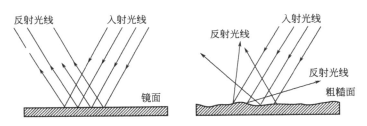

图 5-5　不同表面的光反射示意图

涂层光泽的测试一般分为校准和测试两个过程。以 GZ-1 型光电光泽计为例，其测试过程为：

① 开机，按动开/关机键，显示屏显示，仪器开机；

② 定标，将仪器放在标准板盒上，注意将仪器上的指示点对准标准板，利用标准板对光泽度仪进行校准；

③ 测量，将仪器放置于被测物上，物体表面光泽度会显示在光泽度仪显示屏上，记录数据，连续测量三次，求取光泽平均值；

④ 关机，按动开/关机键。

各测量点读数与平均值之差不应大于平均值的 5％，结果取三点读数的算术平均值。每测定五块样板后，用标准板校对一次。标准板宜用镜头纸或绒布擦，以免损伤镜面。标准板不用时，应存放在密闭的容器内。要保持清洁，以防止划伤或损坏其表面及灰尘落在上面，绝对不允许将标准面朝下放在可能是脏的或有磨损作用的表面上。每次使用时都握住标准件的边缘，以免人皮肤上的油污玷污标准面。清洗标准板要用温水和淡的洗涤剂溶液，用软刷子慢慢地刷洗（不要用肥皂溶液清洗标准板，因为肥皂可能会在表面留下一层膜）。用流动的热水（≤65℃）冲洗标准板，以除去洗涤剂溶液，接着用蒸馏水做最后的清洗，然后置于适当温度的烘箱内干燥。

（三）涂膜摩擦系数的测定

摩擦系数是涂料功能性能的基本数据，涂膜摩擦性能的表征主要是基于摩擦力学的基本

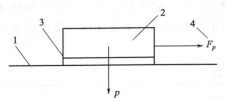

图 5-6　平面滑动法测定摩擦系数
原理示意图
1—涂膜；2—负荷（p）；3—橡皮层；
4—牵引力（F_p）

原理，即测定载荷在涂膜上滑动所需要的最小力，进而计算出摩擦系数。

摩擦系数的测定方法很多，但常用的主要是平面滑动法和倾角法两种。一般测定的是静摩擦系数。

1. 平面滑动法

平面滑动法又称平面牵引法，测试的原理如图 5-6 所示，测试装置如图 5-7 所示。在水平放置的待测涂膜上放上负荷（滑块），测定使滑块开始移动的最小的力，由正压力 p 和施加的最小移动力 F_p，按 $\mu = F_p/p$ 计算摩擦系数 μ。

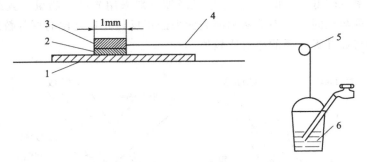

图 5-7　平面滑动法测定涂膜防滑性的滑移试验装置示意图
1—样板；2—传送带；3—滑块；4—钢丝绳；5—滑轮；6—盛水容器

2. 倾角法

倾角法又称斜板法。该法将一个固定质量为 W 的滑块（也可以衬橡胶层）放置在被测防滑涂膜上，当涂膜倾斜至某个角度时，滑块开始滑动，如图 5-8（a）所示。由倾斜角 θ 可以计算出两个接触面的摩擦系数。即：

$$\mu = \frac{F}{p} = \tan\theta$$

从上式可见，在给定的条件下摩擦系数 μ 只与倾斜角度 θ 的正切有关。该法在比较不同条件下的防滑性时相当有用。倾角仪的结构如图 5-8（b）所示。试验时，将涂膜样板置于试板架上，加上载荷后调节倾斜角度，使得载荷恰好开始滑动时为止，记录开始滑动时的角度 θ，并按公式 $\mu = \tan\theta$ 计算摩擦系数。可以通过在试板的不同部位多次测定，结果取算术平均值。试验用荷载可根据具体情况和需要测定材料的材质而定。

（四）耐水性测试方法

涂层耐水性的好坏与成膜树脂所含极性基团、颜填料、助剂等的水溶性有关，也受被涂

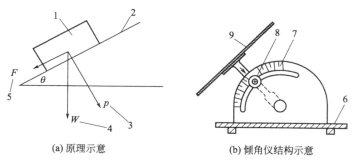

(a) 原理示意　　　　　　　(b) 倾角仪结构示意

图 5-8　倾角法测定摩擦系数的原理和倾角测试仪示意

1—滑块；2—防滑涂膜；3—垂直于倾斜面的压力 p；4—滑块的重力 W；5—平行丁；
6—底座；7—标尺；8—角度调节阀；9—试板架

物表面处理方式、程度和涂层的干燥条件等因素影响。

目前常用的耐水性测定方法有：常温浸水试验法［GB/T 1733—1993，水温为（23±2）℃］，浸沸水试验法（GB/T 1733—1993），加速耐水试验法（GB 5209—1985，ISO 1521—1973）等。

1. 常温浸水试验

在玻璃水槽中加入蒸馏水或去离子水，调节水温至规定温度，并在整个试验过程中保持该温度，将三块试板放入其中，每块试板 2/3 浸泡于水中至规定时间后取出，用滤纸吸干，检查有无失光、变色、起泡、起皱、脱落、生锈等现象和恢复时间，三块试板中至少有两块试板符合产品标准规定则为合格。

2. 耐沸水试验

在玻璃水槽中加入蒸馏水或去离子水，保持水处于沸腾状态，将三块试板放入其中，每块试板 2/3 浸泡于水中至规定时间后取出，依前述方法检查和评定试板。

3. 加速耐水试验

GB 5209—1985（参照国际标准 ISO 1521—1973）制订的色漆和清漆耐水性的测定——浸水法，是在适宜大小（合适尺寸为 700mm×400mm×400mm），配有盖子和恒温加热系统的水槽中进行。槽中加入电导率小于 2μs/cm 的蒸馏水或去离子水，水的搅拌系统采用无油压缩空气或泵循环搅拌，各点水温恒定在（40±1）℃，将尺寸为 150mm×700mm×（0.5～1.2）mm，背面和边缘进行适当保护的试板放入槽中，保持样板 3/4 浸泡于水中，然后开始槽内水的循环或通气。调节水温为（40±1）℃并在整个试验过程中保持该温度。定期取样检查并调整槽中水的电导率，使其不大于 2μs/cm。

在规定的试验周期结束时，将试板从槽中取出，用滤纸吸干水迹即可检查破坏情况。在检查涂层试验后的附着力降低、变脆、变色、失光、锈污等指标时，应将试板移入恒温室内［温度为（25±1）℃，相对湿度为（60～70）％］放置24h后检查，用非腐蚀性脱漆剂仔细地在试板表面上除去一层 150mm×30mm 的涂层，暴露出底材并检查暴露出来的金属腐蚀现象，为了便于参照，暴露部分应用适宜的透明涂料进行保护。

将涂膜样板四周用蜡密封。向槽中加入足够量的符合要求的去离子水，保持样板四分之三浸泡于水中，然后开始计时。调节水温为（40±1）℃，并在整个试验过程中保持这个温度，直至涂膜泛白脱落为止，停止计时。

（五）附着力测试方法

附着力是指涂层与被涂物表面之间或涂层与涂层之间相互结合的能力。良好的附着力对被涂产品的防护效果是至关重要的，一种涂料产品的其他性能无论多么优异，但如果与被涂物表面的结合力太差，或者是因施工不当而造成涂层在产品的运输或使用过程中过早脱落，也就谈不上有什么防护效果了。

涂层附着力的好坏取决于两个关键因素：一是涂层与被涂物表面的结合力，二是涂装施工质量尤其是表面处理的质量。

此外，不同的基材对涂层附着力的影响也甚为明显，一般来说，涂层在钢铁上的附着力要优于铝合金、不锈钢及镀锌工件上的附着力，故后者在进行涂装体系的设计时，要特别注重底漆的选择。

涂层与被涂物面间的结合可分为三种类型：化学结合、机械结合和极性结合。其结合通常是某两种或三种结合方式同时发挥作用使涂层黏附在物体表面。化学结合发生在涂层与底材表面，即涂料中的某些成分与底材表面发生了化学反应。典型的例子是磷化底漆和铬酸盐底漆与金属表面的结合，前者兼具磷化处理和金属钝化的双重作用，后者亦依赖铬酸盐中离解出的 CrO_4^- 对金属进行阳极钝化，特别是用于非铁（有色）金属表面，对于提高涂层附着力有着明显效果。机械结合效果与基体表面粗糙度有关，粗糙的表面将导致涂料与被涂物体的接触面积增加，从而增强附着力。极性结合是由于涂膜中聚合物的极性基团（如羟基或羧基）与被涂物表面的极性基相互结合所致，但只有在两个极性基团的引力范围之内才会发生。不同的涂料之所以有不同的附着力，其主要原因就在于涂料中能与被涂物表面极性基作用的极性基团的多少及极性强弱不同。

表面处理的目的是尽可能地消除涂层与被涂物体表面结合的障碍，排除影响化学结合及极性结合的因素，如油、锈、氧化皮及其他杂质等，使得涂层能与被涂物表面直接接触。此外，提供较为粗糙的表面，加强涂层与被涂物表面的机械结合力。因此，表面处理的质量与涂层附着力息息相关。

常用的测试涂层附着力的方法有划圈法、划格法、胶带法、拉开法等。

1. 划圈法

划圈法是采用附着力测定仪（图5-9）测定附着力的方法。利用唱针做针头，将样板涂层朝上，固定于仪器的试验平台上，使唱针的尖端接触到涂层，用手将摇柄顺时针匀速转动，通过传动机构，针尖在涂层上以一定直径匀速地画圈。如划痕未露底板，则酌加砝码，

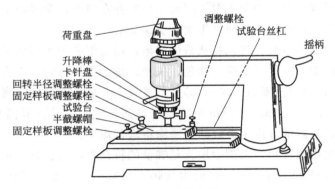

图 5-9　划圈法附着力测定仪

直至划痕露出底板为止。所画出的圈依次重叠，得出类似圆滚线的图形，然后，取出样板，用漆刷除去划痕上的漆屑，用四倍放大镜检查并评级。

划圈法附着力分为七个等级，见图5-10，按顺序检查各部位的涂层完整程度。如某一部位的格子有70%以上完好，则应视该部位是完好的，否则应定为损坏。例如，部位1涂层完好，则附着力最佳，定为1级；部位1涂层损坏而部位2完好，附着力次之，定为二级。依次类推，七级的附着力最差，涂层几乎全部脱落。其结果以至少有两块样板的级别一致为准。

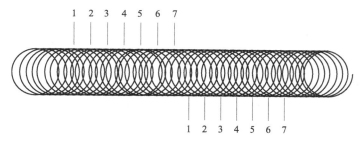

图 5-10　划圈法附着力的分级

2. 划格法

划格法是使用切割工具采取手工或机械的切割方式，将涂层按格阵图形切割，其割伤应贯穿涂层直至基体表面，用毛刷沿对角线方向各刷五次，用3M胶带贴在切口上再拉开；观察格子区域的情况，可用放大镜观察。划格结果附着力用百分比表示。检查并评价涂层附着力。表5-3中给出了按6级评价的分类，前三级通常能满足一般用途，检查结果用在哪一级上"通过"或"不通过"来表示。

表 5-3　划格法附着力的分级 （GB/T 9286—1998）

分级	说明	脱落表观(以 6×6 切割为例)
0	切割边缘完全平滑,无格脱落	
1	在切口交叉处涂层有少许薄片分离,但划格区受影响明显不大于5%	
2	切口边缘或交叉处涂层脱落明显大于5%,但受影响明显不大于15%	
3	涂层沿切割边缘,部分或全部以大碎片脱落,或在格子不同部位上,部分或全部剥落,明显大于15%,但受影响明显不大于35%	
4	涂层沿切割边缘,大碎片剥落,或一些方格部分或全部出现脱落,明显大于35%,但受影响明显不大于65%	
5	大于第4级的严重剥落	

3. 胶带法

胶带法即在有切口的涂层上粘贴胶带，通过观察剥下胶带后涂层的附着状态来评价其附

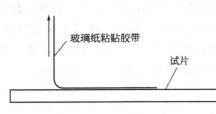

图 5-11　拉开胶带的方向

着力。胶带法测定涂层附着力根据其切口形式的不同通常分为两种：正交切口和"X"切口。正交切口和前述的划格法图形一样，即在试样上划出贯穿涂层到达基体的 25 或 100 个方格，然后在其上粘贴宽 18mm 或 24mm，黏附力每 10mm 大于 2.94N 的透明胶带，粘贴长度约 50mm，用橡皮擦使胶带完全黏附在涂层上，1～2min 后，手持胶带的一端与涂面垂直，迅速地（不要猛然一拉）将胶带撕下，如图 5-11 所示。

检查方格内涂层与底材或前一道涂层分离的情况，如果是涂层之间出现分离，则无法评价涂层体系对底材的附着力，但应记录是从哪一层分离的。附着力的评价方式见图 5-12 和表 5-4。

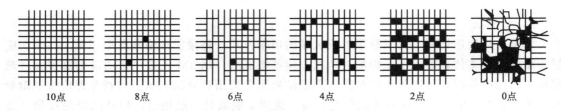

图 5-12　划格胶带法附着力评级举例（JISK-5400）

表 5-4　划格胶带法附着力的评级（JISK 5400）

评价点数	伤痕情况
10	各条划痕细小，两侧平滑，划痕的交点和正方形网格都没有剥落
8	划痕的交点稍有剥落，正方形网格的划痕没有剥落，损伤部位的面积小于全部正方形面积的 5%
6	划痕的两侧和交点间有剥落，损伤部位的面积为全部正方形面积的 5%～15%
4	划痕引起的剥落宽度大，损伤部位的面积为全部正方形面积的 15%～35%
2	划痕引起的剥落宽度大于 4 点，损伤部位的面积为全部正方形面积的 35%～65%
0	剥落面积大于全部正方形面积的 65%

划叉胶带法测定涂层附着力及评级见图 5-13 和表 5-5。

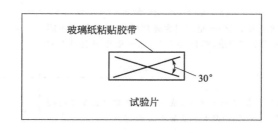

图 5-13　划叉胶带法测定涂层附着力

表 5-5 划叉胶带法附着力评级（JISK 5400）

评价	划叉部位的情况	现象
10	完全没有剥落	
8	交点处有剥落，划叉部位稍有剥落	
6	从划叉部位的交点到某一方向的 1.5mm 以内有剥落	
4	从划叉部位的交点到某一方向的 3mm 以内有剥落	
2	在贴胶带的划叉部位大部分有剥落	
0	剥落超出划叉部位	

"X"切口为在试样上划上交叉角度为 30°、到达基体、长约 40mm 的切痕。然后，同划格胶带法一样，贴上透明胶带并撕下，检查及评价剥下胶带后划叉部位的涂层剥落情况。

4. 拉开法

拉开法的测试程序和方法如下：

① 铝合金圆柱用 240～400 目（边长为 2.54cm 的正方形上的开孔数）细度的砂纸砂毛，使用前用溶剂擦洗除油；

② 测试部位用溶剂除油除灰；

③ 按正确比例混合双组分无溶剂环氧胶黏剂，再涂抹上铝合金柱，压在测试涂层表面，转向 360°，确保所有部位都有胶黏剂附着；

④ 用胶带把铝合金圆柱固定在涂层表面，双组分环氧胶黏剂在室温下要固化 24h；氰基丙烯酸胶黏剂按说明书的要求（15min 后达到强度，最好在 2h 测试）；

⑤ 测试前，用刀具围着铝合金圆柱切割涂层到底材；

⑥ 用拉力仪套上铝合金圆柱，转动手柄进行测试，记录下破坏强度（MPa），以及破坏状态。用百分比表示出涂层与底材、涂层之间、涂层与胶水以及胶水与圆柱间的附着力强度及状态。

拉开的涂层断层状态描述如下：

A＝底材的内聚力破坏

A/B＝底材与第 1 道漆间的附着力破坏

B＝第 1 道漆的内聚力破坏

B/C＝第 1 道涂层与第 2 道涂层间的附着力破坏

n＝多道涂层系统中第 n 道涂层的内聚力破坏

n/m＝多道涂层系统中第 n 道涂层与第 m 道涂层系统的附着力破坏

$-/Y$＝最后 1 道涂层与胶黏剂间的附着力

Y＝胶黏剂的内聚力破坏

Y/Z＝胶黏剂与测试圆柱间的附着力破坏。

附着力的强度以 N/mm^2（MPa）来表示。比如一个图层系统的拉开应力为 20MPa，在圆柱上面和第一道涂层上有 30％的涂层内聚力破坏，第一道涂层与第二道涂层的附着力破坏达到 70％的圆柱面积，则可以表述为：20MPa，30％B，70％B/C。

（六） 表面干燥时间测定法

干燥时间是指在一定条件下，一定厚度的涂层从液态达到规定干燥状态的时间。

涂层的干燥状态在我国一般分为表面干燥、实际干燥和完全干燥几个阶段，但国外有的根据其不同的干燥程度划分得更细，如美国材料试验学会则将其划分成指触干燥、不黏尘干燥、指压干燥、面干、硬干、干透或实干，此外还有重涂干燥和无压痕干燥。

对于涂装施工来说，涂层的干燥时间越短越好，过长的干燥过程易使涂层在干燥期间沾上雨露尘土等杂质，并且占用生产场地，拖长施工周期。而对于涂料制造，由于受涂料材料的限制，往往要求一定的干燥时间，才能保证成膜后的质量。

涂层达到一定干燥状态的时间与涂料品种、涂层厚度、温度、湿度及施工环境等因素有关，并且即使是同一品种，所用的溶剂及稀释剂不同，其干燥时间也不相同。挥发型涂料类、如硝基涂料、过氯乙烯涂料、热塑性丙烯酸涂料等干燥较快，而通过"氧化"与"缩聚"干燥成膜的热固型涂料类则干燥较慢，有的需加热烘烤才能干燥成膜，自干涂料若加强通风则可提高干燥速度。

值得指出的是，涂层在达到了实干状态之后，并不意味着其防护性能达到了最佳状态，在其达到完全干燥状态之前，涂层的固化过程仍在继续进行。有些涂料，如过氯乙烯涂料，由于其具有保留溶剂的特性，虽然干燥较快，但完全干透则很慢，在保留的溶剂未完全挥发之前，漆膜的硬度不够，附着力甚差，但在其完全干透之后，其硬度及附着力均将有所提高。此外，如醇酸树脂涂料，由于是靠氧化聚合来固化成膜，所以实干较慢，而完全干燥时间则更长。在涂层未达到完全干燥状态之前就投入使用或不注意防护，将影响其使用寿命。涂层的完全干燥时间也因涂料品种而异，以聚氨酯涂料为例，其实干时间一般不超过 24h，但完全干燥时间却需要 7 天左右。

正确地测试涂层的干燥时间，有利于对涂装施工进行科学的管理及提高产品涂装质量，涂层干燥时间的测试有如下方法。

(1) 吹棉球法　在漆膜表面上轻轻放上一个脱脂棉球，用嘴距棉球 10～15cm，沿水平方向轻吹棉球，如能吹走，漆膜表面不留有棉丝，即为表面干燥。

(2) 指触法　以手指轻触漆膜表面，如感到有些发黏，但无漆黏在手指上，即为表面干燥。

(3) 小玻璃球法　将在温度为（23±2）℃或（25±1）℃，相对湿度为（50±5）％或（65±5）％的条件下干燥后的样板每隔若干时间或达到产品规定时间后水平放置，从不小于 50mm，不大于 150mm 的高度上，将约 0.5g 直径为 125～250μm 的小玻璃球倒在漆膜表面上（为避免小玻璃球过分的分散，可通过内径约 25mm 适当长度的玻璃管倒下小玻璃球，注意不让玻璃管管口接触漆膜。如果需要，可在同一块样板的其他位置进一步进行试验），10s 后，将样板保持与水平面成 20°角，用软毛刷轻轻刷漆膜，若能将全部小玻璃球刷掉而不损伤表面，则为表面干燥。

　　（4）压滤纸法　在漆膜上放一片标重 75g/m²，(15×15)cm 的定性滤纸（光滑面接触漆膜），滤纸上再轻轻放置一重 200g，底面积为 1cm² 的干燥试验器（见图 5-14），同时开启秒表，经 30s，移去干燥试验器，将样品板翻转（漆膜向下），滤纸能自由落下，或在背面用握板之手的食指轻敲几下，滤纸能自由落下而滤纸纤维不被粘在漆膜上，即为漆膜实际干燥。

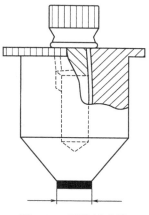

图 5-14　干燥试验器

　　对于产品标准中规定的漆膜允许稍有黏性的漆，如样板翻转经食指轻敲后，滤纸仍不能自由落下时，将样板放在玻璃板上，用镊子夹住预先折起的滤纸的一角，沿水平方向轻拉滤纸，当样板不动，滤纸已被拉下，即使漆膜上粘有滤纸纤维亦认为漆膜实际干燥，但应标明漆膜稍有黏性。

　　（5）压棉球法　在漆膜表面上放一个脱脂棉球，于棉球上再轻轻放置干燥试验器，同时开动秒表，经 30s，将干燥试验器和棉球拿掉，放置 5min，观察漆膜上无棉球的痕迹及失光现象，漆膜上若留有 1～2 根棉丝、用棉球能轻轻掸掉，均为漆膜实际干燥。

　　（6）刀片法　用保险刀片在样板上切刮漆膜或腻子膜，并观察其底层及膜内均无黏着现象（如腻子膜还需用水淋湿样板，用产品标准规定的水砂纸打磨，若能形成均匀平滑表面，不黏砂纸），即为漆膜或腻子膜实际干燥。

　　（7）厚层干燥法（适用绝缘漆）　用二甲苯或乙醇将 45mm×45mm×20mm 的铝片盒（铝片厚度为 0.05～0.1mm）擦净、干燥。称取试样 20g（以 50% 固体含量计，固体含量不同时应换算），静止至试样内无气泡（不消失的气泡用针挑出），水平放入加热至规定温度的电热鼓风箱内。按产品标准规定的升温速度和时间进行干燥。然后取出冷却，小心撕开铝片盒将试块完整地剥出。将试块从中间剪成两份，应没有粘连液状物，剪开的截面合拢再拉开，亦无拉丝现象，则认为厚层实际干燥。

　　（8）仪器测试法　涂料的干燥及漆膜的形成是一个缓慢的、连续进行的物理和化学过程，其成膜机理依据所测的涂料是挥发型涂料还是反应型涂料而不同。但无论是何种涂料，只要是液态的，其成膜过程都要经过由流体至黏弹体最后成固体这样几个阶段，上述测试漆膜干燥时间的方法只能判断漆膜在某一阶段内达到了何种干燥状态，而不能观察到漆膜在干燥过程中的整个变化。因此，为了了解干燥过程中的整个变化，有必要采用自动干燥时间测定器。一种是利用电动机通过减速箱带动齿轮，以 30mm/h 的缓慢速度在漆膜上直线走动，全程共 24h，随着漆膜的逐渐干燥，齿轮痕迹也逐步由深至浅，直至全部消失。另一种是利用电动机带动盛有细砂的漏斗，在涂有漆膜的样板上缓慢移动，砂子就不断地掉落在漆膜上形成直线状的砂粒痕迹，以测定干燥的不同阶段所需要的时间。更进一步的有利用针尖缓慢地在漆膜上画出半径 5cm 的圆，画一圈需 24h，这样就可以在较小的试板面积上观察漆膜随时间而变化的干燥程度。

四、学习目标

　　（1）熟悉合成丙烯酸树脂乳液的实验操作和技巧。
　　（2）了解各种树脂在涂膜中的作用。
　　（3）掌握各种树脂对成膜性的影响规律，探索各个参数变化对产品性能的影响。

（4）了解涂膜性能的影响因素，掌握改善涂膜性能的方法和途径。

（5）通过分工合作，发扬小组协作精神及团队精神。

第三节　苯丙树脂参数变化对涂膜性能影响的案例分析

一、硬树脂参数变化对成膜性能的影响

硬树脂是指玻璃化温度高于 80℃ 的乳液树脂，它在涂膜配方中主要起到提供硬度、耐磨性和光泽度等作用。为了进一步了解硬树脂参数变化对涂膜性能影响的规律，给出了如下几个案例。

【案例 5-1】　硬树脂 T_g 变化对涂膜性能的影响

硬树脂 T_g 升高可以使涂膜的硬度提高，但是会影响涂膜的成膜性。改变硬树脂的玻璃化温度，对涂膜的各种性能都会产生影响。

在研究本案例的时候，要设计并合成一组硬树脂、设计合成 1～2 个软树脂和 1～2 个碱溶树脂。在设计硬树脂参数的时候，要确定硬树脂的酸值、MMA/St 比值、含固量等参数，改变玻璃化温度，制备出不同玻璃化温度的硬树脂。

选取软树脂和碱溶树脂各一瓶，将其与五瓶不同玻璃化温度的硬树脂搭配，将树脂的参数输入到计算表（表 5-6）中，并在计算表中设计样品的参数。根据计算表自动生成的配方调配样品，将调配好的样品分别在纸板、塑料薄膜和玻璃板上涂膜，涂膜的时候测试涂膜的表干时间。剩余的样品在最低成膜温度试验仪上测试最低成膜温度。涂膜充分干燥后，依次测量涂膜的各种性能，并将测试结果填入表 5-6。

表 5-6　硬树脂 T_g 变化对涂膜性能的影响

A	样品总量/g	5	硬树脂 T_g/℃	60	60	60	60	60
硬树脂	含固量/%	35	膜 T_g/℃	0	10	20	30	40
	S/(mgKOH/g)	40	碱溶树脂/%	10	10	10	10	10
	MMA/St	4	$M_硬$/g	0.96	1.63	2.26	2.84	3.39
	TPGDA/%	0	$M_软$/g	3.54	2.87	2.24	1.66	1.11
	TMPTA/%	0	$M_碱$/g	0.50	0.50	0.50	0.50	0.50
软树脂	含固量/%	35	光泽度(60°)/(°)					
	T_g/℃	−20	硬度/(6B～6H)					
	S/(mgKOH/g)	36	耐湿擦/次					
	MMA/St	4	耐磨/次					
	TPGDA/%	0	附着力/(0～5 级)					
	TMPTA/%	0	干燥时间/s					
碱溶树脂	含固量/%	30	润湿时间/s					
	$T_{g碱}$/℃	90	耐水/min					
	S/(mgKOH/g)	180	耐乙醇/次					
	链转移剂/%	0.2	耐高温/℃					

续表

A	样品总量/g	5	硬树脂 T_g/℃	70	70	70	70	70
硬树脂	含固量/%	35	膜 T_g/℃	0	10	20	30	40
	S/(mgKOH/g)	40	碱溶树脂/%	10	10	10	10	10
	MMA/St	4	$M_硬$/g	0.88	1.50	2.07	2.60	3.11
	TPGDA/%	0	$M_软$/g	3.62	3.00	2.43	1.90	1.39
	TMPTA/%	0	$M_碱$/g	0.50	0.50	0.50	0.50	0.50
软树脂	含固量/%	35	光泽度(60°)/(°)					
	T_g/℃	−20	硬度/(6B~6H)					
	S/(mgKOH/g)	36	耐湿擦/次					
	MMA/St	4	耐磨/次					
	TPGDA/%	0	附着力/(0~5 级)					
	TMPTA/%	0	干燥时间/s					
碱溶树脂	含固量/%	30	润湿时间/s					
	$T_{g碱}$/℃	90	耐水/min					
	S/(mgKOH/g)	180	耐乙醇/次					
	链转移剂/%	0.2	耐高温/℃					
A	样品总量/g	5	硬树脂 T_g/℃	80	80	80	80	80
硬树脂	含固量/%	35	膜 T_g/℃	0	10	20	30	40
	S/(mgKOH/g)	40	碱溶树脂/%	10	10	10	10	10
	MMA/St	4	$M_硬$/g	0.82	1.39	1.92	2.41	2.88
	TPGDA/%	0	$M_软$/g	3.68	3.11	2.58	2.09	1.62
	TMPTA/%	0	$M_碱$/g	0.50	0.50	0.50	0.50	0.50
软树脂	含固量/%	35	光泽度(60°)/(°)					
	T_g/℃	−20	硬度/(6B~6H)					
	S/(mgKOH/g)	36	耐湿擦/次					
	MMA/St	4	耐磨/次					
	TPGDA/%	0	附着力/(0~5 级)					
	TMPTA/%	0	干燥时间/s					
碱溶树脂	含固量/%	30	润湿时间/s					
	$T_{g碱}$/℃	90	耐水/min					
	S/(mgKOH/g)	180	耐乙醇/次					
	链转移剂/%	0.2	耐高温/℃					

续表

A	样品总量/g	5	硬树脂 T_g/℃	90	90	90	90	90
硬树脂	含固量/%	35	膜 T_g/℃	0	10	20	30	40
	S/(mgKOH/g)	40	碱溶树脂/%	10	10	10	10	10
	MMA/St	4	$M_硬$/g	0.76	1.30	1.79	2.26	2.69
	TPGDA/%	0	$M_软$/g	3.74	3.20	2.71	2.24	1.81
	TMPTA/%	0	$M_碱$/g	0.50	0.50	0.50	0.50	0.50
软树脂	含固量/%	35	光泽度(60°)/(°)					
	T_g/℃	−20	硬度/(6B～6H)					
	S/(mgKOH/g)	36	耐湿擦/次					
	MMA/St	4	耐磨/次					
	TPGDA/%	0	附着力/(0～5 级)					
	TMPTA/%	0	干燥时间/s					
碱溶树脂	含固量/%	30	润湿时间/s					
	$T_{g碱}$/℃	90	耐水/min					
	S/(mgKOH/g)	180	耐乙醇/次					
	链转移剂/%	0.2	耐高温/℃					
A	样品总量/g	5	硬树脂 T_g/℃	100	100	100	100	100
硬树脂	含固量/%	35	膜 T_g/℃	0	10	20	30	40
	S/(mgKOH/g)	40	碱溶树脂/%	10	10	10	10	10
	MMA/St	4	$M_硬$/g	0.72	1.22	1.69	2.12	2.53
	TPGDA/%	0	$M_软$/g	3.78	3.28	2.81	2.38	1.97
	TMPTA/%	0	$M_碱$/g	0.50	0.50	0.50	0.50	0.50
软树脂	含固量/%	35	光泽度(60°)/(°)					
	T_g/℃	−20	硬度/(6B～6H)					
	S/(mgKOH/g)	36	耐湿擦/次					
	MMA/St	4	耐磨/次					
	TPGDA/%	0	附着力/(0～5 级)					
	TMPTA/%	0	干燥时间/s					
碱溶树脂	含固量/%	30	润湿时间/s					
	$T_{g碱}$/℃	90	耐水/min					
	S/(mgKOH/g)	180	耐乙醇/次					
	链转移剂/%	0.2	耐高温/℃					

表格说明：

① 表中左上的样品总量，根据三种树脂的余量多少以及计划调配配方的次数，调整 M 的大小，如表中设 5g；

② 左侧为三种树脂的参数，按设定的参数输入；

③ 碱溶树脂的用量，根据产品的稠度来设置，如表中设 10%；

④ 右上方两行为变量，单个子表看，膜 T_g 为变量，其他参数保持不变，结合其余 5 个子表看，就构成了不同硬树脂 T_g 下的膜 T_g 变化对涂膜性能的影响；

⑤ 子表右上方为产品配方，是根据以上输入的参数，计算得到，单位为（g）；

⑥ 子表右下方为涂膜性能数据，根据所制的涂膜测得，不同的测试方法，测得的数据和单位不同，表中列出了我们所用的性能单位；

⑦ 下面案例同类表的使用基本相同，参照此说明。

各项性能测试完成后，将测试结果输入到计算机的表格中，计算机将在一个指定的 Excel 表中自动生成如图 5-15 和图 5-16 所示的涂膜性能影响曲线。

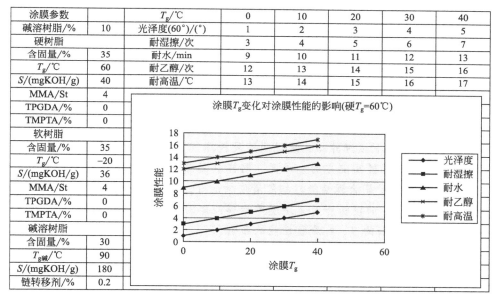

涂膜参数		$T_g/℃$	0	10	20	30	40
碱溶树脂/%	10	光泽度(60°)/(°)	1	2	3	4	5
硬树脂		耐湿擦/次	3	4	5	6	7
含固量/%	35	耐水/min	9	10	11	12	13
$T_g/℃$	60	耐乙醇/次	12	13	14	15	16
$S/(mgKOH/g)$	40	耐高温/℃	13	14	15	16	17
MMA/St	4						
TPGDA/%	0						
TMPTA/%	0						
软树脂							
含固量/%	35						
$T_g/℃$	−20						
$S/(mgKOH/g)$	36						
MMA/St	4						
TPGDA/%	0						
TMPTA/%	0						
碱溶树脂							
含固量/%	30						
$T_{g碱}/℃$	90						
$S/(mgKOH/g)$	180						
链转移剂/%	0.2						

图 5-15　涂膜 T_g 随不同硬树脂 T_g 变化时对涂膜性能的影响

对图 5-15 和图 5-16 里的表格——各参数对涂膜性能影响的研究表的使用说明：

① 表中左侧为涂膜参数，包括：涂膜 T_g，碱溶树脂的用量（如表设 10%），硬树脂、软树脂和碱溶树脂的配方参数（分别按所选的树脂配方参数输入）；

② 右侧第一行为所研究的变量，就是将涂膜参数中的一个参数作为变量，其他参数保持相同，来研究这个变量对性能的影响关系；

③ 下面是涂膜的性能，将所测的各个涂膜性能数据填入相应表格中（**特别说明：表中所填的性能数据并非实验数据，实际应用中使用者需将测得的实际性能数据填入其中**）；

④ 曲线图部分为填入相应的性能数据后，生成的曲线图。

⑤ 本章中其他性能研究表的用法与此基本相同。

涂膜参数		硬树脂T_g/℃	60	70	80	90	100
T_g/℃	0	光泽度(60°)/(°)	1	6	11	16	21
碱溶树脂/%	10	耐湿擦/次	3	8	13	18	23
硬树脂		耐水/min	9	14	19	24	29
含固量/%	35	耐乙醇/次	12	17	22	27	32
S/(mgKOH/g)	40	耐高温/℃	13	18	23	28	33
MMA/St	4						
TPGDA/%	0						
TMPTA/%	0						
软树脂							
含固量/%	35						
T_g/℃	−20						
S/(mgKOH/g)	36						
MMA/St	4						
TPGDA/%	0						
TMPTA/%	0						
碱溶树脂							
含固量/%	30						
$T_{g碱}$/℃	90						
S/(mgKOH/g)	180						
链转移剂/%	0.2						

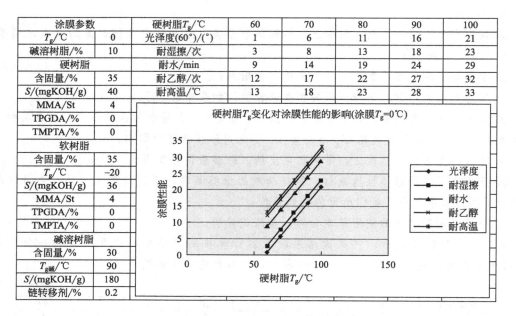

图 5-16　硬树脂 T_g 对涂膜性能的影响曲线

通过上述两组曲线可以对硬树脂玻璃化温度的改变对涂膜各种性能的影响进行直观的分析如下（**特别说明：此处的分析及结果只针对上表中的示例数据，实际应用中应对填入的实验数据按此分析方法具体分析**）：

由图 5-16（硬树脂变化对涂膜性能的影响）中的曲线可以看出，不同硬树脂 T_g 的配方，光泽度变化从 1°～21°逐渐升高。这说明随硬树脂 T_g 的升高，光泽度也是逐渐升高的，即高 T_g 的硬树脂有利于提高配方的光泽度。同样，耐湿擦次数，涂膜的耐水时间，耐乙醇擦的次数及耐高温的温度等涂膜性能，均随着硬树脂 T_g 的升高而增大，因此根据实验数据的曲线可以判断，高 T_g 的硬树脂对光泽度等涂膜性能的提高是有利的，所以由该图表，可以清晰地了解改变硬树脂的 T_g 对涂膜性能的影响。

改变计算表中配方的参数，依次对硬树脂玻璃化温度的改变在不同的涂膜 T_g、不同的碱溶树脂用量以及不同的成膜助剂用量下对涂膜性能的影响进行研究和探索，找出硬树脂玻璃化温度变化对涂膜性能影响的一般规律。

选择不同的软树脂和碱溶树脂，进行上述实验研究，进一步验证硬树脂 T_g 对涂膜性能影响的规律。

【案例 5-2】　硬树脂酸值变化对成膜性能的影响

硬树脂酸值对涂膜耐水性、耐溶剂性和干燥时间影响较大。改变硬树脂的酸值，可以改变聚合物的极性，从而影响乳胶粒的粒径，影响树脂的内聚力，对涂膜的性能产生影响。提高硬树脂的酸值，可以降低乳胶粒粒径，增大树脂的内聚力，有利于提高涂膜的各种性能。但是，如果硬树脂的酸值过高，会使乳液的稠度过高，影响涂料的流平性，对涂膜的耐水性也会产生影响。

在研究这个项目的时候，要设计并合成一组硬树脂，设计合成 1～2 个软树脂和 1～2 个碱溶树脂。在设计硬树脂参数的时候，要确定硬树脂的玻璃化温度、MMA/St 比值、含固量等参数，改变酸值，制备出不同酸值的硬树脂。

选取软树脂和碱溶树脂各一瓶，将其依次与五瓶不同酸值的硬树脂搭配，具体操作方法参照本章案例 5-1，并将测试结果填入表 5-7。

表 5-7　使用不同酸值的硬树脂涂膜 T_g 变化对硬涂膜性能的影响

A	样品总量/g	4	硬树脂 S/(mgKOH/g)	0	0	0	0	0
硬树脂	含固量/%	35	T_g/℃	0	10	20	30	40
	T_g/℃	90	碱溶树脂/%	10	10	10	10	10
	MMA/St	4	$M_{硬}$/g	0.61	1.04	1.43	1.80	2.15
	TPGDA/%	0	$M_{软}$/g	2.99	2.56	2.17	1.80	1.45
	TMPTA/%	0	$M_{碱}$/g	0.40	0.40	0.40	0.40	0.40
软树脂	含固量/%	35	光泽度(60°)/(°)					
	T_g/℃	−20	硬度/(6B～6H)					
	S/(mgKOH/g)	36	耐湿擦/次					
	MMA/St	4	耐磨/次					
	TPGDA/%	0	附着力/(0～5 级)					
	TMPTA/%	0	干燥时间/s					
碱溶树脂	含固量/%	30	润湿时间/s					
	$T_{g碱}$/℃	90	耐水/min					
	S/(mgKOH/g)	180	耐乙醇/次					
	链转移剂/%	0.2	耐高温/℃					
A	样品总量/g	4	硬树脂 S/(mgKOH/g)	10	10	10	10	10
硬树脂	含固量/%	35	T_g/℃	0	10	20	30	40
	T_g/℃	90	碱溶树脂/%	10	10	10	10	10
	MMA/St	4	$M_{硬}$/g	0.61	1.04	1.43	1.80	2.15
	TPGDA/%	0	$M_{软}$/g	2.99	2.56	2.17	1.80	1.45
	TMPTA/%	0	$M_{碱}$/g	0.40	0.40	0.40	0.40	0.40
软树脂	含固量/%	35	光泽度(60°)/(°)					
	T_g/℃	−20	硬度/(6B～6H)					
	S/(mgKOH/g)	36	耐湿擦/次					
	MMA/St	4	耐磨/次					
	TPGDA/%	0	附着力/(0～5 级)					
	TMPTA/%	0	干燥时间/s					
碱溶树脂	含固量/%	30	润湿时间/s					
	$T_{g碱}$/℃	90	耐水/min					
	S/(mgKOH/g)	180	耐乙醇/次					
	链转移剂/%	0.2	耐高温/℃					

续表

A	样品总量/g	4	硬树脂 S/(mgKOH/g)	20	20	20	20	20
硬树脂	含固量/%	35	T_g/℃	0	10	20	30	40
	T_g/℃	90	碱溶树脂/%	10	10	10	10	10
	MMA/St	4	$M_硬$/g	0.61	1.04	1.43	1.80	2.15
	TPGDA/%	0	$M_软$/g	2.99	2.56	2.17	1.80	1.45
	TMPTA/%	0	$M_碱$/g	0.40	0.40	0.40	0.40	0.40
软树脂	含固量/%	35	光泽度(60°)/(°)					
	T_g/℃	−20	硬度/(6B～6H)					
	S/(mgKOH/g)	36	耐湿擦/次					
	MMA/St	4	耐磨/次					
	TPGDA/%	0	附着力/(0～5 级)					
	TMPTA/%	0	干燥时间/s					
碱溶树脂	含固量/%	30	润湿时间/s					
	$T_{g碱}$/℃	90	耐水/min					
	S/(mgKOH/g)	180	耐乙醇/次					
	链转移剂/%	0.2	耐高温/℃					
A	样品总量/g	4	硬树脂 S/(mgKOH/g)	30	30	30	30	30
硬树脂	含固量/%	35	T_g/℃	0	10	20	30	40
	T_g/℃	90	碱溶树脂/%	10	10	10	10	10
	MMA/St	4	$M_硬$/g	0.61	1.04	1.43	1.80	2.15
	TPGDA/%	0	$M_软$/g	2.99	2.56	2.17	1.80	1.45
	TMPTA/%	0	$M_碱$/g	0.40	0.40	0.40	0.40	0.40
软树脂	含固量/%	35	光泽度(60°)/(°)					
	T_g/℃	−20	硬度/(6B～6H)					
	S/(mgKOH/g)	36	耐湿擦/次					
	MMA/St	4	耐磨/次					
	TPGDA/%	0	附着力/(0～5 级)					
	TMPTA/%	0	干燥时间/s					
碱溶树脂	含固量/%	30	润湿时间/s					
	$T_{g碱}$/℃	90	耐水/min					
	S/(mgKOH/g)	180	耐乙醇/次					
	链转移剂/%	0.2	耐高温/℃					

续表

A	样品总量/g	4	硬树脂 S/(mgKOH/g)	40	40	40	40	40
硬树脂	含固量/%	35	T_g/℃	0	10	20	30	40
	T_g/℃	90	碱溶树脂/%	10	10	10	10	10
	MMA/St	4	$M_{硬}$/g	0.61	1.04	1.43	1.80	2.15
	TPGDA/%	0	$M_{软}$/g	2.99	2.56	2.17	1.80	1.45
	TMPTA/%	0	$M_{碱}$/g	0.40	0.40	0.40	0.40	0.40
软树脂	含固量/%	35	光泽度(60°)/(°)					
	T_g/℃	−20	硬度/(6B~6H)					
	S/(mgKOH/g)	36	耐湿擦/次					
	MMA/St	4	耐磨/次					
	TPGDA/%	0	附着力/(0~5级)					
	TMPTA/%	0	干燥时间/s					
碱溶树脂	含固量/%	30	润湿时间/s					
	$T_{g碱}$/℃	90	耐水/min					
	S/(mgKOH/g)	180	耐乙醇/次					
	链转移剂/%	0.2	耐高温/℃					

各项性能测试完成后，将测试结果输入到计算机的表格中，计算机将在一个指定的 Excel 中自动生成如图 5-17 和图 5-18 所示的涂膜性能影响曲线。

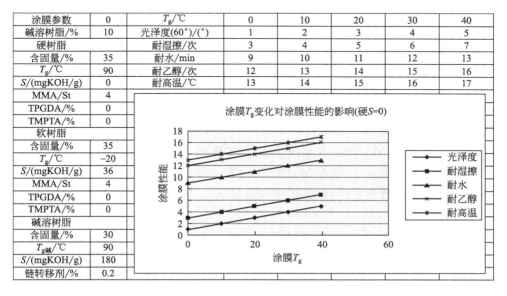

图 5-17　涂膜 T_g 变化在不同硬树脂 S 时对涂膜性能的影响

涂膜参数	0		0	10	20	30	40
T_g/℃	10	硬度/(6B~6H)	1	6	11	16	21
碱溶树脂/%	0	耐磨/次	3	8	13	18	23
硬树脂		附着力/(0~5级)	9	14	19	24	29
含固量/%	35	干燥时间/s	12	17	22	27	32
S/(mgKOH/g)	40	润湿时间/s	13	18	23	28	33
MMA/St	4						
TPGDA/%	0						
TMPTA/%	0						
软树脂							
含固量/%	35						
T_g/℃	−50						
S/(mgKOH/g)	36						
MMA/St	4						
TPGDA/%	0						
TMPTA/%	0						
碱溶树脂							
含固量/%	30						
$T_{g碱}$/℃	−50						
S/(mgKOH/g)	180						
链转移剂/%	0.2						

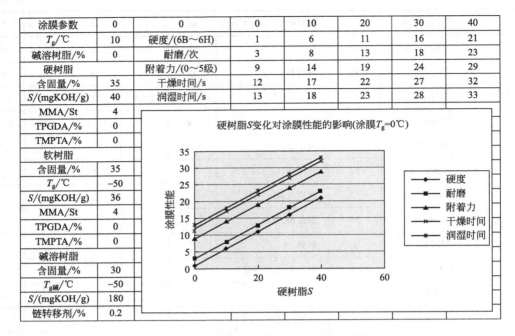

图 5-18　硬树脂 S 对涂膜性能的影响曲线

通过上述两组曲线可以对硬树脂酸值的改变对涂膜各种性能的影响进行直观的分析（参照案例 5-1）。

改变计算表中配方的参数，依次对硬树脂酸值的改变在不同的涂膜 T_g、不同的碱溶树脂用量以及不同的成膜助剂用量下对涂膜性能的影响进行研究和探索，找出硬树脂酸值变化对涂膜性能影响的一般规律。

选择不同的软树脂和碱溶树脂，进行上述实验研究，进一步验证硬树脂酸值对涂膜性能影响的规律。

【案例 5-3】　硬树脂 MMA/St 变化对成膜性能的影响

硬树脂 MMA/St 是影响树脂极性的一个参数，改变硬树脂的 MMA/St，对硬树脂的乳胶粒粒径、乳液的稠度等性能都会产生影响。对于树脂的成膜性能和涂膜的各种性能也会产生影响。提高 MMA/St，可以增大树脂的极性，降低乳胶粒粒径，改善树脂的成膜性能，增加涂膜的内聚力。如果 MMA/St 过高，则容易导致乳液稠度过大，影响流平性。另外，MMA 单体的价格大约是 St 单体价格的二倍，增大 MMA/St 会使产品的成本增加。

研究硬树脂 MMA/St 变化对成膜性能的影响，要设计并合成一组硬树脂、设计合成 1~2 个软树脂和 1~2 个碱溶树脂。在设计硬树脂参数的时候，要确定硬树脂的玻璃化温度、酸值、含固量等参数，改变 MMA/St 比值，制备出不同 MMA/St 比值的硬树脂。

选取软树脂和碱溶树脂各一瓶，将其依次与五瓶不同 MMA/St 比值的硬树脂搭配，具体操作方法参照案例 5-1，并将测试结果填入表 5-8。

表 5-8 使用不同 MMA/St 的硬树脂涂膜 T_g 变化对硬涂膜性能的影响

A	样品总量/g	4	硬 MMA/St	0	0	0	0	0
硬树脂	含固量/%	35	T_g/℃	0	10	20	30	40
	T_g/℃	90	碱溶树脂/%	10	10	10	10	10
	S/(mgKOH/g)	40	$M_硬$/g	0.61	1.04	1.43	1.80	2.15
	TPGDA/%	0	$M_软$/g	2.99	2.56	2.17	1.80	1.45
	TMPTA/%	0	$M_碱$/g	0.40	0.40	0.40	0.40	0.40
软树脂	含固量/%	35	光泽度(60°)/(°)					
	T_g/℃	−20	硬度/(6B~6H)					
	S/(mgKOH/g)	36	耐湿擦/次					
	MMA/St	4	耐磨/次					
	TPGDA/%	0	附着力/(0~5 级)					
	TMPTA/%	0	干燥时间/s					
碱溶树脂	含固量/%	30	润湿时间/s					
	$T_{g碱}$/℃	90	耐水/min					
	S/(mgKOH/g)	180	耐乙醇/次					
	链转移剂/%	0.2	耐高温/℃					
A	样品总量/g	4	硬 MMA/St	1	1	1	1	1
硬树脂	含固量/%	35	T_g/℃	0	10	20	30	40
	T_g/℃	90	碱溶树脂/%	10	10	10	10	10
	S/(mgKOH/g)	40	$M_硬$/g	0.61	1.04	1.43	1.80	2.15
	TPGDA/%	0	$M_软$/g	2.99	2.56	2.17	1.80	1.45
	TMPTA/%	0	$M_碱$/g	0.40	0.40	0.40	0.40	0.40
软树脂	含固量/%	35	光泽度(60°)/(°)					
	T_g/℃	−20	硬度/(6B~6H)					
	S/(mgKOH/g)	36	耐湿擦/次					
	MMA/St	4	耐磨/次					
	TPGDA/%	0	附着力/(0~5 级)					
	TMPTA/%	0	干燥时间/s					
碱溶树脂	含固量/%	30	润湿时间/s					
	$T_{g碱}$/℃	90	耐水/min					
	S/(mgKOH/g)	180	耐乙醇/次					
	链转移剂/%	0.2	耐高温/℃					

续表

A	样品总量/g	4	硬 MMA/St	2	2	2	2	2
硬树脂	含固量/%	35	T_g/℃	0	10	20	30	40
	T_g/℃	90	碱溶树脂/%	10	10	10	10	10
	S/(mgKOH/g)	40	$M_硬$/g	0.61	1.04	1.43	1.80	2.15
	TPGDA/%	0	$M_软$/g	2.99	2.56	2.17	1.80	1.45
	TMPTA/%	0	$M_碱$/g	0.40	0.40	0.40	0.40	0.40
软树脂	含固量/%	35	光泽度(60°)/(°)					
	T_g/℃	−20	硬度/(6B~6H)					
	S/(mgKOH/g)	36	耐湿擦/次					
	MMA/St	4	耐磨/次					
	TPGDA/%	0	附着力/(0~5级)					
	TMPTA/%	0	干燥时间/s					
碱溶树脂	含固量/%	30	润湿时间/s					
	$T_{g碱}$/℃	90	耐水/min					
	S/(mgKOH/g)	180	耐乙醇/次					
	链转移剂/%	0.2	耐高温/℃					

A	样品总量/g	4	硬 MMA/St	3	3	3	3	3
硬树脂	含固量/%	35	T_g/℃	0	10	20	30	40
	T_g/℃	90	碱溶树脂/%	10	10	10	10	10
	S/(mgKOH/g)	40	$M_硬$/g	0.61	1.04	1.43	1.80	2.15
	TPGDA/%	0	$M_软$/g	2.99	2.56	2.17	1.80	1.45
	TMPTA/%	0	$M_碱$/g	0.40	0.40	0.40	0.40	0.40
软树脂	含固量/%	35	光泽度(60°)/(°)					
	T_g/℃	−20	硬度/(6B~6H)					
	S/(mgKOH/g)	36	耐湿擦/次					
	MMA/St	4	耐磨/次					
	TPGDA/%	0	附着力/(0~5级)					
	TMPTA/%	0	干燥时间/s					
碱溶树脂	含固量/%	30	润湿时间/s					
	$T_{g碱}$/℃	90	耐水/min					
	S/(mgKOH/g)	180	耐乙醇/次					
	链转移剂/%	0.2	耐高温/℃					

续表

A	样品总量/g	4	硬 MMA/St	4	4	4	4	4
硬树脂	含固量/%	35	T_g/℃	0	10	20	30	40
	T_g/℃	90	碱溶树脂/%	10	10	10	10	10
	S/(mgKOH/g)	40	$M_硬$/g	0.61	1.04	1.43	1.80	2.15
	TPGDA/%	0	$M_软$/g	2.99	2.56	2.17	1.80	1.45
	TMPTA/%	0	$M_碱$/g	0.40	0.40	0.40	0.40	0.40
软树脂	含固量/%	35	光泽度(60°)/(°)					
	T_g/℃	−20	硬度/(6B~6H)					
	S/(mgKOH/g)	36	耐湿擦/次					
	MMA/St	4	耐磨/次					
	TPGDA/%	0	附着力/(0~5 级)					
	TMPTA/%	0	干燥时间/s					
碱溶树脂	含固量/%	30	润湿时间/s					
	$T_{g碱}$/℃	90	耐水/min					
	S/(mgKOH/g)	180	耐乙醇/次					
	链转移剂/%	0.2	耐高温/℃					

各项性能测试完成后，将测试结果输入到计算机的表格中，计算机将在一个指定的 Excel 中自动生成如图 5-19 和图 5-20 所示的涂膜性能影响曲线。

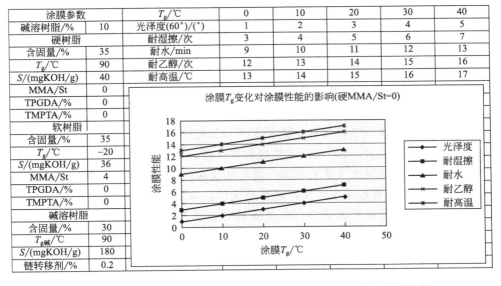

图 5-19　涂膜 T_g 变化在不同硬树脂 MMA/St 时对涂膜性能的影响

涂膜参数	0	0	0	1	2	3	4
T_g/℃	10	光泽度(60°)/(°)	1	6	11	16	21
碱溶树脂/%	0	耐湿擦/次	3	8	13	18	23
硬树脂		耐水/min	9	14	19	24	29
含固量/%	35	耐乙醇/次	12	17	22	27	32
T_g/℃	90	耐高温/℃	13	18	23	28	33
MMA/St	4						
TPGDA/%	0						
TMPTA/%	0						
软树脂							
含固量/%	35						
T_g/℃	−50						
S/(mgKOH/g)	36						
MMA/St	4						
TPGDA/%	0						
TMPTA/%	0						
碱溶树脂							
含固量/%	30						
$T_{g碱}$/℃	−50						
S/(mgKOH/g)	180						
链转移剂/%	0.2						

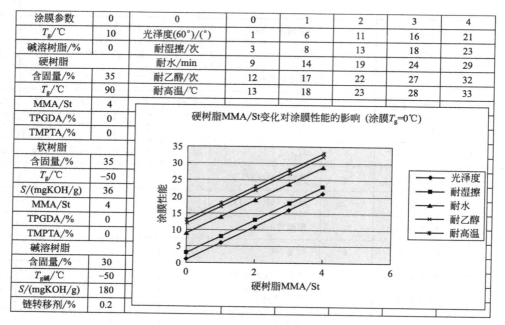

图 5-20　硬树脂 MMA/St 比值对涂膜性能的影响曲线

通过上述两组曲线可以对硬树脂 MMA/St 比值的改变对涂膜各种性能的影响进行直观的分析（参照案例 5-1）。

改变计算表中配方的参数，依次对硬树脂 MMA/St 比值的改变在不同的涂膜 T_g、不同的碱溶树脂用量以及不同的成膜助剂用量下对涂膜性能的影响进行研究和探索，找出硬树脂 MMA/St 比值变化对涂膜性能影响的一般规律。

选择不同的软树脂和碱溶树脂，进行上述实验研究，进一步验证硬树脂 MMA/St 比值对涂膜性能影响的规律。

【案例 5-4】　硬树脂 TPGDA 用量变化对成膜性能的影响

TPGDA 分子含有两个双键，能与丙烯酸酯、甲基丙烯酸酯、乙酸乙烯酯和苯乙烯共聚。它可以用做交联成分，属于多双键型交联单体，在制备丙烯酸树脂的配方中，加入 TPGDA，可以形成网状交联，提高硬树脂的强度。增大 TPGDA 的用量，可以提高树脂的交联度，有利于提高涂膜的各种性能。随着 TPGDA 交联单体用量的增加，前期乳胶膜的交联度提高较快，但当其用量＞2%，交联度增加则变缓。这是因为 TPGDA 用量的增加，导致链自由基浓度增加，交联的活性点增多，因此乳胶膜的交联度也就增加；但当 TPGDA 用量＞2%，共聚物的交联网络基本形成，链移动受阻，与 TPGDA 形成的链自由基的反应变慢；剩余的 TPGDA 尽管被引发聚合，但更多的是攻击 TPGDA，仅生成 TPGDA 均聚物，而未与主链交联或与主链形成网状交联。

研究硬树脂 TPGDA 用量变化对成膜性能的影响，要设计并合成一组硬树脂、设计合成 1~2 个软树脂和 1~2 个碱溶树脂。在设计硬树脂参数的时候，要确定硬树脂的玻璃化温度、酸值、含固量、MMA/St 比值等参数，改变 TPGDA 用量，制备出不同 TPGDA 用量的硬树脂。

选取软树脂和碱溶树脂各一瓶，将其依次与五瓶不同 TPGDA 用量的硬树脂搭配，具体操作方法参照案例 5-1，并将测试结果填入表 5-9。

表 5-9　使用不同硬树脂 TPGDA 用量的涂膜 T_g 变化对硬涂膜性能的影响

A	样品总量/g	4	硬树脂 TPGDA/%	0	0	0	0	0
硬树脂	含固量/%	35	T_g/℃	0	10	20	30	40
	T_g/℃	90	碱溶树脂/%	10	10	10	10	10
	S/(mgKOH/g)	40	$M_硬$/g	0.61	1.04	1.43	1.80	2.15
	MMA/St	4	$M_软$/g	2.99	2.56	2.17	1.80	1.45
	TMPTA/%	0	$M_碱$/g	0.40	0.40	0.40	0.40	0.40
软树脂	含固量/%	35	光泽度(60°)/(°)					
	T_g/℃	−20	硬度/(6B~6H)					
	S/(mgKOH/g)	36	耐湿擦/次					
	MMA/St	4	耐磨/次					
	TPGDA/%	0	附着力/(0~5级)					
	TMPTA/%	0	干燥时间/s					
碱溶树脂	含固量/%	30	润湿时间/s					
	$T_{g碱}$/℃	90	耐水/min					
	S/(mgKOH/g)	180	耐乙醇/次					
	链转移剂/%	0.2	耐高温/℃					
A	样品总量/g	4	硬树脂 TPGDA/%	1	1	1	1	1
硬树脂	含固量/%	35	T_g/℃	0	10	20	30	40
	T_g/℃	90	碱溶树脂/%	10	10	10	10	10
	S/(mgKOH/g)	40	$M_硬$/g	0.61	1.04	1.43	1.80	2.15
	MMA/St	4	$M_软$/g	2.99	2.56	2.17	1.80	1.45
	TMPTA/%	0	$M_碱$/g	0.40	0.40	0.40	0.40	0.40
软树脂	含固量/%	35	光泽度(60°)/(°)					
	T_g/℃	−20	硬度/(6B~6H)					
	S/(mgKOH/g)	36	耐湿擦/次					
	MMA/St	4	耐磨/次					
	TPGDA/%	0	附着力/(0~5级)					
	TMPTA/%	0	干燥时间/s					
碱溶树脂	含固量/%	30	润湿时间/s					
	$T_{g碱}$/℃	90	耐水/min					
	S/(mgKOH/g)	180	耐乙醇/次					
	链转移剂/%	0.2	耐高温/℃					

A		样品总量/g	4	硬树脂 TPGDA/%	2	2	2	2	2
硬树脂		含固量/%	35	T_g/℃	0	10	20	30	40
		T_g/℃	90	碱溶树脂/%	10	10	10	10	10
		S/(mgKOH/g)	40	$M_{硬}$/g	0.61	1.04	1.43	1.80	2.15
		MMA/St	4	$M_{软}$/g	2.99	2.56	2.17	1.80	1.45
		TMPTA/%	0	$M_{碱}$/g	0.40	0.40	0.40	0.40	0.40
软树脂		含固量/%	35	光泽度(60°)/(°)					
		T_g/℃	−20	硬度/(6B~6H)					
		S/(mgKOH/g)	36	耐湿擦/次					
		MMA/St	4	耐磨/次					
		TPGDA/%	0	附着力/(0~5 级)					
		TMPTA/%	0	干燥时间/s					
碱溶树脂		含固量/%	30	润湿时间/s					
		$T_{g碱}$/℃	90	耐水/min					
		S/(mgKOH/g)	180	耐乙醇/次					
		链转移剂/%	0.2	耐高温/℃					
A		样品总量/g	4	硬树脂 TPGDA/%	3	3	3	3	3
硬树脂		含固量/%	35	T_g/℃	0	10	20	30	40
		T_g/℃	90	碱溶树脂/%	10	10	10	10	10
		S/(mgKOH/g)	40	$M_{硬}$/g	0.61	1.04	1.43	1.80	2.15
		MMA/St	4	$M_{软}$/g	2.99	2.56	2.17	1.80	1.45
		TMPTA/%	0	$M_{碱}$/g	0.40	0.40	0.40	0.40	0.40
软树脂		含固量/%	35	光泽度(60°)/(°)					
		T_g/℃	−20	硬度/(6B~6H)					
		S/(mgKOH/g)	36	耐湿擦/次					
		MMA/St	4	耐磨/次					
		TPGDA/%	0	附着力/(0~5 级)					
		TMPTA/%	0	干燥时间/s					
碱溶树脂		含固量/%	30	润湿时间/s					
		$T_{g碱}$/℃	90	耐水/min					
		S/(mgKOH/g)	180	耐乙醇/次					
		链转移剂/%	0.2	耐高温/℃					

续表

A	样品总量/g	4	硬树脂 TPGDA/%	4	4	4	4	4
硬树脂	含固量/%	35	T_g/℃	0	10	20	30	40
	T_g/℃	90	碱溶树脂/%	10	10	10	10	10
	S/(mgKOH/g)	40	$M_{硬}$/g	0.61	1.04	1.43	1.80	2.15
	MMA/St	4	$M_{软}$/g	2.99	2.56	2.17	1.80	1.45
	TMPTA/%	0	$M_{碱}$/g	0.40	0.40	0.40	0.40	0.40
软树脂	含固量/%	35	光泽度(60°)/(°)					
	T_g/℃	−20	硬度/(6B~6H)					
	S/(mgKOH/g)	36	耐湿擦/次					
	MMA/St	4	耐磨/次					
	TPGDA/%	0	附着力/(0~5级)					
	TMPTA/%	0	干燥时间/s					
碱溶树脂	含固量/%	30	润湿时间/s					
	$T_{g碱}$/℃	90	耐水/min					
	S/(mgKOH/g)	180	耐乙醇/次					
	链转移剂/%	0.2	耐高温/℃					

各项性能测试完成后，将测试结果输入到计算机的表格中，计算机将在一个指定的 Excel 中自动生成如图 5-21 和图 5-22 所示的涂膜性能影响曲线。

涂膜参数		T_g/℃	0	10	20	30	40
碱溶树脂/%	10	光泽度(60°)/(°)	1	2	3	4	5
硬树脂		耐湿擦/次	3	4	5	6	7
含固量/%	35	耐水/min	9	10	11	12	13
T_g/℃	90	耐乙醇/次	12	13	14	15	16
S/(mgKOH/g)	40	耐高温/℃	13	14	15	16	17
MMA/St	4						
TPGDA/%	0						
TMPTA/%	0						
软树脂							
含固量/%	35						
T_g/℃	−20						
S/(mgKOH/g)	36						
MMA/St	4						
TPGDA/%	0						
TMPTA/%	0						
碱溶树脂							
含固量/%	30						
$T_{g碱}$/℃	90						
S/(mgKOH/g)	180						
链转移剂/%	0.2						

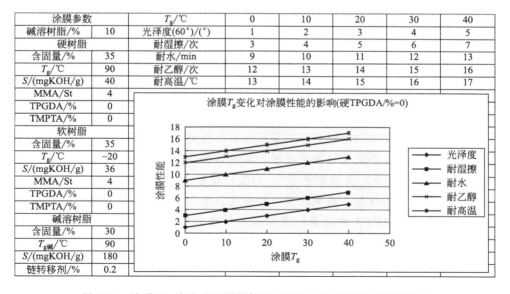

图 5-21　涂膜 T_g 变化在不同硬树脂 TPGDA 时对涂膜性能的影响

涂膜参数		TPGDA/%	0	1	2	3	4
碱溶树脂/%	10	硬度(60°)/(°)	1	6	11	16	21
		耐磨/次	3	8	13	18	23
硬树脂		附着力/(0~5级)	9	14	19	24	29
含固量/%	35	干燥时间/s	12	17	22	27	32
T_g/℃	90	润湿时间/s	13	18	23	28	33

MMA/St	4
TPGDA/%	0
TMPTA/%	0
软树脂	
含固量/%	35
T_g/℃	−50
S/(mgKOH/g)	36
MMA/St	4
TPGDA/%	0
TMPTA/%	0
碱溶树脂	
含固量/%	30
$T_{g碱}$/℃	−50
S/(mgKOH/g)	180
链转移剂/%	0.2

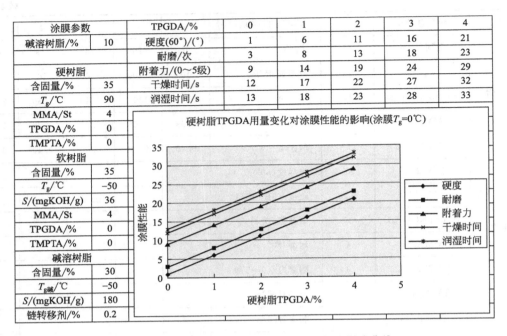

图 5-22　硬树脂 TPGDA 用量对涂膜性能的影响曲线

通过上述两组曲线可以对硬树脂 TPGDA 用量的改变对涂膜各种性能的影响进行直观的分析（参照案例 5-1）。

改变计算表中配方的参数，依次对硬树脂 TPGDA 用量的改变在不同的涂膜 T_g、不同的碱溶树脂用量以及不同的成膜助剂用量下对涂膜性能的影响进行研究和探索，找出硬树脂 TPGDA 用量变化对涂膜性能影响的一般规律。

选择不同的软树脂和碱溶树脂，进行上述实验研究，进一步验证硬树脂 TPGDA 用量对涂膜性能影响的规律。

【案例 5-5】　硬树脂 TMPTA 用量变化对成膜性能的影响

TMPTA（三羟甲基丙烷三丙烯酸酯）为三官能度功能单体，具有高沸点、高活性、低挥发、低黏度特性。TMPTA 分子含有三个双键，能与丙烯酸酯、甲基丙烯酸酯、乙酸乙烯酯和苯乙烯共聚。它可以用作交联成分，属于多双键型交联单体，在制备丙烯酸树脂的配方中，加入 TMPTA，可以形成立体网状交联，与丙烯酸类预聚体有良好的相溶性，可作活性稀释剂，用于紫外光（UV）及低能电子束（EB）辐射交联，还可以成为交联聚合的组成物，同时还广泛用于光固油墨、表面涂层、涂料及黏合剂中，并赋予良好的耐磨性和硬度附着力及光亮度。增大 TMPTA 的用量，可以提高树脂的交联度，有利于提高涂膜的各种性能。但是，过度的交联，有可能会产生凝胶，影响硬树脂乳液的性能。

研究硬树脂 TMPTA 用量变化对成膜性能的影响，要设计并合成一组硬树脂、设计合成 1~2 个软树脂和 1~2 个碱溶树脂。在设计硬树脂参数的时候，要确定硬树脂的玻璃化温度、酸值、含固量、MMA/St 比值等参数，改变 TMPTA 用量，制备出不同 TMPTA 用量的硬树脂。

　　选取软树脂和碱溶树脂各一瓶,将其依次与五瓶不同 TMPTA 用量的硬树脂搭配,具体操作方法参见案例 5-1,并将测试结果填入表 5-10。

表 5-10　使用不同 TMPTA 用量的硬树脂涂膜 T_g 变化对硬涂膜性能的影响

A	样品总量/g	4	硬树脂 TMPTA/%	0	0	0	0	0
硬树脂	含固量/%	35	T_g/℃	0	10	20	30	40
	T_g/℃	90	碱溶树脂/%	10	10	10	10	10
	S/(mgKOH/g)	40	$M_硬$/g	0.61	1.04	1.43	1.80	2.15
	MMA/St	4	$M_软$/g	2.99	2.56	2.17	1.80	1.45
	TPGDA/%	0	$M_碱$/g	0.40	0.40	0.40	0.40	0.40
软树脂	含固量/%	35	光泽度(60°)/(°)					
	T_g/℃	—20	硬度/(6B~6H)					
	S/(mgKOH/g)	36	耐湿擦/次					
	MMA/St	4	耐磨/次					
	TPGDA/%	0	附着力/(0~5 级)					
	TMPTA/%	0	干燥时间/s					
碱溶树脂	含固量/%	30	润湿时间/s					
	$T_{g碱}$/℃	90	耐水/min					
	S/(mgKOH/g)	180	耐乙醇/次					
	链转移剂/%	0.2	耐高温/℃					
A	样品总量/g	4	硬树脂 TMPTA/%	1	1	1	1	1
硬树脂	含固量/%	35	T_g/℃	0	10	20	30	40
	T_g/℃	90	碱溶树脂/%	10	10	10	10	10
	S/(mgKOH/g)	40	$M_硬$/g	0.61	1.04	1.43	1.80	2.15
	MMA/St	4	$M_软$/g	2.99	2.56	2.17	1.80	1.45
	TPGDA/%	0	$M_碱$/g	0.40	0.40	0.40	0.40	0.40
软树脂	含固量/%	35	光泽度(60°)/(°)					
	T_g/℃	—20	硬度/(6B~6H)					
	S/(mgKOH/g)	36	耐湿擦/次					
	MMA/St	4	耐磨/次					
	TPGDA/%	0	附着力/(0~5 级)					
	TMPTA/%	0	干燥时间/s					
碱溶树脂	含固量/%	30	润湿时间/s					
	$T_{g碱}$/℃	90	耐水/min					
	S/(mgKOH/g)	180	耐乙醇/次					
	链转移剂/%	0.2	耐高温/℃					

A	样品总量/g	4	硬树脂 TMPTA/%	2	2	2	2	2
硬树脂	含固量/%	35	T_g/℃	0	10	20	30	40
	T_g/℃	90	碱溶树脂/%	10	10	10	10	10
	S/(mgKOH/g)	40	$M_硬$/g	0.61	1.04	1.43	1.80	2.15
	MMA/St	4	$M_软$/g	2.99	2.56	2.17	1.80	1.45
	TPGDA/%	0	$M_碱$/g	0.40	0.40	0.40	0.40	0.40
软树脂	含固量/%	35	光泽度(60°)/(°)					
	T_g/℃	−20	硬度/(6B~6H)					
	S/(mgKOH/g)	36	耐湿擦/次					
	MMA/St	4	耐磨/次					
	TPGDA/%	0	附着力/(0~5 级)					
	TMPTA/%	0	干燥时间/s					
碱溶树脂	含固量/%	30	润湿时间/s					
	$T_{g碱}$/℃	90	耐水/min					
	S/(mgKOH/g)	180	耐乙醇/次					
	链转移剂/%	0.2	耐高温/℃					
A	样品总量/g	4	硬树脂 TMPTA/%	3	3	3	3	3
硬树脂	含固量/%	35	T_g/℃	0	10	20	30	40
	T_g/℃	90	碱溶树脂/%	10	10	10	10	10
	S/(mgKOH/g)	40	$M_硬$/g	0.61	1.04	1.43	1.80	2.15
	MMA/St	4	$M_软$/g	2.99	2.56	2.17	1.80	1.45
	TPGDA/%	0	$M_碱$/g	0.40	0.40	0.40	0.40	0.40
软树脂	含固量/%	35	光泽度(60°)/(°)					
	T_g/℃	−20	硬度/(6B~6H)					
	S/(mgKOH/g)	36	耐湿擦/次					
	MMA/St	4	耐磨/次					
	TPGDA/%	0	附着力/(0~5 级)					
	TMPTA/%	0	干燥时间/s					
碱溶树脂	含固量/%	30	润湿时间/s					
	$T_{g碱}$/℃	90	耐水/min					
	S/(mgKOH/g)	180	耐乙醇/次					
	链转移剂/%	0.2	耐高温/℃					

续表

A	样品总量/g	4	硬树脂 TMPTA/%	4	4	4	4	4
硬树脂	含固量/%	35	T_g/℃	0	10	20	30	40
	T_g/℃	90	碱溶树脂/%	10	10	10	10	10
	S/(mgKOH/g)	40	$M_硬$/g	0.61	1.04	1.43	1.80	2.15
	MMA/St	4	$M_软$/g	2.99	2.56	2.17	1.80	1.45
	TPGDA/%	0	$M_碱$/g	0.40	0.40	0.40	0.40	0.40
软树脂	含固量/%	35	光泽度(60°)/(°)					
	T_g/℃	−20	硬度/(6B~6H)					
	S/(mgKOH/g)	36	耐湿擦/次					
	MMA/St	4	耐磨/次					
	TPGDA/%	0	附着力/(0~5 级)					
	TMPTA/%	0	干燥时间/s					
碱溶树脂	含固量/%	30	润湿时间/s					
	$T_{g碱}$/℃	90	耐水/min					
	S/(mgKOH/g)	180	耐乙醇/次					
	链转移剂/%	0.2	耐高温/℃					

各项性能测试完成后，将测试结果输入到计算机的表格中，计算机将在一个指定的 Excel 中自动生成如图 5-23 和图 5-24 所示的涂膜性能曲线。

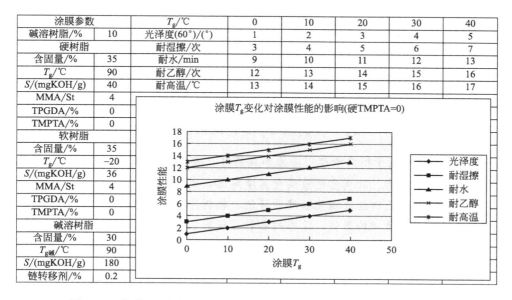

图 5-23　涂膜 T_g 变化在不同硬树脂 TMPTA 用量时对涂膜性能的影响

涂膜参数			TMPTA/%	0	1	2	3	4
T_g/℃	0		光泽度(60°)/(°)	1	6	11	16	21
碱溶树脂/%	10		耐湿擦/次	3	8	13	18	23
硬树脂			耐水/min	9	14	19	24	29
含固量/%	35		耐乙醇/次	12	17	22	27	32
T_g/℃	90		耐高温/℃	13	18	23	28	33
S/(mgKOH/g)	40							
TPGDA/%	0							
TMPTA/%	0							
软树脂								
含固量/%	35							
T_g/℃	-50							
S/(mgKOH/g)	36							
MMA/St	4							
TPGDA/%	0							
TMPTA/%	0							
碱溶树脂								
含固量/%	30							
$T_{g碱}$/℃	-50							
S/(mgKOH/g)	180							
链转移剂/%	0.2							

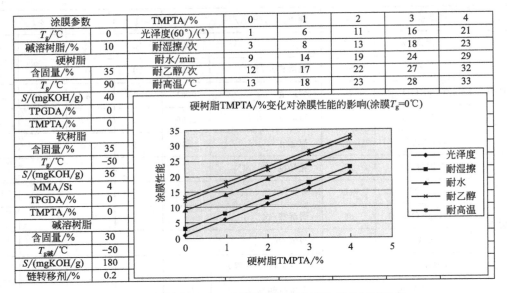

图 5-24　硬树脂 TMPTA 用量变化对涂膜性能的影响曲线

通过上述两组曲线可以对硬树脂 TMPTA 用量的改变对涂膜各种性能的影响进行直观的分析（参照案例 5-1）。

改变计算表中配方的参数，依次对硬树脂 TMPTA 用量的改变在不同的涂膜 T_g、不同的碱溶树脂用量以及不同的成膜助剂用量下对涂膜性能的影响进行研究和探索，找出硬树脂 TMPTA 用量变化对涂膜性能影响的一般规律。

选择不同的软树脂和碱溶树脂，进行上述实验研究，进一步验证硬树脂 TMPTA 用量对涂膜性能影响的规律。

二、软树脂对涂膜性能的影响

软树脂是指玻璃化温度低于−10℃的乳液树脂，它在涂膜配方中主要起黏结料作用，为涂膜提供附着力和成膜性。为了进一步了解软树脂参数变化对涂膜性能影响的规律，给出了以下几个案例。

【案例 5-6】　软树脂 T_g 变化对成膜性能的影响

软树脂 T_g 降低有利于提升涂膜附着力和成膜性，成膜的好坏决定了涂膜耐水性、耐磨性等其他各项性能的优劣。软树脂的玻璃化温度越低，成膜性越好，但是在涂膜的玻璃化温度一定的情况下，随着软树脂玻璃化温度的降低，软树脂在配方中的比例也会下降。当软树脂在涂膜中不能构成连续相的时候，涂膜的各种性能都会受到影响。

研究软树脂 T_g 变化对成膜性能的影响，需要设计并合成一组软树脂、设计合成 1~2 个硬树脂和 1~2 个碱溶树脂。在设计软树脂参数的时候，要确定软树脂的酸值、MMA/St 比值、含固量等参数，改变玻璃化温度，制备出不同玻璃化温度的软树脂。

选取硬树脂和碱溶树脂各一瓶，将其依次与五瓶不同玻璃化温度的软树脂搭配，具体操作方法参照案例 5-1，并将测试结果填入表 5-11。

表 5-11 使用不同 T_g 的软树脂涂膜 T_g 变化对硬涂膜性能的影响

A	样品总量/g	4	软 T_g/℃	−50	−50	−50	−50	−50
硬树脂	含固量/%	35	膜 T_g/℃	0	10	20	30	40
	T_g/℃	90	碱溶树脂/%	10	10	10	10	10
	S/(mgKOH/g)	40	$M_{硬}$/g	1.53	1.82	2.10	2.36	2.60
	MMA/St	4	$M_{软}$/g	2.07	1.78	1.50	1.24	1.00
	TPGDA/%	0	$M_{碱}$/g	0.40	0.40	0.40	0.40	0.40
	TMPTA/%	0	光泽度(60°)/(°)					
软树脂	含固量/%	35	硬度/(6B～6H)					
	S/(mgKOH/g)	36	耐湿擦/次					
	MMA/St	4	耐磨/次					
	TPGDA/%	0	附着力/(0～5 级)					
	TMPTA/%	0	干燥时间/s					
碱溶树脂	含固量/%	30	润湿时间/s					
	$T_{g碱}$/℃	90	耐水/min					
	S/(mgKOH/g)	180	耐乙醇/次					
	链转移剂/%	0.2	耐高温/℃					
A	样品总量/g	4	软 T_g/℃	−40	−40	−40	−40	−40
硬树脂	含固量/%	35	膜 T_g/℃	0	10	20	30	40
	T_g/℃	90	碱溶树脂/%	10	10	10	10	10
	S/(mgKOH/g)	40	$M_{硬}$/g	1.27	1.60	1.91	2.20	2.47
	MMA/St	4	$M_{软}$/g	2.33	2.00	1.69	1.40	1.13
	TPGDA/%	0	$M_{碱}$/g	0.40	0.40	0.40	0.40	0.40
	TMPTA/%	0	光泽度(60°)/(°)					
软树脂	含固量/%	35	硬度/(6B～6H)					
	S/(mgKOH/g)	36	耐湿擦/次					
	MMA/St	4	耐磨/次					
	TPGDA/%	0	附着力/(0～5 级)					
	TMPTA/%	0	干燥时间/s					
碱溶树脂	含固量/%	30	润湿时间/s					
	$T_{g碱}$/℃	90	耐水/min					
	S/(mgKOH/g)	180	耐乙醇/次					
	链转移剂/%	0.2	耐高温/℃					

续表

A	样品总量/g	4	软 T_g/℃	−30	−30	−30	−30	−30
硬树脂	含固量/%	35	膜 T_g/℃	0	10	20	30	40
	T_g/℃	90	碱溶树脂/%	10	10	10	10	10
	S/(mgKOH/g)	40	$M_{硬}$/g	0.97	1.34	1.69	2.02	2.32
	MMA/St	4	$M_{软}$/g	2.63	2.26	1.91	1.58	1.28
	TPGDA/%	0	$M_{碱}$/g	0.40	0.40	0.40	0.40	0.40
	TMPTA/%	0	光泽度(60°)/(°)					
软树脂	含固量/%	35	硬度/(6B～6H)					
	S/(mgKOH/g)	36	耐湿擦/次					
	MMA/St	4	耐磨/次					
	TPGDA/%	0	附着力/(0～5级)					
	TMPTA/%	0	干燥时间/s					
碱溶树脂	含固量/%	30	润湿时间/s					
	$T_{g碱}$/℃	90	耐水/min					
	S/(mgKOH/g)	180	耐乙醇/次					
	链转移剂/%	0.2	耐高温/℃					
A	样品总量/g	4	软 T_g/℃	−20	−20	−20	−20	−20
硬树脂	含固量/%	35	膜 T_g/℃	0	10	20	30	40
	T_g/℃	90	碱溶树脂/%	10	10	10	10	10
	S/(mgKOH/g)	40	$M_{硬}$/g	0.61	1.04	1.43	1.80	2.15
	MMA/St	4	$M_{软}$/g	2.99	2.56	2.17	1.80	1.45
	TPGDA/%	0	$M_{碱}$/g	0.40	0.40	0.40	0.40	0.40
	TMPTA/%	0	光泽度(60°)/(°)					
软树脂	含固量/%	35	硬度/(6B～6H)					
	S/(mgKOH/g)	36	耐湿擦/次					
	MMA/St	4	耐磨/次					
	TPGDA/%	0	附着力/(0～5级)					
	TMPTA/%	0	干燥时间/s					
碱溶树脂	含固量/%	30	润湿时间/s					
	$T_{g碱}$/℃	90	耐水/min					
	S/(mgKOH/g)	180	耐乙醇/次					
	链转移剂/%	0.2	耐高温/℃					

续表

A	样品总量/g	4	软 T_g/℃	−10	−10	−10	−10	−10
硬树脂	含固量/%	35	膜 T_g/℃	0	10	20	30	40
	T_g/℃	90	碱溶树脂/%	10	10	10	10	10
	S/(mgKOH/g)	40	$M_硬$/g	0.18	0.67	1.12	1.55	1.94
	MMA/St	4	$M_软$/g	3.42	2.93	2.48	2.05	1.66
	TPGDA/%	0	$M_碱$/g	0.40	0.40	0.40	0.40	0.40
	TMPTA/%	0	光泽度(60°)/(°)					
软树脂	含固量/%	35	硬度/(6B~6H)					
	S/(mgKOH/g)	36	耐湿擦/次					
	MMA/St	4	耐磨/次					
	TPGDA/%	0	附着力/(0~5级)					
	TMPTA/%	0	干燥时间/s					
碱溶树脂	含固量/%	30	润湿时间/s					
	$T_{g碱}$/℃	90	耐水/min					
	S/(mgKOH/g)	180	耐乙醇/次					
	链转移剂/%	0.2	耐高温/℃					

各项性能测试完成后，将测试结果输入到计算机的表格中，计算机将在一个指定的 Excel 中自动生成如图 5-25 和图 5-26 所示的涂膜性能影响曲线。

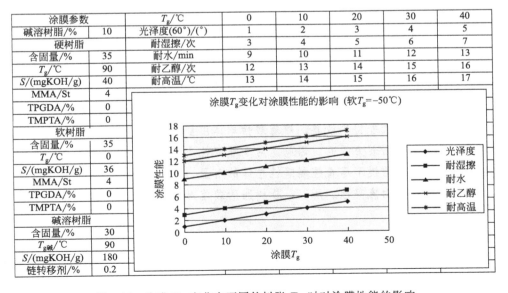

图 5-25　涂膜 T_g 变化在不同软树脂 T_g 时对涂膜性能的影响

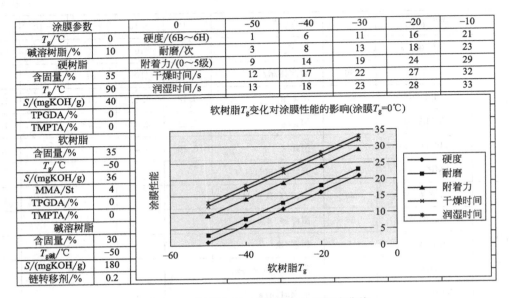

图 5-26　软树脂 T_g 对涂膜性能的影响曲线

通过上述两组曲线可以对软树脂玻璃化温度的改变对涂膜各种性能的影响进行直观的分析（参照案例 5-1）。

改变计算表中配方的参数，依次对软树脂玻璃化温度的改变在不同的涂膜 T_g、不同的碱溶树脂用量以及不同的成膜助剂用量下对涂膜性能的影响进行研究和探索，找出软树脂玻璃化温度变化对涂膜性能影响的一般规律。

选择不同的硬树脂和碱溶树脂，进行上述实验研究，进一步验证软树脂 T_g 对涂膜性能影响的规律。

【案例 5-7】　软树脂酸值变化对成膜性能的影响

软树脂酸值对涂膜附着力、耐溶剂性和耐磨次数影响较大。提高软树脂的酸值，可以增加软树脂的极性，提高树脂的内聚力，降低乳胶粒的粒径，有利于提高涂膜的各种性能。提高酸值，可以更多地引入—COOH 基团，随着（甲基）丙烯酸用量的增加，树脂的亲水性逐渐增加，涂膜耐溶剂性能得到改善。随着酸性单体用量的增加，对于非极性底材的附着力下降，对于极性底材的附着力提高。因此，对于非极性底材，在设计树脂酸值的时候，应在满足树脂乳液透明性的前提下尽量控制酸性单体的用量。另外，软树脂的酸值过高，会影响乳液的稠度，影响涂料的流平性。所以，软树脂的酸值对涂膜性能的影响，是从事水性涂料行业的人员都要掌握的。

研究软树脂酸值变化对成膜性能的影响，要设计并合成一组软树脂、设计合成 1~2 个硬树脂和 1~2 个碱溶树脂。在设计软树脂参数的时候，要确定软树脂的玻璃化温度、MMA/St 比值、含固量等参数，改变酸值，制备出不同酸值的软树脂。

选取硬树脂和碱溶树脂各一瓶，将其与五瓶不同酸值的软树脂搭配，具体方法同案例 5-1，并将测试结果填入表 5-12。

表 5-12　使用不同酸值的软树脂涂膜 T_g 变化对硬涂膜性能的影响

A	样品总量/g	4	软 $S/(mgKOH/g)$	0	0	0	0	0
硬树脂	含固量/%	35	膜 T_g/℃	0	10	20	30	40
	T_g/℃	90	碱溶树脂/%	10	10	10	10	10
	$S/(mgKOH/g)$	40	$M_硬$/g	0.61	1.04	1.43	1.80	2.15
	MMA/St	4	$M_软$/g	2.99	2.56	2.17	1.80	1.45
	TPGDA/%	0	$M_碱$/g	0.40	0.40	0.40	0.40	0.40
	TMPTA/%	0	光泽度(60°)/(°)					
软树脂	含固量/%	35	硬度/(6B~6H)					
	T_g/℃	−20	耐湿擦/次					
	MMA/St	4	耐磨/次					
	TPGDA/%	0	附着力/(0~5 级)					
	TMPTA/%	0	干燥时间/s					
碱溶树脂	含固量/%	30	润湿时间/s					
	$T_{g碱}$/℃	90	耐水/min					
	$S/(mgKOH/g)$	180	耐乙醇/次					
	链转移剂/%	0.2	耐高温/℃					
A	样品总量/g	4	软 $S/(mgKOH/g)$	9	9	9	9	9
硬树脂	含固量/%	35	膜 T_g/℃	0	10	20	30	40
	T_g/℃	90	碱溶树脂/%	10	10	10	10	10
	$S/(mgKOH/g)$	40	$M_硬$/g	0.61	1.04	1.43	1.80	2.15
	MMA/St	4	$M_软$/g	2.99	2.56	2.17	1.80	1.45
	TPGDA/%	0	$M_碱$/g	0.40	0.40	0.40	0.40	0.40
	TMPTA/%	0	光泽度(60°)/(°)					
软树脂	含固量/%	35	硬度/(6B~6H)					
	T_g/℃	−20	耐湿擦/次					
	MMA/St	4	耐磨/次					
	TPGDA/%	0	附着力/(0~5 级)					
	TMPTA/%	0	干燥时间/s					
碱溶树脂	含固量/%	30	润湿时间/s					
	$T_{g碱}$/℃	90	耐水/min					
	$S/(mgKOH/g)$	180	耐乙醇/次					
	链转移剂/%	0.2	耐高温/℃					

A	样品总量/g	4	软 S/(mgKOH/g)	18	18	18	18	18
硬树脂	含固量/%	35	膜 T_g/℃	0	10	20	30	40
	T_g/℃	90	碱溶树脂/%	10	10	10	10	10
	S/(mgKOH/g)	40	$M_硬$/g	0.61	1.04	1.43	1.80	2.15
	MMA/St	4	$M_软$/g	2.99	2.56	2.17	1.80	1.45
	TPGDA/%	0	$M_碱$/g	0.40	0.40	0.40	0.40	0.40
	TMPTA/%	0	光泽度(60°)/(°)					
软树脂	含固量/%	35	硬度/(6B~6H)					
	T_g/℃	−20	耐湿擦/次					
	MMA/St	4	耐磨/次					
	TPGDA/%	0	附着力/(0~5 级)					
	TMPTA/%	0	干燥时间/s					
碱溶树脂	含固量/%	30	润湿时间/s					
	$T_{g碱}$/℃	90	耐水/min					
	S/(mgKOH/g)	180	耐乙醇/次					
	链转移剂/%	0.2	耐高温/℃					
A	样品总量/g	4	软 S/(mgKOH/g)	27	27	27	27	27
硬树脂	含固量/%	35	膜 T_g/℃	0	10	20	30	40
	T_g/℃	90	碱溶树脂/%	10	10	10	10	10
	S/(mgKOH/g)	40	$M_硬$/g	0.61	1.04	1.43	1.80	2.15
	MMA/St	4	$M_软$/g	2.99	2.56	2.17	1.80	1.45
	TPGDA/%	0	$M_碱$/g	0.40	0.40	0.40	0.40	0.40
	TMPTA/%	0	光泽度(60°)/(°)					
软树脂	含固量/%	35	硬度/(6B~6H)					
	T_g/℃	−20	耐湿擦/次					
	MMA/St	4	耐磨/次					
	TPGDA/%	0	附着力/(0~5 级)					
	TMPTA/%	0	干燥时间/s					
碱溶树脂	含固量/%	30	润湿时间/s					
	$T_{g碱}$/℃	90	耐水/min					
	S/(mgKOH/g)	180	耐乙醇/次					
	链转移剂/%	0.2	耐高温/℃					

续表

A	样品总量/g	4	软S/(mgKOH/g)	36	36	36	36	36
硬树脂	含固量/%	35	膜T_g/℃	0	10	20	30	40
	T_g/℃	90	碱溶树脂/%	10	10	10	10	10
	S/(mgKOH/g)	40	$M_硬$/g	0.61	1.04	1.43	1.80	2.15
	MMA/St	4	$M_软$/g	2.99	2.56	2.17	1.80	1.45
	TPGDA/%	0	$M_碱$/g	0.40	0.40	0.40	0.40	0.40
	TMPTA/%	0	光泽度(60°)/(°)					
软树脂	含固量/%	35	硬度/(6B~6H)					
	T_g/℃	−20	耐湿擦/次					
	MMA/St	4	耐磨/次					
	TPGDA/%	0	附着力/(0~5级)					
	TMPTA/%	0	干燥时间/s					
碱溶树脂	含固量/%	30	润湿时间/s					
	$T_{g碱}$/℃	90	耐水/min					
	S/(mgKOH/g)	180	耐乙醇/次					
	链转移剂/%	0.2	耐高温/℃					

各项性能测试完成后，将测试结果输入到计算机的表格中，计算机将在一个指定的Excel中自动生成如图5-27和图5-28所示的涂膜性能影响曲线。

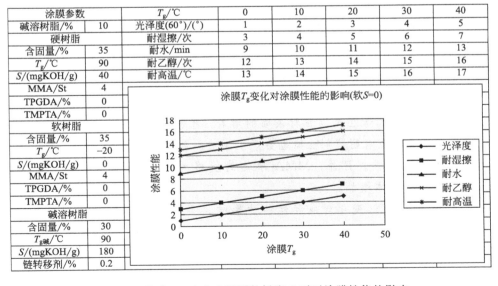

涂膜参数		T_g/℃	0	10	20	30	40
碱溶树脂/%	10	光泽度(60°)/(°)	1	2	3	4	5
硬树脂		耐湿擦/次	3	4	5	6	7
含固量/%	35	耐水/min	9	10	11	12	13
T_g/℃	90	耐乙醇/次	12	13	14	15	16
S/(mgKOH/g)	40	耐高温/℃	13	14	15	16	17
MMA/St	4						
TPGDA/%	0						
TMPTA/%	0						
软树脂							
含固量/%	35						
T_g/℃	−20						
S/(mgKOH/g)	0						
MMA/St	4						
TPGDA/%	0						
TMPTA/%	0						
碱溶树脂							
含固量/%	30						
$T_{g碱}$/℃	90						
S/(mgKOH/g)	180						
链转移剂/%	0.2						

图 5-27　涂膜 T_g 变化在不同软树脂 S 时对涂膜性能的影响

涂膜参数	0	0	0	9	18	27	36
T_g/℃	10	光泽度(60°)/(°)	1	6	11	16	21
碱溶树脂/%	0	耐湿擦/次	3	8	13	18	23
硬树脂		耐水/min	9	14	19	24	29
含固量/%	35	耐乙醇/次	12	17	22	27	32
T_g/℃	90	耐高温/℃	13	18	23	28	33
S/(mgKOH/g)	40						
MMA/St	4						
TMPTA/%	0						
软树脂							
含固量/%	35						
T_g/℃	-50						
S/(mgKOH/g)	36						
MMA/St	4						
TPGDA/%	0						
TMPTA/%	0						
碱溶树脂							
含固量/%	30						
$T_{g碱}$/℃	-50						
S/(mgKOH/g)	180						
链转移剂/%	0.2						

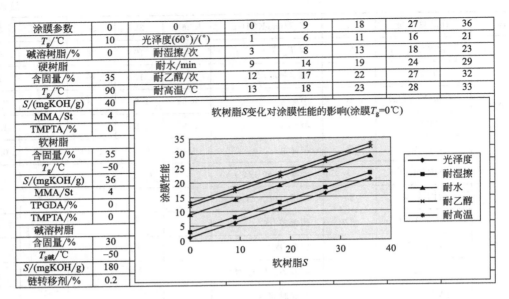

图 5-28　软树脂 S 对涂膜性能的影响曲线

通过上述两组曲线可以对软树脂酸值的改变对涂膜各种性能的影响进行直观的分析（参照案例 5-1）。

改变计算表中配方的参数，依次对软树脂酸值的改变在不同的涂膜 T_g、不同的碱溶树脂用量以及不同的成膜助剂用量下对涂膜性能的影响进行研究和探索，找出软树脂酸值变化对涂膜性能影响的一般规律。

选择不同的软树脂和碱溶树脂，进行上述实验研究，进一步验证软树脂酸值对涂膜性能影响的规律。

【案例 5-8】　软树脂 MMA/St 变化对成膜性能的影响

软树脂 MMA/St 是影响树脂极性的一个参数，改变软树脂的 MMA/St，对软树脂的乳胶粒粒径、乳液的稠度等性能都会产生影响，对于树脂的成膜性能和涂膜的各种性能也会产生影响。提高 MMA/St，可以增大树脂的极性，降低乳胶粒粒径，改善树脂的成膜性能，增加涂膜的内聚力，有利于在极性底材表面的附着，不利于在非极性底材表面的附着。同时，对于涂膜的耐水性或者耐溶剂性能也会产生影响。如果 MMA/St 过高，则容易导致乳液稠度过大，影响流平性。另外，MMA 单体的价格大约是 St 单体价格的二倍，增大 MMA/St 会使产品的成本增加。

研究软树脂 MMA/St 变化对成膜性能的影响，要设计并合成一组软树脂、设计合成 1～2 个硬树脂和 1～2 个碱溶树脂。在设计软树脂参数的时候，要确定软树脂的玻璃化温度、酸值、含固量等参数，改变 MMA/St 比值，制备出不同 MMA/St 比值的软树脂。

选取硬树脂和碱溶树脂各一瓶，将其与五瓶不同 MMA/St 比值的软树脂搭配，具体操作方法参照案例 5-1，并将测试结果填入表 5-13。

表 5-13 使用不同 MMA/St 的软树脂涂膜 T_g 变化对硬涂膜性能的影响

A	样品总量/g	4	软 MMA/St	0	0	0	0	0
硬树脂	含固量/%	35	膜 T_g/℃	0	10	20	30	40
	T_g/℃	90	碱溶树脂/%	10	10	10	10	10
	S/(mgKOH/g)	40	$M_{硬}$/g	0.61	1.04	1.43	1.80	2.15
	MMA/St	4	$M_{软}$/g	2.99	2.56	2.17	1.80	1.45
	TPGDA/%	0	$M_{碱}$/g	0.40	0.40	0.40	0.40	0.40
	TMPTA/%	0	光泽度(60°)/(°)					
软树脂	含固量/%	35	硬度/(6B~6H)					
	T_g/℃	−20	耐湿擦/次					
	S/(mgKOH/g)	36	耐磨/次					
	TPGDA/%	0	附着力/(0~5 级)					
	TMPTA/%	0	干燥时间/s					
碱溶树脂	含固量/%	30	润湿时间/s					
	$T_{g碱}$/℃	90	耐水/min					
	S/(mgKOH/g)	180	耐乙醇/次					
	链转移剂/%	0.2	耐高温/℃					
A	样品总量/g	4	软 MMA/St	1	1	1	1	1
硬树脂	含固量/%	35	膜 T_g/℃	0	10	20	30	40
	T_g/℃	90	碱溶树脂/%	10	10	10	10	10
	S/(mgKOH/g)	40	$M_{硬}$/g	0.61	1.04	1.43	1.80	2.15
	MMA/St	4	$M_{软}$/g	2.99	2.56	2.17	1.80	1.45
	TPGDA/%	0	$M_{碱}$/g	0.40	0.40	0.40	0.40	0.40
	TMPTA/%	0	光泽度(60°)/(°)					
软树脂	含固量/%	35	硬度/(6B~6H)					
	T_g/℃	−20	耐湿擦/次					
	S/(mgKOH/g)	36	耐磨/次					
	TPGDA/%	0	附着力/(0~5 级)					
	TMPTA/%	0	干燥时间/s					
碱溶树脂	含固量/%	30	润湿时间/s					
	$T_{g碱}$/℃	90	耐水/min					
	S/(mgKOH/g)	180	耐乙醇/次					
	链转移剂/%	0.2	耐高温/℃					

续表

A	样品总量/g	4	软 MMA/St	2	2	2	2	2
硬树脂	含固量/%	35	膜 T_g/℃	0	10	20	30	40
	T_g/℃	90	碱溶树脂/%	10	10	10	10	10
	S/(mgKOH/g)	40	$M_{硬}$/g	0.61	1.04	1.43	1.80	2.15
	MMA/St	4	$M_{软}$/g	2.99	2.56	2.17	1.80	1.45
	TPGDA/%	0	$M_{碱}$/g	0.40	0.40	0.40	0.40	0.40
	TMPTA/%	0	光泽度(60°)/(°)					
软树脂	含固量/%	35	硬度/(6B~6H)					
	T_g/℃	−20	耐湿擦/次					
	S/(mgKOH/g)	36	耐磨/次					
	TPGDA/%	0	附着力/(0~5 级)					
	TMPTA/%	0	干燥时间/s					
碱溶树脂	含固量/%	30	润湿时间/s					
	$T_{g碱}$/℃	90	耐水/min					
	S/(mgKOH/g)	180	耐乙醇/次					
	链转移剂/%	0.2	耐高温/℃					
A	样品总量/g	4	软 MMA/St	3	3	3	3	3
硬树脂	含固量/%	35	膜 T_g/℃	0	10	20	30	40
	T_g/℃	90	碱溶树脂/%	10	10	10	10	10
	S/(mgKOH/g)	40	$M_{硬}$/g	0.61	1.04	1.43	1.80	2.15
	MMA/St	4	$M_{软}$/g	2.99	2.56	2.17	1.80	1.45
	TPGDA/%	0	$M_{碱}$/g	0.40	0.40	0.40	0.40	0.40
	TMPTA/%	0	光泽度(60°)/(°)					
软树脂	含固量/%	35	硬度/(6B~6H)					
	T_g/℃	−20	耐湿擦/次					
	S/(mgKOH/g)	36	耐磨/次					
	TPGDA/%	0	附着力/(0~5 级)					
	TMPTA/%	0	干燥时间/s					
碱溶树脂	含固量/%	30	润湿时间/s					
	$T_{g碱}$/℃	90	耐水/min					
	S/(mgKOH/g)	180	耐乙醇/次					
	链转移剂/%	0.2	耐高温/℃					

续表

A	样品总量/g	4	软 MMA/St	4	4	4	4	4
硬树脂	含固量/%	35	膜 T_g/℃	0	10	20	30	40
	T_g/℃	90	碱溶树脂/%	10	10	10	10	10
	S/(mgKOH/g)	40	$M_硬$/g	0.61	1.04	1.43	1.80	2.15
	MMA/St	4	$M_软$/g	2.99	2.56	2.17	1.80	1.45
	TPGDA/%	0	$M_碱$/g	0.40	0.40	0.40	0.40	0.40
	TMPTA/%	0	光泽度(60°)/(°)					
软树脂	含固量/%	35	硬度/(6B~6H)					
	T_g/℃	−20	耐湿擦/次					
	S/(mgKOH/g)	36	耐磨/次					
	TPGDA/%	0	附着力/(0~5级)					
	TMPTA/%	0	干燥时间/s					
碱溶树脂	含固量/%	30	润湿时间/s					
	$T_{g碱}$/℃	90	耐水/min					
	S/(mgKOH/g)	180	耐乙醇/次					
	链转移剂/%	0.2	耐高温/℃					

各项性能测试完成后，将测试结果输入到计算机的表格中，计算机将在一个指定的 Excel 中自动生成如图 5-29 和图 5-30 所示的涂膜性能影响曲线。

涂膜参数	0	T_g/℃	0	10	20	30	40
碱溶树脂/%	10	光泽度(60°)/(°)	1	2	3	4	5
硬树脂		耐湿擦/次	3	4	5	6	7
含固量/%	35	耐水/min	9	10	11	12	13
T_g/℃	90	耐乙醇/次	12	13	14	15	16
S/(mgKOH/g)	40	耐高温/℃	13	14	15	16	17
MMA/St	4						
TPGDA/%	0						
TMPTA/%	0						
软树脂							
含固量/%	35						
T_g/℃	−20						
S/(mgKOH/g)	36						
MMA/St	0						
TPGDA/%	0						
TMPTA/%	0						
碱溶树脂							
含固量/%	30						
$T_{g碱}$/℃	90						
S/(mgKOH/g)	180						
链转移剂/%	0.2						

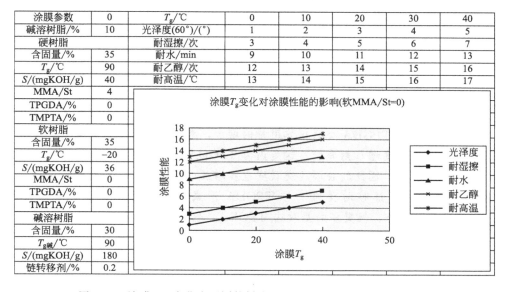

图 5-29　涂膜 T_g 变化在不同软树脂 MMA/St 时对涂膜性能的影响

涂膜参数	0	0	0	1	2	3	4
T_g/℃	10	硬度/(6B~6H)	1	6	11	16	21
碱溶树脂/%	0	耐磨/次	3	8	13	18	23
硬树脂		附着力/(0~5级)	9	14	19	24	29
含固量/%	35	干燥时间/s	12	17	22	27	32
T_g/℃	90	润湿时间/s	13	18	23	28	33
S/(mgKOH/g)	40						
MMA/St	4						
TMPTA/%	0						
软树脂							
含固量/%	35						
T_g/℃	-50						
S/(mgKOH/g)	36						
MMA/St	4						
TPGDA/%	0						
TMPTA/%	0						
碱溶树脂							
含固量/%	30						
$T_{g碱}$/℃	-50						
S/(mgKOH/g)	180						
链转移剂/%	0.2						

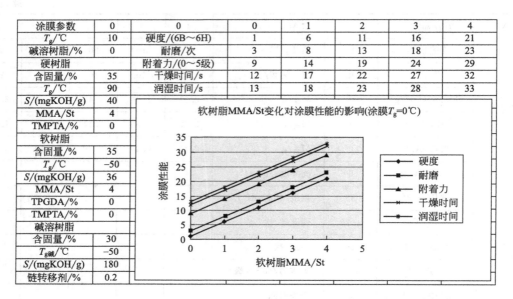

图 5-30　软树脂 MMA/St 比值对涂膜性能的影响曲线

通过上述两组曲线可以对软树脂 MMA/St 比值的改变对涂膜各种性能的影响进行直观的分析（参照案例 5-1）。

改变计算表中配方的参数，依次对软树脂 MMA/St 比值的改变在不同的涂膜 T_g、不同的碱溶树脂用量以及不同的成膜助剂用量下对涂膜性能的影响进行研究和探索，找出软树脂 MMA/St 比值变化对涂膜性能影响的一般规律。

选择不同的硬树脂和碱溶树脂，进行上述实验研究，进一步验证软树脂 MMA/St 比值对涂膜性能影响的规律。

【案例 5-9】　软树脂 TPGDA 用量变化对涂膜性能的影响

TPGDA 分子含有两个双键，能与丙烯酸酯、甲基丙烯酸酯、乙酸乙烯酯和苯乙烯共聚。它可以用作交联成分，属于多双键型交联单体。在制备软丙烯酸树脂的配方中，加入 TPGDA，由于乳胶粒中软的聚合物链段在聚合反应温度下有足够的分子运动，更容易形成网状交联，提高软树脂的强度。增大 TPGDA 的用量，可以提高树脂的交联度，有利于提高涂膜的各种性能。随着 TPGDA 交联单体用量的增加，树脂的交联度提高较快，但当其用量超过一定数值后，交联度增加则变缓。这是因为 TPGDA 用量的增加，导致链自由基浓度增加，交联的活性点增多，因此乳胶膜的交联度也就增加；但当 TPGDA 用量增大后，共聚物的交联网络基本形成，链移动受阻，与 TPGDA 形成的链自由基的反应变慢；剩余的 TPGDA 尽管被引发聚合，但更多的是攻击 TPGDA，仅生成 TPGDA 均聚物，而未与主链交联或与主链形成网状交联。

研究软树脂 TPGDA 用量变化对成膜性能的影响，要设计并合成一组软树脂、设计合成 1~2 个硬树脂和 1~2 个碱溶树脂。在设计软树脂参数的时候，要确定软树脂的玻璃化温度、酸值、含固量、MMA/St 比值等参数，改变 TPGDA 用量，制备出不同 TPGDA 用量的软树脂。

选取硬树脂和碱溶树脂各一瓶，将其依次与五瓶不同 TPGDA 用量的软树脂搭配，具体操作方法参照案例 5-1，并将测试结果填入表 5-14。

表 5-14　使用不同 TPGDA 用量的软树脂涂膜 T_g 变化对硬涂膜性能的影响

A	样品总量/g	4	软 TPGDA/%	0	0	0	0	0
硬树脂	含固量/%	35	膜 T_g/℃	0	10	20	30	40
	T_g/℃	90	碱溶树脂/%	10	10	10	10	10
	S/(mgKOH/g)	40	$M_硬$/g	0.61	1.04	1.43	1.80	2.15
	MMA/St	4	$M_软$/g	2.99	2.56	2.17	1.80	1.45
	TPGDA/%	0	$M_碱$/g	0.40	0.40	0.40	0.40	0.40
	TMPTA/%	0	光泽度(60°)/(°)					
软树脂	含固量/%	35	硬度/(6B～6H)					
	T_g/℃	−20	耐湿擦/次					
	S/(mgKOH/g)	36	耐磨/次					
	MMA/St	4	附着力/(0～5 级)					
	TMPTA/%	0	干燥时间/s					
碱溶树脂	含固量/%	30	润湿时间/s					
	$T_{g碱}$/℃	90	耐水/min					
	S/(mgKOH/g)	180	耐乙醇/次					
	链转移剂/%	0.2	耐高温/℃					
A	样品总量/g	4	软 TPGDA/%	1	1	1	1	1
硬树脂	含固量/%	35	膜 T_g/℃	0	10	20	30	40
	T_g/℃	90	碱溶树脂/%	10	10	10	10	10
	S/(mgKOH/g)	40	$M_硬$/g	0.61	1.04	1.43	1.80	2.15
	MMA/St	4	$M_软$/g	2.99	2.56	2.17	1.80	1.45
	TPGDA/%	0	$M_碱$/g	0.40	0.40	0.40	0.40	0.40
	TMPTA/%	0	光泽度(60°)/(°)					
软树脂	含固量/%	35	硬度/(6B～6H)					
	T_g/℃	−20	耐湿擦/次					
	S/(mgKOH/g)	36	耐磨/次					
	MMA/St	4	附着力/(0～5 级)					
	TMPTA/%	0	干燥时间/s					
碱溶树脂	含固量/%	30	润湿时间/s					
	$T_{g碱}$/℃	90	耐水/min					
	S/(mgKOH/g)	180	耐乙醇/次					
	链转移剂/%	0.2	耐高温/℃					

续表

A	样品总量/g	4	软 TPGDA/%	2	2	2	2	2
硬树脂	含固量/%	35	膜 T_g/℃	0	10	20	30	40
	T_g/℃	90	碱溶树脂/%	10	10	10	10	10
	S/(mgKOH/g)	40	$M_硬$/g	0.61	1.04	1.43	1.80	2.15
	MMA/St	4	$M_软$/g	2.99	2.56	2.17	1.80	1.45
	TPGDA/%	0	$M_碱$/g	0.40	0.40	0.40	0.40	0.40
	TMPTA/%	0	光泽度(60°)/(°)					
软树脂	含固量/%	35	硬度/(6B～6H)					
	T_g/℃	−20	耐湿擦/次					
	S/(mgKOH/g)	36	耐磨/次					
	MMA/St	4	附着力/(0～5 级)					
	TMPTA/%	0	干燥时间/s					
碱溶树脂	含固量/%	30	润湿时间/s					
	$T_{g碱}$/℃	90	耐水/min					
	S/(mgKOH/g)	180	耐乙醇/次					
	链转移剂/%	0.2	耐高温/℃					
A	样品总量/g	4	软 TPGDA/%	3	3	3	3	3
硬树脂	含固量/%	35	膜 T_g/℃	0	10	20	30	40
	T_g/℃	90	碱溶树脂/%	10	10	10	10	10
	S/(mgKOH/g)	40	$M_硬$/g	0.61	1.04	1.43	1.80	2.15
	MMA/St	4	$M_软$/g	2.99	2.56	2.17	1.80	1.45
	TPGDA/%	0	$M_碱$/g	0.40	0.40	0.40	0.40	0.40
	TMPTA/%	0	光泽度(60°)/(°)					
软树脂	含固量/%	35	硬度/(6B～6H)					
	T_g/℃	−20	耐湿擦/次					
	S/(mgKOH/g)	36	耐磨/次					
	MMA/St	4	附着力/(0～5 级)					
	TMPTA/%	0	干燥时间/s					
碱溶树脂	含固量/%	30	润湿时间/s					
	$T_{g碱}$/℃	90	耐水/min					
	S/(mgKOH/g)	180	耐乙醇/次					
	链转移剂/%	0.2	耐高温/℃					

续表

A	样品总量/g	4	软 TPGDA/%	4	4	4	4	4
硬树脂	含固量/%	35	膜 T_g/℃	0	10	20	30	40
	T_g/℃	90	碱溶树脂/%	10	10	10	10	10
	S/(mgKOH/g)	40	$M_硬$/g	0.61	1.04	1.43	1.80	2.15
	MMA/St	4	$M_软$/g	2.99	2.56	2.17	1.80	1.45
	TPGDA/%	0	$M_碱$/g	0.40	0.40	0.40	0.40	0.40
	TMPTA/%	0	光泽度(60°)/(°)					
软树脂	含固量/%	35	硬度/(6B~6H)					
	T_g/℃	−20	耐湿擦/次					
	S/(mgKOH/g)	36	耐磨/次					
	MMA/St	4	附着力/(0~5 级)					
	TMPTA/%	0	干燥时间/s					
碱溶树脂	含固量/%	30	润湿时间/s					
	$T_{g碱}$/℃	90	耐水/min					
	S/(mgKOH/g)	180	耐乙醇/次					
	链转移剂/%	0.2	耐高温/℃					

各项性能测试完成后，将测试结果输入到计算机的表格中，计算机将在一个指定的 Excel 中自动生成如图 5-31 和图 5-32 所示的涂膜性能影响曲线。

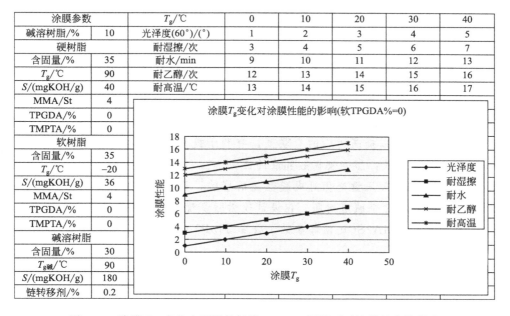

涂膜参数			T_g/℃	0	10	20	30	40
碱溶树脂/%		10	光泽度(60°)/(°)	1	2	3	4	5
硬树脂			耐湿擦/次	3	4	5	6	7
含固量/%		35	耐水/min	9	10	11	12	13
T_g/℃		90	耐乙醇/次	12	13	14	15	16
S/(mgKOH/g)		40	耐高温/℃	13	14	15	16	17
MMA/St		4						
TPGDA/%		0						
TMPTA/%		0						
软树脂								
含固量/%		35						
T_g/℃		−20						
S/(mgKOH/g)		36						
MMA/St		4						
TPGDA/%		0						
TMPTA/%		0						
碱溶树脂								
含固量/%		30						
$T_{g碱}$/℃		90						
S/(mgKOH/g)		180						
链转移剂/%		0.2						

图 5-31　涂膜 T_g 变化在不同软树脂 TPGDA 用量时对涂膜性能的影响

涂膜参数		0	0	1	2	3	4
T_g/℃	10	光泽度(60°)/(°)	1	6	11	16	21
碱溶树脂/%	0	耐湿擦/次	3	8	13	18	23
硬树脂		耐水/min	9	14	19	24	29
含固量/%	35	耐乙醇/次	12	17	22	27	32
T_g/℃	90	耐高温/℃	13	18	23	28	33
S/(mgKOH/g)	40						
MMA/St	4						
TPGDA/%	0						
软树脂							
含固量/%	35						
T_g/℃	−50						
S/(mgKOH/g)	36						
MMA/St	4						
TPGDA/%	0						
TMPTA/%	0						
碱溶树脂							
含固量/%	30						
$T_{g碱}$/℃	−50						
S/(mgKOH/g)	180						
链转移剂/%	0.2						

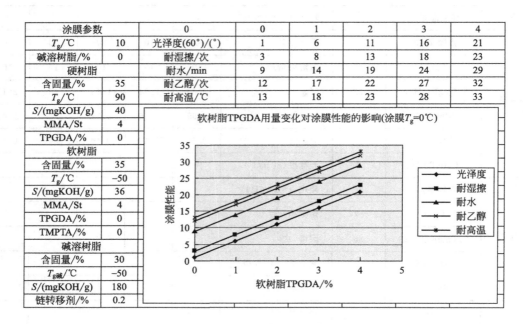

图 5-32　软树脂 TPGDA 用量对涂膜性能的影响曲线

通过上述两组曲线可以对软树脂 TPGDA 用量的改变对涂膜各种性能的影响进行直观的分析（参照案例 5-1）。

改变计算表中配方的参数，依次对软树脂 TPGDA 用量的改变在不同的涂膜 T_g、不同的碱溶树脂用量以及不同的成膜助剂用量下对涂膜性能的影响进行研究和探索，找出软树脂 TPGDA 用量变化对涂膜性能影响的一般规律。

选择不同的软树脂和碱溶树脂，进行上述实验研究，进一步验证软树脂 TPGDA 用量对涂膜性能影响的规律。

【案例 5-10】　软树脂 TMPTA 用量变化对成膜性能的影响

在制备软树脂的配方中，加入 TMPTA，可以形成立体网状交联，软树脂用于水性油墨，水性上光油、水性涂料及黏合剂中，可赋予良好的耐磨性和硬度、附着力及光亮度。增大 TMPTA 的用量，可以提高树脂的交联度，有利于提高涂膜的各种性能。但是，过度的交联，有可能会产生凝胶，影响硬树脂乳液的性能。

研究软树脂 TMPTA 用量变化对成膜性能的影响，要设计并合成一组软树脂、设计合成 1~2 个硬树脂和 1~2 个碱溶树脂。在设计软树脂参数的时候，要确定软树脂的玻璃化温度、酸值、含固量、MMA/St 比值等参数，改变 TMPTA 用量，制备出不同 TMPTA 用量的软树脂。

选取硬树脂和碱溶树脂各一瓶，将其依次与五瓶不同 TMPTA 用量的软树脂搭配，具体操作方法见案例 5-1，并将测试结果填入表 5-15。

表 5-15　使用不同 TMPTA 用量的软树脂涂膜 T_g 变化对硬涂膜性能的影响

A	样品总量/g	4	软 TMPTA/%	0	0	0	0	0
硬树脂	含固量/%	35	膜 T_g/℃	0	10	20	30	40
	T_g/℃	90	碱溶树脂/%	10	10	10	10	10
	S/(mgKOH/g)	40	$M_硬$/g	0.61	1.04	1.43	1.80	2.15
	MMA/St	4	$M_软$/g	2.99	2.56	2.17	1.80	1.45
	TPGDA/%	0	$M_碱$/g	0.40	0.40	0.40	0.40	0.40
	TMPTA/%	0	光泽度(60°)/(°)					
软树脂	含固量/%	35	硬度/(6B~6H)					
	T_g/℃	−20	耐湿擦/次					
	S/(mgKOH/g)	36	耐磨/次					
	MMA/St	4	附着力/(0~5 级)					
	TPGDA/%	0	干燥时间/s					
碱溶树脂	含固量/%	30	润湿时间/s					
	$T_{g碱}$/℃	90	耐水/min					
	S/(mgKOH/g)	180	耐乙醇/次					
	链转移剂/%	0.2	耐高温/℃					
A	样品总量/g	4	软 TMPTA/%	1	1	1	1	1
硬树脂	含固量/%	35	膜 T_g/℃	0	10	20	30	40
	T_g/℃	90	碱溶树脂/%	10	10	10	10	10
	S/(mgKOH/g)	40	$M_硬$/g	0.61	1.04	1.43	1.80	2.15
	MMA/St	4	$M_软$/g	2.99	2.56	2.17	1.80	1.45
	TPGDA/%	0	$M_碱$/g	0.40	0.40	0.40	0.40	0.40
	TMPTA/%	0	光泽度(60°)/(°)					
软树脂	含固量/%	35	硬度/(6B~6H)					
	T_g/℃	−20	耐湿擦/次					
	S/(mgKOH/g)	36	耐磨/次					
	MMA/St	4	附着力/(0~5 级)					
	TPGDA/%	0	干燥时间/s					
碱溶树脂	含固量/%	30	润湿时间/s					
	$T_{g碱}$/℃	90	耐水/min					
	S/(mgKOH/g)	180	耐乙醇/次					
	链转移剂/%	0.2	耐高温/℃					

续表

A	样品总量/g	4	软 TMPTA/%	2	2	2	2	2
硬树脂	含固量/%	35	膜 T_g/℃	0	10	20	30	40
	T_g/℃	90	碱溶树脂/%	10	10	10	10	10
	S/(mgKOH/g)	40	$M_硬$/g	0.61	1.04	1.43	1.80	2.15
	MMA/St	4	$M_软$/g	2.99	2.56	2.17	1.80	1.45
	TPGDA/%	0	$M_碱$/g	0.40	0.40	0.40	0.40	0.40
	TMPTA/%	0	光泽度(60°)/(°)					
软树脂	含固量/%	35	硬度/(6B~6H)					
	T_g/℃	−20	耐湿擦/次					
	S/(mgKOH/g)	36	耐磨/次					
	MMA/St	4	附着力/(0~5级)					
	TPGDA/%	0	干燥时间/s					
碱溶树脂	含固量/%	30	润湿时间/s					
	$T_{g碱}$/℃	90	耐水/min					
	S/(mgKOH/g)	180	耐乙醇/次					
	链转移剂/%	0.2	耐高温/℃					
A	样品总量/g	4	软 TMPTA/%	3	3	3	3	3
硬树脂	含固量/%	35	膜 T_g/℃	0	10	20	30	40
	T_g/℃	90	碱溶树脂/%	10	10	10	10	10
	S/(mgKOH/g)	40	$M_硬$/g	0.61	1.04	1.43	1.80	2.15
	MMA/St	4	$M_软$/g	2.99	2.56	2.17	1.80	1.45
	TPGDA/%	0	$M_碱$/g	0.40	0.40	0.40	0.40	0.40
	TMPTA/%	0	光泽度(60°)/(°)					
软树脂	含固量/%	35	硬度/(6B~6H)					
	T_g/℃	−20	耐湿擦/次					
	S/(mgKOH/g)	36	耐磨/次					
	MMA/St	4	附着力/(0~5级)					
	TPGDA/%	0	干燥时间/s					
碱溶树脂	含固量/%	30	润湿时间/s					
	$T_{g碱}$/℃	90	耐水/min					
	S/(mgKOH/g)	180	耐乙醇/次					
	链转移剂/%	0.2	耐高温/℃					

续表

A	样品总量/g	4	软 TMPTA/%	4	4	4	4	4
硬树脂	含固量/%	35	膜 T_g/℃	0	10	20	30	40
	T_g/℃	90	碱溶树脂/%	10	10	10	10	10
	S/(mgKOH/g)	40	$M_硬$/g	0.61	1.04	1.43	1.80	2.15
	MMA/St	4	$M_软$/g	2.99	2.56	2.17	1.80	1.45
	TPGDA/%	0	$M_碱$/g	0.40	0.40	0.40	0.40	0.40
	TMPTA/%	0	光泽度(60°)/(°)					
软树脂	含固量/%	35	硬度/(6B~6H)					
	T_g/℃	−20	耐湿擦/次					
	S/(mgKOH/g)	36	耐磨/次					
	MMA/St	4	附着力/(0~5级)					
	TPGDA/%	0	干燥时间/s					
碱溶树脂	含固量/%	30	润湿时间/s					
	$T_{g碱}$/℃	90	耐水/min					
	S/(mgKOH/g)	180	耐乙醇/次					
	链转移剂/%	0.2	耐高温/℃					

各项性能测试完成后，将测试结果输入到计算机的表格中，计算机将在一个指定的 Excel 中自动生成如图 5-33 和图 5-34 所示的涂膜性能影响曲线。

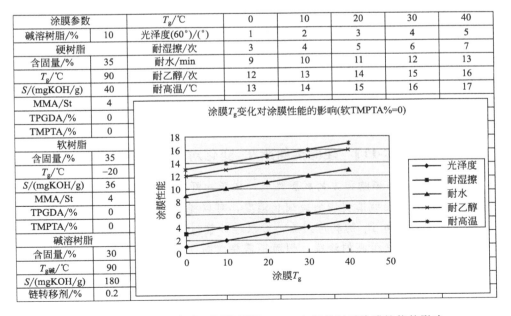

图 5-33　涂膜 T_g 变化在不同软树脂 TMPTA 用量时对涂膜性能的影响

涂膜参数	0	硬树脂TMPTA/%	0	1	2	3	4
T_g/℃	10	硬度/(6B~6H)	1	6	11	16	21
碱溶树脂/%	0	耐磨/次	3	8	13	18	23
硬树脂		附着力/级	9	14	19	24	29
含固量/%	35	干燥时间/s	12	17	22	27	32
T_g/℃	90	润湿时间/s	13	18	23	28	33
S/(mgKOH/g)	40						
MMA/St	4						
TPGDA/%	0						
软树脂							
含固量/%	35						
T_g/℃	-50						
S/(mgKOH/g)	36						
MMA/St	4						
TPGDA/%	0						
TMPTA/%	0						
碱溶树脂							
含固量/%	30						
$T_{g碱}$/℃	-50						
S/(mgKOH/g)	180						
链转移剂/%	0.2						

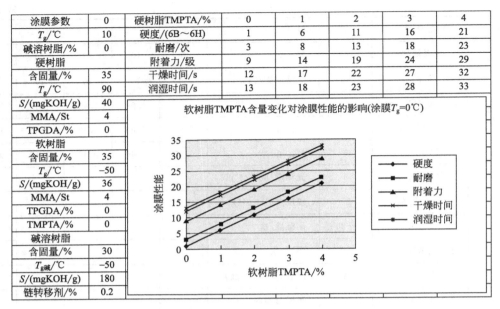

图 5-34　软树脂 TMPTA 用量对涂膜性能的影响曲线

通过上述两组曲线可以对软树脂 TMPTA 用量的改变对涂膜各种性能的影响进行直观的分析（参考案例 5-1）。

改变计算表中配方的参数，依次对软树脂 TMPTA 用量的改变在不同的涂膜 T_g、不同的碱溶树脂用量以及不同的成膜助剂用量下对涂膜性能的影响进行研究和探索，找出软树脂 TMPTA 用量变化对涂膜性能影响的一般规律。

选择不同的软树脂和碱溶树脂，进行上述实验研究，进一步验证软树脂 TMPTA 用量对涂膜性能影响的规律。

三、碱溶树脂对成膜性能的影响

碱溶树脂的作用在于改善涂料配方的流动性和干燥时间。在合成碱溶树脂的过程中，可以根据需求设定碱溶树脂的各项参数。为使其具备良好的碱溶性，其酸值要高于一般纯乳液的酸值，且配方中不能含有 St，因为 St 疏水性很强，不利于树脂溶解。为了进一步了解碱溶树脂参数变化对涂膜性能影响的规律，给出以下几个案例。

【案例 5-11】　硬碱溶树脂 T_g 变化对成膜性能的影响

碱溶树脂 T_g 变化会影响配方的成膜性能，成膜的好坏决定了涂膜耐水性、光泽度等其他各项性能的优劣。提高碱溶树脂的玻璃化温度，可以提高涂膜的硬度，在相同的涂膜玻璃化温度的配方中，采用高 T_g 的碱溶树脂，可以增加软树脂的用量，有利于涂料的成膜。在多数情况下，不需要硬度很高的涂膜，因而不需要太高 T_g 的碱溶树脂。

研究硬碱溶树脂玻璃化温度变化对成膜性能的影响，需要设计并合成一组硬碱溶树脂、设计合成 1～2 个硬树脂和 1～2 个软树脂。在设计碱溶树脂参数的时候，要确定碱溶树脂的酸值、含固量、链转移剂用量等参数，改变玻璃化温度，制备出不同玻璃化温度的碱溶树脂。

　　选取硬树脂和软树脂各一瓶，将其与五瓶不同玻璃化温度的硬碱溶树脂搭配。具体测试方法见案例 5-1，并将测试结果填入表 5-16。

表 5-16　使用不同 T_g 的硬碱溶树脂涂膜 T_g 变化对硬涂膜性能的影响

A	样品总量/g	4	碱溶树脂 T_g/℃	70	70	70	70	70
硬树脂	含固量/%	35	T_g/℃	0	10	20	30	40
	T_g/℃	90	碱溶树脂/%	10	10	10	10	10
	S/(mgKOH/g)	40	$M_硬$/g	0.66	1.08	1.48	1.85	2.20
	MMA/St	4	$M_软$/g	2.94	2.52	2.12	1.75	1.40
	TPGDA/%	0	$M_碱$/g	0.40	0.40	0.40	0.40	0.40
	TMPTA/%	0	光泽度(60°)/(°)					
软树脂	含固量/%	35	硬度/(6B~6H)					
	T_g/℃	−20	耐湿擦/次					
	S/(mgKOH/g)	36	耐磨/次					
	MMA/St	4	附着力/(0~5级)					
	TPGDA/%	0	干燥时间/s					
	TMPTA/%	0	润湿时间/s					
碱溶树脂	含固量/%	30	耐水/min					
	S/(mgKOH/g)	180	耐乙醇/次					
	链转移剂/%	0.2	耐高温/℃					
A	样品总量/g	4	碱溶树脂 T_g/℃	80	80	80	80	80
硬树脂	含固量/%	35	T_g/℃	0	10	20	30	40
	T_g/℃	90	碱溶树脂/%	10	10	10	10	10
	S/(mgKOH/g)	40	$M_硬$/g	0.63	1.06	1.46	1.83	2.17
	MMA/St	4	$M_软$/g	2.97	2.54	2.14	1.77	1.43
	TPGDA/%	0	$M_碱$/g	0.40	0.40	0.40	0.40	0.40
	TMPTA/%	0	光泽度(60°)/(°)	1	2	3	4	5
软树脂	含固量/%	35	硬度/(6B~6H)	2	3	4	5	6
	T_g/℃	−20	耐湿擦/次	3	4	5	6	7
	S/(mgKOH/g)	36	耐磨/次	5	6	7	8	9
	MMA/St	4	附着力/(0~5级)	6	7	8	9	10
	TPGDA/%	0	干燥时间/s	7	8	9	10	11
	TMPTA/%	0	润湿时间/s	8	9	10	11	12
碱溶树脂	含固量/%	30	耐水/min	9	10	11	12	13
	S/(mgKOH/g)	180	耐乙醇/次	12	13	14	15	16
	链转移剂/%	0.2	耐高温/℃	13	14	15	16	17

续表

	A	样品总量/g	4	碱溶树脂 T_g/℃	90	90	90	90	90
硬树脂		含固量/%	35	T_g/℃	0	10	20	30	40
		T_g/℃	90	碱溶树脂/%	10	10	10	10	10
		S/(mgKOH/g)	40	$M_硬$/g	0.61	1.04	1.43	1.80	2.15
		MMA/St	4	$M_软$/g	2.99	2.56	2.17	1.80	1.45
		TPGDA/%	0	$M_碱$/g	0.40	0.40	0.40	0.40	0.40
		TMPTA/%	0	光泽度(60°)/(°)	1	2	3	4	5
软树脂		含固量/%	35	硬度/(6B~6H)	2	3	4	5	6
		T_g/℃	−20	耐湿擦/次	3	4	5	6	7
		S/(mgKOH/g)	36	耐磨/次	5	6	7	8	9
		MMA/St	4	附着力/(0~5级)	6	7	8	9	10
		TPGDA/%	0	干燥时间/s	7	8	9	10	11
		TMPTA/%	0	润湿时间/s	8	9	10	11	12
碱溶树脂		含固量/%	30	耐水/min	9	10	11	12	13
		S/(mgKOH/g)	180	耐乙醇/次	12	13	14	15	16
		链转移剂/%	0.2	耐高温/℃	13	14	15	16	17
	A	样品总量/g	4	碱溶树脂 T_g/℃	100	100	100	100	100
硬树脂		含固量/%	35	T_g/℃	0	10	20	30	40
		T_g/℃	90	碱溶树脂/%	10	10	10	10	10
		S/(mgKOH/g)	40	$M_硬$/g	0.59	1.02	1.41	1.78	2.13
		MMA/St	4	$M_软$/g	3.01	2.58	2.19	1.82	1.47
		TPGDA/%	0	$M_碱$/g	0.40	0.40	0.40	0.40	0.40
		TMPTA/%	0	光泽度(60°)/(°)	1	2	3	4	5
软树脂		含固量/%	35	硬度/(6B~6H)	2	3	4	5	6
		T_g/℃	−20	耐湿擦/次	3	4	5	6	7
		S/(mgKOH/g)	36	耐磨/次	5	6	7	8	9
		MMA/St	4	附着力/(0~5级)	6	7	8	9	10
		TPGDA/%	0	干燥时间/s	7	8	9	10	11
		TMPTA/%	0	润湿时间/s	8	9	10	11	12
碱溶树脂		含固量/%	30	耐水/min	9	10	11	12	13
		S/(mgKOH/g)	180	耐乙醇/次	12	13	14	15	16
		链转移剂/%	0.2	耐高温/℃	13	14	15	16	17

续表

A	样品总量/g	4	碱溶树脂 T_g/℃	110	110	110	110	110
硬树脂	含固量/%	35	T_g/℃	0	10	20	30	40
	T_g/℃	90	碱溶树脂/%	10	10	10	10	10
	S/(mgKOH/g)	40	$M_硬$/g	0.57	1.00	1.39	1.76	2.11
	MMA/St	4	$M_软$/g	3.03	2.60	2.21	1.84	1.49
	TPGDA/%	0	$M_碱$/g	0.40	0.40	0.40	0.40	0.40
	TMPTA/%	0	光泽度(60°)/(°)	1	2	3	4	5
软树脂	含固量/%	35	硬度/(6B～6H)	2	3	4	5	6
	T_g/℃	−20	耐湿擦/次	3	4	5	6	7
	S/(mgKOH/g)	36	耐磨/次	5	6	7	8	9
	MMA/St	4	附着力/(0～5级)	6	7	8	9	10
	TPGDA/%	0	干燥时间/s	7	8	9	10	11
	TMPTA/%	0	润湿时间/s	8	9	10	11	12
碱溶树脂	含固量/%	30	耐水/min	9	10	11	12	13
	S/(mgKOH/g)	180	耐乙醇/次	12	13	14	15	16
	链转移剂/%	0.2	耐高温/℃	13	14	15	16	17

各项性能测试完成后，将测试结果输入到计算机的表格中，计算机将在一个指定的 Excel 中自动生成如图 5-35 和图 5-36 所示的涂膜性能影响曲线。

涂膜参数		碱溶树脂T_g/℃	70	80	90	100	110
碱溶树脂/%	10	光泽度(60°)/(°)	1	6	11	16	21
T_g/℃	0	耐湿擦/次	3	8	13	18	23
硬树脂		耐水/min	9	14	19	24	29
含固量/%	35	耐乙醇/次	12	17	22	27	32
T_g/℃	90	耐高温/℃	13	18	23	28	33
S/(mgKOH/g)	40						
MMA/St	4						
TPGDA/%	0						
TMPTA/%	0						
软树脂							
含固量/%	35						
T_g/℃	−50						
S/(mgKOH/g)	36						
MMA/St	4						
TPGDA/%	0						
TMPTA/%	0						
碱溶树脂							
含固量/%	30						
S/(mgKOH/g)	180						
链转移剂/%	0.2						

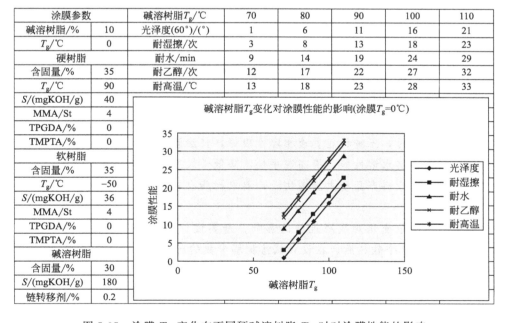

图 5-35　涂膜 T_g 变化在不同硬碱溶树脂 T_g 时对涂膜性能的影响

涂膜参数		软T_g/℃	70	80	90	100	110
T_g/℃	10	光泽度(60°)/(°)	1	6	11	16	21
碱溶树脂/%	0	耐湿擦/次	3	8	13	18	23
硬树脂		耐水/min	9	14	19	24	29
含固量/%	35	耐乙醇/次	12	17	22	27	32
T_g/℃	90	耐高温/℃	13	18	23	28	33
S/(mgKOH/g)	40						
MMA/St	4						
TPGDA/%	0						
TMPTA/%	0						
软树脂							
含固量/%	35						
S/(mgKOH/g)	36						
MMA/St	4						
TPGDA/%	0						
TMPTA/%	0						
碱溶树脂							
含固量/%	30						
$T_{g碱}$/℃	−50						
S/(mgKOH/g)	180						
链转移剂/%	0.2						

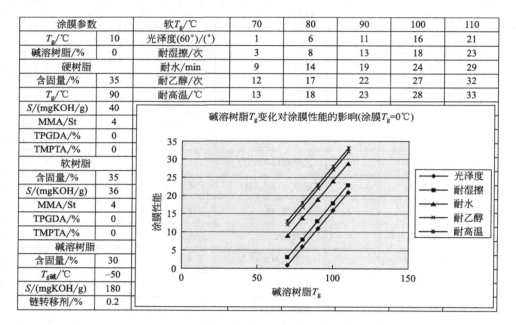

图 5-36　硬碱溶树脂 T_g 对涂膜性能的影响曲线

通过上述两组曲线可以对碱溶树脂玻璃化温度的改变对涂膜各种性能的影响进行直观的分析（参考案例 5-1）。

改变计算表中配方的参数，依次对碱溶树脂玻璃化温度的改变在不同的涂膜 T_g、不同的碱溶树脂用量以及不同的成膜助剂用量下对涂膜性能的影响进行研究和探索，找出碱溶树脂玻璃化温度变化对涂膜性能影响的一般规律。

选择不同的硬树脂和软树脂，进行上述实验研究，进一步验证碱溶树脂 T_g 对涂膜性能影响的规律。

【案例 5-12】　硬碱溶树脂酸值变化对成膜性能的影响

碱溶树脂酸值对于树脂的碱溶性能、树脂的极性以及与硬树脂、软树脂的相容性等，都有很大的影响，进而对涂膜耐水性、光泽度、附着力和干燥速度影响较大。且当碱溶树脂酸值与硬、软树脂接近时，三种树脂乳液相容性较好，其涂膜性能也会相对提升。提高碱溶树脂的酸值，可以改善其水溶性能，提高流平性，降低干燥速度，延长流平时间。可以改善涂膜的一些性能。一些涂料产品要求涂膜快干，要求树脂有较低的极性，这就要求碱溶树脂的酸值要尽量低一些。

研究碱溶树脂酸值变化对成膜性能的影响，需要设计并合成一组碱溶树脂、设计合成 1～2 个硬树脂和 1～2 个软树脂。在设计碱溶树脂参数的时候，要确定碱溶树脂的玻璃化温度、含固量、链转移剂用量等参数，改变酸值，制备出不同酸值的碱溶树脂。

选取硬树脂和软树脂各一瓶，将其与五瓶不同酸值的碱溶树脂搭配，具体测试方法参见案例 5-1，并将测试结果填入表 5-17。

表 5-17 使用不同酸值的硬碱溶树脂涂膜 T_g 变化对硬涂膜性能的影响

A	样品总量/g	4	碱溶树脂 S/(mgKOH/g)	60	60	60	60	60
硬树脂	含固量/%	35	T_g/℃	0	10	20	30	40
	T_g/℃	90	碱溶树脂/%	10	10	10	10	10
	S/(mgKOH/g)	40	$M_{硬}$/g	0.61	1.04	1.43	1.80	2.15
	MMA/St	4	$M_{软}$/g	2.99	2.56	2.17	1.80	1.45
	TPGDA/%	0	$M_{碱}$/g	0.40	0.40	0.40	0.40	0.40
	TMPTA/%	0	光泽度(60°)/(°)					
软树脂	含固量/%	35	硬度/(6B~6H)					
	T_g/℃	−20	耐湿擦/次					
	S/(mgKOH/g)	36	耐磨/次					
	MMA/St	4	附着力/(0~5 级)					
	TPGDA/%	0	干燥时间/s					
	TMPTA/%	0	润湿时间/s					
碱溶树脂	含固量/%	30	耐水/min					
	$T_{g碱}$/℃	90	耐乙醇/次					
	链转移剂/%	0.2	耐高温/℃					
A	样品总量/g	4	碱溶树脂 S/(mgKOH/g)	90	90	90	90	90
硬树脂	含固量/%	35	T_g/℃	0	10	20	30	40
	T_g/℃	90	碱溶树脂/%	10	10	10	10	10
	S/(mgKOH/g)	40	$M_{硬}$/g	0.61	1.04	1.43	1.80	2.15
	MMA/St	4	$M_{软}$/g	2.99	2.56	2.17	1.80	1.45
	TPGDA/%	0	$M_{碱}$/g	0.40	0.40	0.40	0.40	0.40
	TMPTA/%	0	光泽度(60°)/(°)					
软树脂	含固量/%	35	硬度/(6B~6H)					
	T_g/℃	−20	耐湿擦/次					
	S/(mgKOH/g)	36	耐磨/次					
	MMA/St	4	附着力/(0~5 级)					
	TPGDA/%	0	干燥时间/s					
	TMPTA/%	0	润湿时间/s					
碱溶树脂	含固量/%	30	耐水/min					
	$T_{g碱}$/℃	90	耐乙醇/次					
	链转移剂/%	0.2	耐高温/℃					

续表

A	样品总量/g	4	碱溶树脂 S/(mgKOH/g)	120	120	120	120	120
硬树脂	含固量/%	35	T_g/℃	0	10	20	30	40
	T_g/℃	90	碱溶树脂/%	10	10	10	10	10
	S/(mgKOH/g)	40	$M_硬$/g	0.61	1.04	1.43	1.80	2.15
	MMA/St	4	$M_软$/g	2.99	2.56	2.17	1.80	1.45
	TPGDA/%	0	$M_碱$/g	0.40	0.40	0.40	0.40	0.40
	TMPTA/%	0	光泽度(60°)/(°)					
软树脂	含固量/%	35	硬度/(6B~6H)					
	T_g/℃	−20	耐湿擦/次					
	S/(mgKOH/g)	36	耐磨/次					
	MMA/St	4	附着力/(0~5级)					
	TPGDA/%	0	干燥时间/s					
	TMPTA/%	0	润湿时间/s					
碱溶树脂	含固量/%	30	耐水/min					
	$T_{g碱}$/℃	90	耐乙醇/次					
	链转移剂/%	0.2	耐高温/℃					

A	样品总量/g	4	碱溶树脂 S/(mgKOH/g)	150	150	150	150	150
硬树脂	含固量/%	35	T_g/℃	0	10	20	30	40
	T_g/℃	90	碱溶树脂/%	10	10	10	10	10
	S/(mgKOH/g)	40	$M_硬$/g	0.61	1.04	1.43	1.80	2.15
	MMA/St	4	$M_软$/g	2.99	2.56	2.17	1.80	1.45
	TPGDA/%	0	$M_碱$/g	0.40	0.40	0.40	0.40	0.40
	TMPTA/%	0	光泽度(60°)/(°)					
软树脂	含固量/%	35	硬度/(6B~6H)					
	T_g/℃	−20	耐湿擦/次					
	S/(mgKOH/g)	36	耐磨/次					
	MMA/St	4	附着力/(0~5级)					
	TPGDA/%	0	干燥时间/s					
	TMPTA/%	0	润湿时间/s					
碱溶树脂	含固量/%	30	耐水/min					
	$T_{g碱}$/℃	90	耐乙醇/次					
	链转移剂/%	0.2	耐高温/℃					

续表

A	样品总量/g	4	碱溶树脂 S/(mgKOH/g)	180	180	180	180	180
硬树脂	含固量/%	35	T_g/℃	0	10	20	30	40
	T_g/℃	90	碱溶树脂/%	10	10	10	10	10
	S/(mgKOH/g)	40	$M_{硬}$/g	0.61	1.04	1.43	1.80	2.15
	MMA/St	4	$M_{软}$/g	2.99	2.56	2.17	1.80	1.45
	TPGDA/%	0	$M_{碱}$/g	0.40	0.40	0.40	0.40	0.40
	TMPTA/%	0	光泽度(60°)/(°)					
软树脂	含固量/%	35	硬度/(6B~6H)					
	T_g/℃	−20	耐湿擦/次					
	S/(mgKOH/g)	36	耐磨/次					
	MMA/St	4	附着力/(0~5级)					
	TPGDA/%	0	干燥时间/s					
	TMPTA/%	0	润湿时间/s					
碱溶树脂	含固量/%	30	耐水/min					
	$T_{g碱}$/℃	90	耐乙醇/次					
	链转移剂/%	0.2	耐高温/℃					

　　各项性能测试完成后，将测试结果输入到计算机的表格中，计算机将在一个指定的 Excel 中自动生成如图 5-37 和图 5-38 所示的涂膜性能影响曲线。

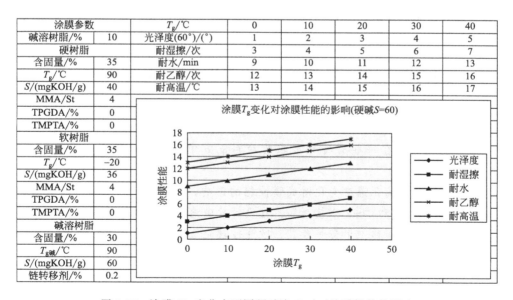

图 5-37　涂膜 T_g 变化在不同硬碱溶 S 时对涂膜性能的影响

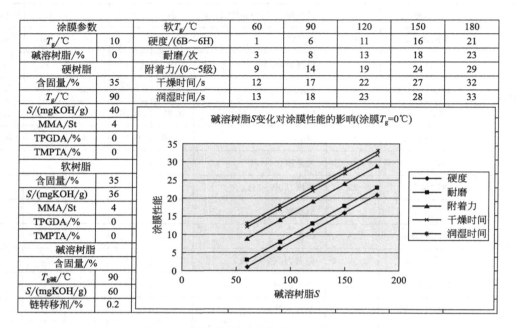

涂膜参数		软T_g/℃	60	90	120	150	180
T_g/℃	10	硬度/(6B~6H)	1	6	11	16	21
碱溶树脂/%	0	耐磨/次	3	8	13	18	23
硬树脂		附着力/(0~5级)	9	14	19	24	29
含固量/%	35	干燥时间/s	12	17	22	27	32
T_g/℃	90	润湿时间/s	13	18	23	28	33
S/(mgKOH/g)	40						
MMA/St	4						
TPGDA/%	0						
TMPTA/%	0						
软树脂							
含固量/%	35						
S/(mgKOH/g)	36						
MMA/St	4						
TPGDA/%	0						
TMPTA/%	0						
碱溶树脂							
含固量/%							
$T_{g碱}$/℃	90						
S/(mgKOH/g)	60						
链转移剂/%	0.2						

图 5-38   碱溶树脂 S 对涂膜性能的影响曲线

通过两组曲线可以对碱溶树脂酸值的改变对涂膜各种性能的影响进行直观的分析（参照案例 5-1）。

改变计算表中配方的参数，依次对碱溶树脂酸值的改变在不同的涂膜 T_g、不同的碱溶树脂用量以及不同的成膜助剂用量下对涂膜性能的影响进行研究和探索，找出碱溶树脂酸值变化对涂膜性能影响的一般规律。

选择不同的软树脂和碱溶树脂，进行上述实验研究，进一步验证碱溶树脂酸值对涂膜性能影响的规律。

【案例 5-13】   软碱溶树脂 T_g 变化对成膜性能的影响

碱溶树脂 T_g 变化会影响配方的成膜性能，成膜的好坏决定了涂膜耐水性、光泽度等其他各项性能的优劣。降低碱溶树脂的玻璃化温度，可以提高涂膜在一些低表面张力底材上的附着力，因此，在一些有特殊要求的涂料配方中，往往需要低玻璃化温度的碱溶树脂。

研究软碱溶树脂玻璃化温度变化对成膜性能的影响，需要设计并合成一组软碱溶树脂、设计合成 1~2 个硬树脂和 1~2 个软树脂。在设计软碱溶树脂参数的时候，要确定软碱溶树脂的酸值、含固量、链转移剂用量等参数，改变玻璃化温度，制备出不同玻璃化温度的软碱溶树脂。

选取硬树脂和软树脂各一瓶，将其与五瓶不同玻璃化温度的软碱溶树脂搭配。具体操作方法见案例 5-1，并将测试结果填入表 5-18。

表 5-18　使用不同 T_g 的软碱溶树脂涂膜 T_g 变化对硬涂膜性能的影响

A	样品总量/g	4	软碱溶树脂 T_g/℃	−50	−50	−50	−50	−50
硬树脂	含固量/%	35	T_g/℃	0	10	20	30	40
	T_g/℃	90	碱溶树脂/%	10	10	10	10	10
	S/(mgKOH/g)	40	$M_硬$/g	1.11	1.53	1.93	2.30	2.65
	MMA/St	4	$M_软$/g	2.49	2.07	1.67	1.30	0.95
	TPGDA/%	0	$M_碱$/g	0.40	0.40	0.40	0.40	0.40
	TMPTA/%	0	光泽度(60°)/(°)					
软树脂	含固量/%	35	硬度/(6B～6H)					
	T_g/℃	−20	耐湿擦/次					
	S/(mgKOH/g)	36	耐磨/次					
	MMA/St	4	附着力/(0～5 级)					
	TPGDA/%	0	干燥时间/s					
	TMPTA/%	0	润湿时间/s					
碱溶树脂	含固量/%	30	耐水/min					
	S/(mgKOH/g)	180	耐乙醇/次					
	链转移剂/%	0.2	耐高温/℃					
A	样品总量/g	4	软碱溶树脂 T_g/℃	−40	−40	−40	−40	−40
硬树脂	含固量/%	35	T_g/℃	0	10	20	30	40
	T_g/℃	90	碱溶树脂/%	10	10	10	10	10
	S/(mgKOH/g)	40	$M_硬$/g	1.05	1.48	1.87	2.24	2.59
	MMA/St	4	$M_软$/g	2.55	2.12	1.73	1.36	1.01
	TPGDA/%	0	$M_碱$/g	0.40	0.40	0.40	0.40	0.40
	TMPTA/%	0	光泽度(60°)/(°)					
软树脂	含固量/%	35	硬度/(6B～6H)					
	T_g/℃	−20	耐湿擦/次					
	S/(mgKOH/g)	36	耐磨/次					
	MMA/St	4	附着力/(0～5 级)					
	TPGDA/%	0	干燥时间/s					
	TMPTA/%	0	润湿时间/s					
碱溶树脂	含固量/%	30	耐水/min					
	S/(mgKOH/g)	180	耐乙醇/次					
	链转移剂/%	0.2	耐高温/℃					

A	样品总量/g	4	软碱溶树脂 T_g/℃	-30	-30	-30	-30	-50
硬树脂	含固量/%	35	T_g/℃	0	10	20	30	40
	T_g/℃	90	碱溶树脂/%	10	10	10	10	10
	S/(mgKOH/g)	40	$M_硬$/g	1.00	1.43	1.82	2.19	2.65
	MMA/St	4	$M_软$/g	2.60	2.17	1.78	1.41	0.95
	TPGDA/%	0	$M_碱$/g	0.40	0.40	0.40	0.40	0.40
	TMPTA/%	0	光泽度(60°)/(°)					
软树脂	含固量/%	35	硬度/(6B~6H)					
	T_g/℃	-20	耐湿擦/次					
	S/(mgKOH/g)	36	耐磨/次					
	MMA/St	4	附着力/(0~5级)					
	TPGDA/%	0	干燥时间/s					
	TMPTA/%	0	润湿时间/s					
碱溶树脂	含固量/%	30	耐水/min					
	S/(mgKOH/g)	180	耐乙醇/次					
	链转移剂/%	0.2	耐高温/℃					

A	样品总量/g	4	软碱溶树脂 T_g/℃	-20	-20	-20	-20	-20
硬树脂	含固量/%	35	T_g/℃	0	10	20	30	40
	T_g/℃	90	碱溶树脂/%	10	10	10	10	10
	S/(mgKOH/g)	40	$M_硬$/g	0.95	1.38	1.78	2.15	2.49
	MMA/St	4	$M_软$/g	2.65	2.22	1.82	1.45	1.11
	TPGDA/%	0	$M_碱$/g	0.40	0.40	0.40	0.40	0.40
	TMPTA/%	0	光泽度(60°)/(°)					
软树脂	含固量/%	35	硬度/(6B~6H)					
	T_g/℃	-20	耐湿擦/次					
	S/(mgKOH/g)	36	耐磨/次					
	MMA/St	4	附着力/(0~5级)					
	TPGDA/%	0	干燥时间/s					
	TMPTA/%	0	润湿时间/s					
碱溶树脂	含固量/%	30	耐水/min					
	S/(mgKOH/g)	180	耐乙醇/次					
	链转移剂/%	0.2	耐高温/℃					

续表

A	样品总量/g	4	软碱溶树脂 T_g/℃	−10	−10	−10	−10	−10
硬树脂	含固量/%	35	T_g/℃	0	10	20	30	40
	T_g/℃	90	碱溶树脂/%	10	10	10	10	10
	S/(mgKOH/g)	40	$M_硬$/g	0.91	1.34	1.73	2.10	2.45
	MMA/St	4	$M_软$/g	2.69	2.26	1.87	1.50	1.15
	TPGDA/%	0	$M_碱$/g	0.40	0.40	0.40	0.40	0.40
	TMPTA/%	0	光泽度(60°)/(°)					
软树脂	含固量/%	35	硬度/(6B～6H)					
	T_g/℃	−20	耐湿擦/次					
	S/(mgKOH/g)	36	耐磨/次					
	MMA/St	4	附着力/(0～5级)					
	TPGDA/%	0	干燥时间/s					
	TMPTA/%	0	润湿时间/s					
碱溶树脂	含固量/%	30	耐水/min					
	S/(mgKOH/g)	180	耐乙醇/次					
	链转移剂/%	0.2	耐高温/℃					

　　各项性能测试完成后，将测试结果输入到计算机的表格中，计算机将在一个指定的 Excel 中自动生成如图 5-39 和图 5-40 所示的涂膜性能影响曲线。

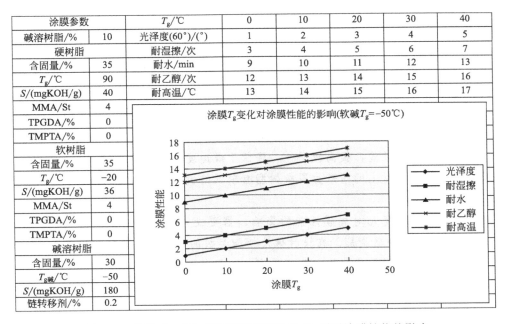

涂膜参数		T_g/℃	0	10	20	30	40
碱溶树脂/%	10	光泽度(60°)/(°)	1	2	3	4	5
硬树脂		耐湿擦/次	3	4	5	6	7
含固量/%	35	耐水/min	9	10	11	12	13
T_g/℃	90	耐乙醇/次	12	13	14	15	16
S/(mgKOH/g)	40	耐高温/℃	13	14	15	16	17
MMA/St	4						
TPGDA/%	0						
TMPTA/%	0						
软树脂							
含固量/%	35						
T_g/℃	−20						
S/(mgKOH/g)	36						
MMA/St	4						
TPGDA/%	0						
TMPTA/%	0						
碱溶树脂							
含固量/%	30						
$T_{g碱}$/℃	−50						
S/(mgKOH/g)	180						
链转移剂/%	0.2						

图 5-39　涂膜 T_g 变化在不同软碱溶树脂 T_g 时对涂膜性能的影响

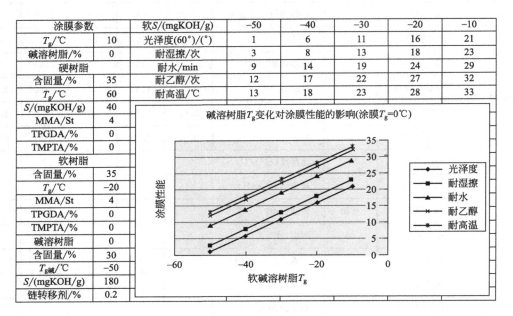

涂膜参数		软 S/(mgKOH/g)	-50	-40	-30	-20	-10
T_g/℃	10	光泽度(60°)/(°)	1	6	11	16	21
碱溶树脂/%	0	耐湿擦/次	3	8	13	18	23
硬树脂		耐水/min	9	14	19	24	29
含固量/%	35	耐乙醇/次	12	17	22	27	32
T_g/℃	60	耐高温/℃	13	18	23	28	33
S/(mgKOH/g)	40						
MMA/St	4						
TPGDA/%	0						
TMPTA/%	0						
软树脂							
含固量/%	35						
T_g/℃	-20						
MMA/St	4						
TPGDA/%	0						
TMPTA/%	0						
碱溶树脂	0						
含固量/%	30						
$T_{g碱}$/℃	-50						
S/(mgKOH/g)	180						
链转移剂/%	0.2						

图 5-40　软碱溶树脂 T_g 对涂膜性能的影响曲线

通过上述两组曲线可以对软碱溶树脂玻璃化温度的改变对涂膜各种性能的影响进行直观的分析（参考案例 5-1）。

改变计算表中配方的参数，依次对软碱溶树脂玻璃化温度的改变在不同的涂膜 T_g、不同的软碱溶树脂用量以及不同的成膜助剂用量下对涂膜性能的影响进行研究和探索，找出软碱溶树脂玻璃化温度变化对涂膜性能影响的一般规律。

选择不同的硬树脂和软树脂，进行上述实验研究，进一步验证软碱溶树脂 T_g 对涂膜性能影响的规律。

【案例 5-14】　软碱溶树脂酸值变化对成膜性能的影响

碱溶树脂酸值对于树脂的碱溶性能、极性以及与硬树脂、软树脂的相容性等，都有很大的影响，进而对涂膜耐水性、光泽度、附着力和干燥速度影响较大。且当碱溶树脂酸值与硬、软树脂接近时，三种树脂乳液相容性较好，其涂膜性能也会相对提升。提高碱溶树脂的酸值，可以改善其水溶性能，提高流平性，降低干燥速度，延长流平时间。一些涂料产品要求涂膜快干，在某些底材上的附着力要求树脂有较低的极性，这就要求软碱溶树脂的酸值要尽量低一些。

研究碱溶树脂酸值变化对成膜性能的影响，需要设计并合成一组碱溶树脂、设计合成 1～2 个硬树脂和 1～2 个软树脂。在设计碱溶树脂参数的时候，要确定碱溶树脂的玻璃化温度、含固量、链转移剂用量等参数，改变酸值，制备出不同酸值的碱溶树脂。

选取硬树脂和软树脂各一瓶，将其依次与五瓶不同酸值的碱溶树脂搭配，具体操作方法参考案例 5-1，并将测试结果填入表 5-19。

表 5-19　使用不同酸值的软碱溶树脂涂膜 T_g 变化对硬涂膜性能的影响

A	样品总量/g	4	软碱溶树脂 S/(mgKOH/g)	60	60	60	60	60
硬树脂	含固量/%	35	T_g/℃	0	10	20	30	40
	T_g/℃	90	碱溶树脂/%	10	10	10	10	10
	S/(mgKOH/g)	40	$M_硬$/g	0.95	1.38	1.78	2.15	2.49
	MMA/St	4	$M_软$/g	2.65	2.22	1.82	1.45	1.11
	TPGDA/%	0	$M_碱$/g	0.40	0.40	0.40	0.40	0.40
	TMPTA/%	0	光泽度(60°)/(°)					
软树脂	含固量/%	35	硬度/(6B~6H)					
	T_g/℃	−20	耐湿擦/次					
	S/(mgKOH/g)	36	耐磨/次					
	MMA/St	4	附着力/(0~5级)					
	TPGDA/%	0	干燥时间/s					
	TMPTA/%	0	润湿时间/s					
碱溶树脂	含固量/%	30	耐水/min					
	$T_{g碱}$/℃	−20	耐乙醇/次					
	链转移剂/%	0.2	耐高温/℃					
A	样品总量/g	4	软碱溶树脂 S/(mgKOH/g)	90	90	90	90	90
硬树脂	含固量/%	35	T_g/℃	0	10	20	30	40
	T_g/℃	90	碱溶树脂/%	10	10	10	10	10
	S/(mgKOH/g)	40	$M_硬$/g	0.95	1.38	1.78	2.15	2.49
	MMA/St	4	$M_软$/g	2.65	2.22	1.82	1.45	1.11
	TPGDA/%	0	$M_碱$/g	0.40	0.40	0.40	0.40	0.40
	TMPTA/%	0	光泽度(60°)/(°)					
软树脂	含固量/%	35	硬度/(6B~6H)					
	T_g/℃	−20	耐湿擦/次					
	S/(mgKOH/g)	36	耐磨/次					
	MMA/St	4	附着力/(0~5级)					
	TPGDA/%	0	干燥时间/s					
	TMPTA/%	0	润湿时间/s					
碱溶树脂	含固量/%	30	耐水/min					
	$T_{g碱}$/℃	−20	耐乙醇/次					
	链转移剂/%	0.2	耐高温/℃					

续表

A	样品总量/g	4	软碱溶树脂 S/(mgKOH/g)	120	120	120	120	120
硬树脂	含固量/%	35	T_g/℃	0	10	20	30	40
	T_g/℃	90	碱溶树脂/%	10	10	10	10	10
	S/(mgKOH/g)	40	$M_硬$/g	0.95	1.38	1.78	2.15	2.49
	MMA/St	4	$M_软$/g	2.65	2.22	1.82	1.45	1.11
	TPGDA/%	0	$M_碱$/g	0.40	0.40	0.40	0.40	0.40
	TMPTA/%	0	光泽度(60°)/(°)					
软树脂	含固量/%	35	硬度/(6B~6H)					
	T_g/℃	−20	耐湿擦/次					
	S/(mgKOH/g)	36	耐磨/次					
	MMA/St	4	附着力/(0~5级)					
	TPGDA/%	0	干燥时间/s					
	TMPTA/%	0	润湿时间/s					
碱溶树脂	含固量/%	30	耐水/min					
	$T_{g碱}$/℃	−20	耐乙醇/次					
	链转移剂/%	0.2	耐高温/℃					

A	样品总量/g	4	软碱溶树脂 S/(mgKOH/g)	150	150	150	150	150
硬树脂	含固量/%	35	T_g/℃	0	10	20	30	40
	T_g/℃	90	碱溶树脂/%	10	10	10	10	10
	S/(mgKOH/g)	40	$M_硬$/g	0.95	1.38	1.78	2.15	2.49
	MMA/St	4	$M_软$/g	2.65	2.22	1.82	1.45	1.11
	TPGDA/%	0	$M_碱$/g	0.40	0.40	0.40	0.40	0.40
	TMPTA/%	0	光泽度(60°)/(°)					
软树脂	含固量/%	35	硬度/(6B~6H)					
	T_g/℃	−20	耐湿擦/次					
	S/(mgKOH/g)	36	耐磨/次					
	MMA/St	4	附着力/(0~5级)					
	TPGDA/%	0	干燥时间/s					
	TMPTA/%	0	润湿时间/s					
碱溶树脂	含固量/%	30	耐水/min					
	$T_{g碱}$/℃	−20	耐乙醇/次					
	链转移剂/%	0.2	耐高温/℃					

A	样品总量/g	4	软碱溶树脂 S/(mgKOH/g)	180	180	180	180	180
硬树脂	含固量/%	35	T_g/℃	0	10	20	30	40
	T_g/℃	90	碱溶树脂/%	10	10	10	10	10
	S/(mgKOH/g)	40	$M_硬$/g	0.95	1.38	1.78	2.15	2.49
	MMA/St	4	$M_软$/g	2.65	2.22	1.82	1.45	1.11
	TPGDA/%	0	$M_碱$/g	0.40	0.40	0.40	0.40	0.40
	TMPTA/%	0	光泽度(60°)/(°)					
软树脂	含固量/%	35	硬度/(6B~6H)					
	T_g/℃	−20	耐湿擦/次					
	S/(mgKOH/g)	36	耐磨/次					
	MMA/St	4	附着力/(0~5级)					
	TPGDA/%	0	干燥时间/s					
	TMPTA/%	0	润湿时间/s					
碱溶树脂	含固量/%	30	耐水/min					
	$T_{g碱}$/℃	−20	耐乙醇/次					
	链转移剂/%	0.2	耐高温/℃					

　　各项性能测试完成后，将测试结果输入到计算机的表格中，计算机将在一个指定的 Excel 中自动生成如图 5-41 和图 5-42 所示的涂膜性能影响曲线。

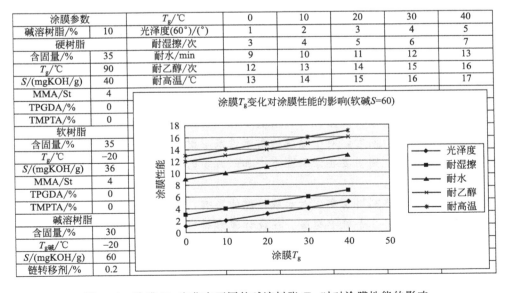

图 5-41　涂膜 T_g 变化在不同软碱溶树脂 T_g 时对涂膜性能的影响

涂膜参数		软S/(mgKOH/g)	60	90	120	150	180
T_g/℃	10	硬度/(6B～6H)	1	6	11	16	21
碱溶树脂/%	0	耐磨/次	3	8	13	18	23
硬树脂		附着力/级	9	14	19	24	29
含固量/%	35	干燥时间/s	12	17	22	27	32
T_g/℃	90	润湿时间/s	13	18	23	28	33
S/(mgKOH/g)	40						
MMA/St	4						
TPGDA/%	0						
TMPTA/%	0						
软树脂							
含固量/%	35						
S/(mgKOH/g)	36						
MMA/St	4						
TPGDA/%	0						
TMPTA/%	0						
碱溶树脂							
含固量/%	30						
$T_{g碱}$/℃	-20						
S/(mgKOH/g)	180						
链转移剂/%	0.2						

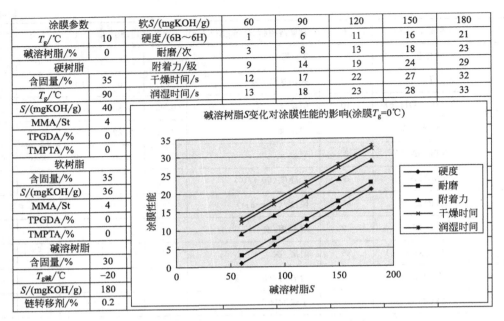

图 5-42　碱溶树脂 S 对涂膜性能的影响曲线

通过两组曲线可以对软碱溶树脂酸值的改变对涂膜各种性能的影响进行直观的分析（参考案例 5-1）。

改变计算表中配方的参数，依次对软碱溶树脂酸值的改变在不同的涂膜 T_g、不同的碱溶树脂用量以及不同的成膜助剂用量下对涂膜性能的影响进行研究和探索，找出软碱溶树脂酸值变化对涂膜性能影响的一般规律。

选择不同的软树脂和碱溶树脂，进行上述实验研究，进一步验证软碱溶树脂酸值对涂膜性能影响的规律。

【案例 5-15】　碱溶树脂链转移剂用量变化对成膜性能的影响

碱溶树脂链转移剂用量是影响碱溶树脂分子量的一个参数，改变碱溶树脂链转移剂用量，对碱溶树脂的黏度、碱溶树脂的溶解性能都会产生影响。对于树脂的成膜性能和涂膜的各种性能也会产生影响。提高碱溶树脂链转移剂用量，可以降低树脂的黏度，提高碱溶树脂的溶解性能，改善碱溶树脂的成膜性能，有利于在保证涂料产品具有合适黏度的前提下提高配方中碱溶树脂的用量。同时，对于涂膜的耐水性或者耐溶剂性能也会产生影响。如果碱溶树脂链转移剂用量过高，则需要在涂料配方中加入过多的碱溶树脂，影响涂膜的快干性能和耐水、耐湿擦性能。

研究碱溶树脂链转移剂用量变化对涂膜性能的影响，要设计并合成一组碱溶树脂、设计合成 1～2 个硬树脂和 1～2 个碱溶树脂。在设计碱溶树脂参数的时候，要确定碱溶树脂的玻璃化温度、酸值、含固量等参数，改变链转移剂用量，制备出不同链转移剂用量的碱溶树脂。

选取硬树脂和软溶树脂各一瓶，将其依次与五瓶不同链转移剂用量的碱溶树脂搭配，具体操作方法参考案例 5-1，并将测试结果填入表 5-20。

表 5-20　使用不同链转移剂用量的碱溶树脂涂膜 T_g 变化对硬涂膜性能的影响

A	样品总量/g	4	碱溶树脂 L/%	0	0	0	0	0
硬树脂	含固量/%	35	T_g/℃	0	10	20	30	40
	T_g/℃	90	碱溶树脂/%	10	10	10	10	10
	S/(mgKOH/g)	40	$M_硬$/g	0.61	1.04	1.43	1.80	2.15
	MMA/St	4	$M_软$/g	2.99	2.56	2.17	1.80	1.45
	TPGDA/%	0	$M_碱$/g	0.40	0.40	0.40	0.40	0.40
	TMPTA/%	0	光泽度(60°)/(°)					
软树脂	含固量/%	35	硬度/(6B～6H)					
	T_g/℃	−20	耐湿擦/次					
	S/(mgKOH/g)	36	耐磨/次					
	MMA/St	4	附着力/(0～5 级)					
	TPGDA/%	0	干燥时间/s					
	TMPTA/%	0	润湿时间/s					
碱溶树脂	含固量/%	30	耐水/min					
	$T_{g碱}$/℃	90	耐乙醇/次					
	S/(mgKOH/g)	180	耐高温/℃					
A	样品总量/g	4	碱溶树脂 L/%	0.1	0.1	0.1	0.1	0.1
硬树脂	含固量/%	35	T_g/℃	0	10	20	30	40
	T_g/℃	90	碱溶树脂/%	10	10	10	10	10
	S/(mgKOH/g)	40	$M_硬$/g	0.61	1.04	1.43	1.80	2.15
	MMA/St	4	$M_软$/g	2.99	2.56	2.17	1.80	1.45
	TPGDA/%	0	$M_碱$/g	0.40	0.40	0.40	0.40	0.40
	TMPTA/%	0	光泽度(60°)/(°)					
软树脂	含固量/%	35	硬度/(6B～6H)					
	T_g/℃	−20	耐湿擦/次					
	S/(mgKOH/g)	36	耐磨/次					
	MMA/St	4	附着力/(0～5 级)					
	TPGDA/%	0	干燥时间/s					
	TMPTA/%	0	润湿时间/s					
碱溶树脂	含固量/%	30	耐水/min					
	$T_{g碱}$/℃	90	耐乙醇/次					
	S/(mgKOH/g)	180	耐高温/℃					

续表

A	样品总量/g	4	碱溶树脂 L/%	0.2	0.2	0.2	0.2	0.2
硬树脂	含固量/%	35	T_g/℃	0	10	20	30	40
	T_g/℃	90	碱溶树脂/%	10	10	10	10	10
	S/(mgKOH/g)	40	$M_硬$/g	0.61	1.04	1.43	1.80	2.15
	MMA/St	4	$M_软$/g	2.99	2.56	2.17	1.80	1.45
	TPGDA/%	0	$M_碱$/g	0.40	0.40	0.40	0.40	0.40
	TMPTA/%	0	光泽度(60°)/(°)					
软树脂	含固量/%	35	硬度/(6B~6H)					
	T_g/℃	−20	耐湿擦/次					
	S/(mgKOH/g)	36	耐磨/次					
	MMA/St	4	附着力/(0~5级)					
	TPGDA/%	0	干燥时间/s					
	TMPTA/%	0	润湿时间/s					
碱溶树脂	含固量/%	30	耐水/min					
	$T_{g碱}$/℃	90	耐乙醇/次					
	S/(mgKOH/g)	180	耐高温/℃					
A	样品总量/g	4	碱溶树脂 L/%	0.3	0.3	0.3	0.3	0.3
硬树脂	含固量/%	35	T_g/℃	0	10	20	30	40
	T_g/℃	90	碱溶树脂/%	10	10	10	10	10
	S/(mgKOH/g)	40	$M_硬$/g	0.61	1.04	1.43	1.80	2.15
	MMA/St	4	$M_软$/g	2.99	2.56	2.17	1.80	1.45
	TPGDA/%	0	$M_碱$/g	0.40	0.40	0.40	0.40	0.40
	TMPTA/%	0	光泽度(60°)/(°)					
软树脂	含固量/%	35	硬度/(6B~6H)					
	T_g/℃	−20	耐湿擦/次					
	S/(mgKOH/g)	36	耐磨/次					
	MMA/St	4	附着力/(0~5级)					
	TPGDA/%	0	干燥时间/s					
	TMPTA/%	0	润湿时间/s					
碱溶树脂	含固量/%	30	耐水/min					
	$T_{g碱}$/℃	90	耐乙醇/次					
	S/(mgKOH/g)	180	耐高温/℃					

续表

A	样品总量/g	4	碱溶树脂L/%	0.4	0.4	0.4	0.4	0.4
硬树脂	含固量/%	35	T_g/℃	0	10	20	30	40
	T_g/℃	90	碱溶树脂/%	10	10	10	10	10
	S/(mgKOH/g)	40	$M_硬$/g	0.61	1.04	1.43	1.80	2.15
	MMA/St	4	$M_软$/g	2.99	2.56	2.17	1.80	1.45
	TPGDA/%	0	$M_碱$/g	0.40	0.40	0.40	0.40	0.40
	TMPTA/%	0	光泽度(60°)/(°)					
软树脂	含固量/%	35	硬度/(6B～6H)					
	T_g/℃	−20	耐湿擦/次					
	S/(mgKOH/g)	36	耐磨/次					
	MMA/St	4	附着力/(0～5级)					
	TPGDA/%	0	干燥时间/s					
	TMPTA/%	0	润湿时间/s					
碱溶树脂	含固量/%	30	耐水/min					
	$T_{g碱}$/℃	90	耐乙醇/次					
	S/(mgKOH/g)	180	耐高温/℃					

注：L代表链转移剂的用量。

各项性能测试完成后，将测试结果输入到计算机的表格中，计算机将在一个指定的Excel中自动生成如图5-43和图5-44所示的涂膜性能影响曲线。

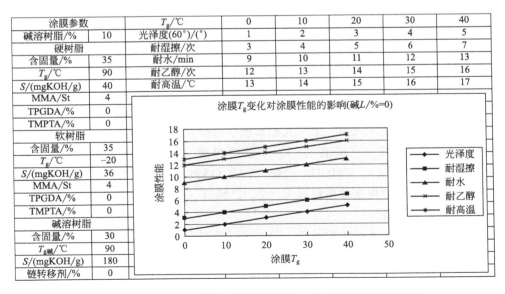

涂膜参数			T_g/℃	0	10	20	30	40
碱溶树脂/%		10	光泽度(60°)/(°)	1	2	3	4	5
硬树脂			耐湿擦/次	3	4	5	6	7
含固量/%		35	耐水/min	9	10	11	12	13
T_g/℃		90	耐乙醇/次	12	13	14	15	16
S/(mgKOH/g)		40	耐高温/℃	13	14	15	16	17
MMA/St		4						
TPGDA/%		0						
TMPTA/%		0						
软树脂								
含固量/%		35						
T_g/℃		−20						
S/(mgKOH/g)		36						
MMA/St		4						
TPGDA/%		0						
TMPTA/%		0						
碱溶树脂								
含固量/%		30						
$T_{g碱}$/℃		90						
S/(mgKOH/g)		180						
链转移剂/%		0						

图 5-43　涂膜 T_g 变化在不同碱溶树脂 L 时对涂膜性能的影响

涂膜参数			0	0	0.1	0.2	0.3	0.4
T_g/℃	0	光泽度(60°)/(°)	1	6	11	16	21
碱溶树脂/%	10	耐湿擦/次	3	8	13	18	23
硬树脂		耐水/min	9	14	19	24	29
含固量/%	35	耐乙醇/次	12	17	22	27	32
T_g/℃	90	耐高温/℃	13	18	23	28	33
S/(mgKOH/g)	40						
MMA/St	4						
TPGDA/%	0						
TMPTA/%	0						
软树脂							
含固量/%	35						
T_g/℃	−20						
S/(mgKOH/g)	36						
TPGDA/%	0						
TMPTA/%	0						
碱溶树脂							
含固量/%	30						
$T_{g碱}$/℃	90						
S/(mgKOH/g)	180						
链转移剂/%							

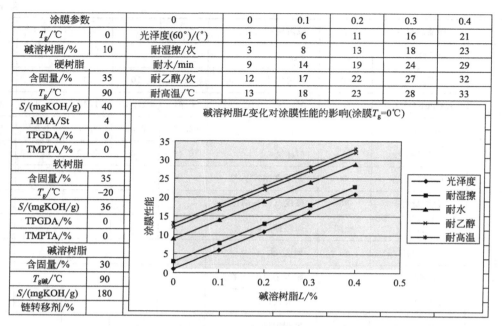

图 5-44　碱溶树脂链转移剂用量对涂膜性能的影响曲线

通过上述两组曲线可以对碱溶树脂链转移剂用量的改变对涂膜各种性能的影响进行直观的分析（参考案例 5-1）。

改变计算表中配方的参数，依次对碱溶树脂链转移剂用量的改变在不同的涂膜 T_g、不同的碱溶树脂用量以及不同的成膜助剂用量下对涂膜性能的影响进行研究和探索，找出碱溶树脂链转移剂用量变化对涂膜性能影响的一般规律。

选择不同的硬树脂和碱溶树脂，进行上述实验研究，进一步验证碱溶树脂链转移剂用量对涂膜性能影响的规律。

第四节　丙烯酸树脂乳液涂膜性能研究及产品开发

苯丙树脂乳液是构成水性涂料的主体成分，各种苯丙树脂的性能变化对涂料产品的性能都会产生明显的影响。在本章第三节中我们系统学习研究了单组分苯丙树脂乳液中硬树脂和软树脂的玻璃化温度（T_g）、酸值（S）、甲基丙烯酸与苯乙烯的用量比值（MMA/St）、TPGDA 用量（TPGDA%）、TMGDA 用量（TMGDA%）五个重要参数变化对涂膜性能影响的规律。还研究了碱溶树脂玻璃化温度（T_g）、酸值（S）、链转移剂用量（L%）等参数变化对涂膜性能影响的规律。

在上述项目研究中，通过数据处理，我们可以得到涂膜的各种性能影响因素的数据和图表。在输入涂膜性能检测数据之后，计算机将在一个指定的 Excel 表中自动生成各种图表曲线。例如，对于涂膜光泽度的影响，我们可以得到多达 27 组数据曲线。以硬树脂参数变化对涂膜光泽度的影响为例，涂膜光泽度的影响因素数据包括：

（1）硬树脂参数变化对硬涂膜光泽度的影响；

（2）软树脂参数变化对硬涂膜光泽度的影响；

（3）碱溶树脂参数变化对硬涂膜光泽度的影响；

（4）不同硬树脂参数下硬涂膜 T_g 变化对其光泽度的影响；

（5）不同软树脂参数下硬涂膜 T_g 变化对其光泽度的影响；

（6）不同碱溶树脂参数下硬涂膜 T_g 变化对其光泽度的影响；

（7）不同膜 T_g 下硬树脂参数变化对硬涂膜光泽度的影响；

（8）不同膜 T_g 下软树脂参数变化对硬涂膜光泽度的影响；

（9）不同膜 T_g 下碱溶树脂参数变化对硬涂膜光泽度的影响；

（10）硬树脂参数变化对软涂膜光泽度的影响；

（11）软树脂参数变化对软涂膜光泽度的影响；

（12）碱溶树脂参数变化对软涂膜光泽度的影响；

（13）不同硬树脂参数下软涂膜 T_g 变化对其光泽度的影响；

（14）不同软树脂参数下软涂膜 T_g 变化对其光泽度的影响；

（15）不同碱溶树脂参数下软涂膜 T_g 变化对其光泽度的影响；

（16）不同膜 T_g 下硬树脂参数变化对软涂膜光泽度的影响；

（17）不同膜 T_g 下软树脂参数变化对软涂膜耐磨性能光泽度的影响；

（18）不同膜 T_g 下碱溶树脂参数变化对软涂膜光泽度的影响；

（19）硬树脂参数变化在各种碱溶树脂用量下对涂膜光泽度的影响；

（20）软树脂参数变化在各种碱溶树脂用量下对涂膜光泽度的影响；

（21）碱溶树脂参数变化在各种碱溶树脂用量下对涂膜光泽度的影响；

（22）不同硬树脂参数下碱溶树脂用量变化对涂膜光泽度的影响；

（23）不同软树脂参数下碱溶树脂用量变化对涂膜光泽度的影响；

（24）不同碱溶树脂参数下碱溶树脂用量变化对涂膜光泽度的影响；

（25）不同碱溶树脂用量下硬树脂参数变化对涂膜光泽度的影响；

（26）不同碱溶树脂用量下软树脂参数变化对涂膜光泽度的影响；

（27）不同碱溶树脂用量下碱溶树脂参数变化对涂膜光泽度的影响。

以上各组数据，都可以在指定的 Excel 表中查到。涂膜其他性能的影响因素也可以在自动生成的相关 Excel 表中查到。

本节的学习和研究，是从产品要求即涂膜的性能指标出发，研究影响涂膜性能指标的各种因素及其规律性，根据上一节中研究得到的规律来设计乳液参数，进而调配出适宜的涂膜配方。这也是水性苯丙涂料产品开发的过程，其研究思路是：

（1）分析涂膜性能及用途要求；

（2）根据要求设计乳液参数；

（3）按照既定参数合成乳液；

（4）利用自制乳液调配涂料样品，制备涂膜；

（5）根据涂膜性能测试结果对乳液参数进行适当修改；

（6）多次反复，以研制出符合要求的涂料配方。

不同的涂料产品，有不同的性能指标要求。即使是同一类产品，不同的客户也会有不同的要求。学习涂料工艺与配方技术，要求掌握涂料各种性能指标的调整方法，才能够成为一名合格的涂料专业技术工作者。

一、涂膜光泽度研究

市场上需求的涂料产品，对于涂膜的光泽有不同的要求。如高光水性上光油、水性木器漆、高光水性油墨等产品均要求达到较高的光泽度；而水性哑光墨、水性哑光上光油、水性哑光木器漆等产品要求具有柔和的哑光光泽。这类产品的开发要研究丙烯酸树脂的性能及不同性能树脂的搭配对于涂料产品光泽度影响的规律。

（一）影响水性涂料光泽度的因素

涂料的涂布过程，实质上就是涂料在底材上流平并干燥的过程。影响涂料光泽度的因素有很多，如被涂布材料的外观质量，涂布工艺过程、设备及涂料本身的质量，这里主要讨论的是涂料的性质对光泽度的影响。

影响水性涂料光泽度的自身因素包括树脂选用的聚合物单体、水溶性树脂与乳液的配合比例、光油的流平性、黏度、pH 值及表面张力等。

1. 聚合物单体的影响

聚合物单体的不同性质，对制成的水性涂料的光泽度及其他性能有很重要的影响，因此选择合适的聚合物单体也是提高水性涂料光泽度的重要一环。在实际使用中通常使用多种单体进行共聚，选用单体时既要大量加入具有提高光泽度的助剂，又要兼顾改善涂料其他性能单体的使用。

水性涂料的丙烯酸树脂可能用到的单体有：甲基丙烯酸甲酯、苯乙烯、丙烯酸甲酯、丙烯酸-β-羟丙酯、丙烯酸等。其中，甲基丙烯酸甲酯和苯乙烯用量加大，形成的涂层硬度高、光泽度好，但较脆，耐折性及耐溶解性较差。因此，若要得到高光泽度的水性涂料，必须选择合适的聚合物单体。提高涂膜的玻璃化温度，有利于光泽度的提高，可以通过加入交联单体，提高树脂的酸值以增加聚合物的内聚力等方式改善涂膜的性能。

2. 水溶性树脂与乳液的配合比例

水溶性树脂与乳液的配合比例对水性上光油的光泽度有很大影响，增加乳液的用量可以提高其光泽度，但会使上光油的流平性、加工适性降低；增加水溶树脂用量，虽可提高涂料的流平性和加工适性，但其光泽度会降低。设计涂料配方的参数时，应对配方中碱溶树脂的用量对于涂料光泽度的影响规律进行探索。

3. 流平性的影响

水性涂料的流平性是影响其光泽度的另一个重要因素，它受到光油黏度、pH 值、表面张力的影响。若涂料具有较好的流平性，能够在涂层干燥前迅速流平，形成光滑的表面，涂膜就会有高的光泽度；若涂料在流平前就已干燥，会留下一些条痕、砂眼使其光泽度降低。

影响流平性的关键因素是涂料在流平过程中的流平黏度和其干燥速度。若流平黏度能保持较低，并且初期有较小的变化率，涂层就可较快流平。流平黏度与水性涂料的黏度、pH 值、触变性及被涂布物的吸收率有关。干燥速度也影响着流平性，若速度较小，流平黏度的变化率较小，且可给予的流平时间也较大，能够充分流平。提高碱溶树脂的酸值，可以降低涂膜的干燥速度，延长流平时间。

4. 黏度的影响

水性涂料的黏度对涂布过程中的流平性、湿润性等涂布适性有很重要的影响，这是因为底材表面对涂料具有一定的吸收性，而且底材表面对涂料的吸收同涂料的黏度成正比。若涂料的黏度过小，在对于高吸收率的底材进行涂布时，会导致流平过程中涂料的黏度变化太大，在最初阶段，其黏度尚可满足流平要求，但到了中后阶段，涂料的黏度明显增大，就很难再满足流平要求，结果使流平过早结束，引起底材表面涂层不均，某些局部欠缺涂料而影响到膜层干燥和膜层的平滑度、光泽度。若对吸收率低的底材涂布时，黏度太低，又会产生流挂现象导致涂层不均匀、干燥不良等问题。若黏度太高，又不能满足流平的要求而引起流平的过早结束，光泽度变差。

影响水性涂料黏度的主要因素是碱溶树脂的黏度和配方中碱溶树脂的比例。对于耐水性要求较高的产品，要降低配方中碱溶树脂的比例，为了得到合适的黏度，就必须提高碱溶树脂的黏度，提高碱溶树脂黏度的方法，是在制备碱溶树脂的配方中降低链转移剂的用量。反之，对于一些要求碱溶树脂用量大的涂料产品，就要降低碱溶树脂的黏度，降低黏度的方法是在制备碱溶树脂的时候增加链转移剂的用量。

5. 树脂性能的影响

涂料配方中各种树脂组分的性能差异，会对涂膜的光泽度产生影响。例如：如果两种树脂组分的干燥速度相差较大，产生先后干燥固化，使涂膜表面产生不均匀收缩，从而破坏涂膜表面的光滑性，产生消光；两种树脂之间的表面张力差较大的情况下，也会使涂膜收缩不均匀产生微观粗糙度；在涂料配方中各种树脂相容性差，涂料成膜使一些树脂从涂膜中部分析出，从而增大涂膜表面的微观粗糙度，降低涂膜的光泽度。因此，可以通过缩小各树脂组分的性能差异，提高涂膜的光泽度。通过降低乳胶粒的粒径，也可以提高涂膜的光泽度。也可以通过增大各树脂组分的性能差异，降低涂膜的光泽度。通过增大乳胶粒的粒径，也可以降低涂膜的光泽度。

6. pH 值的影响

水性涂料的 pH 值主要是由氨水来调节的，一般水性涂料 pH 值应控制为 8~9。若 pH 值太高，碱性太强，涂料的黏度就会降低，影响光泽度，同时使干燥速度变慢，耐水性变差。pH 值太低时，碱性太弱，黏度升高，氨水过快的在流平过程中挥发，使流平过快结束，影响光泽度。在调配涂料配方的时候，要控制好样品的 pH 值。

7. 表面张力的影响

涂料的表面张力不仅是影响光泽度，而且是影响涂料整体质量的一个重要因素。因为涂布涂料通常是在实地或墨膜上实现的，而它们的表面自由能通常较小，涂料表面张力的大小对同一底材的润湿、附着、浸透作用的区别很大，涂布后成膜效果差别也很大。如果涂料的表面张力值很小，涂料容易润湿底材的表面，并且在表面张力的作用下，易流平成光滑而均匀的膜面；如果涂料的表面张力值较大，那么对底材表面的润湿都存在困难，不容易形成均匀的涂布层；当其值大于底材表面张力时，涂布后的涂料涂层会产生一定的收缩，甚至在某些局部出现砂眼等现象。

以上是影响水性涂料光泽度的主要因素，此外水性涂料的固含量对其光泽度也有影响，固含量对光泽度的影响与黏度相似。一般水性涂料的固含量应控制在 30%~40%。

综上所述，影响水性涂料光泽度的因素很多，各种树脂的参数变化和样品配方的各种参数变化，对涂膜的光泽度都会产生影响。

（二）树脂合成及产品配方调配

从乳液参数的角度分析，需要研究乳胶粒粒径大小、树脂之间的极性差别、碱溶树脂的黏度和流平性能等因素对涂膜光泽度的影响。需要设计和制备一系列不同 S 和 MMA/St 的软、硬树脂，同时需要设计和制备一系列 S 和链转移剂用量不同的碱溶树脂。参考本章第二节丙烯酸树脂乳液成膜性能研究中，硬树脂、软树脂和碱溶树脂的各种参数变化对涂膜光泽度的影响规律，设计制备硬树脂、软树脂和碱溶树脂。三种树脂制备完成后，参照本章第三节中的研究方法设计样品配方，调配样品，制备涂膜，检测涂膜的光泽度及其它相关性能。根据检测结果，找出影响涂膜光泽度的主要问题，改进树脂参数，使用新的树脂乳液继续调配。如此不断改进树脂进行研究，直至得到较高光泽度的涂膜。

二、涂膜硬度研究

涂膜硬度是用户和涂料生产供应商最为关心的性能指标之一，硬度也是涂层最重要的物理性能之一。硬度反映的是一个材料抵抗另一个材料压陷、刮擦、切划和渗透的能力。市场上如建筑涂料、木器漆、金属涂料等产品均要求表面高硬度。

涂料漆膜的外观表现大致可分为硬、软、韧、脆几大类型，聚合物材料性能的兼有又可构成硬而韧、软而韧、硬而脆、软而脆等不同的表象形式。后者在高分子材料中并不少见，在极高的速度下甚至柔韧材料也会发生脆性破裂。

涂膜的硬度主要影响涂膜的耐磨损性和耐划伤性。磨损是物体因为摩擦或使用而造成的损耗，是两个固体表面接触时在力的作用下将材料从固体表面剥落的结果。耐划伤性反映的是涂料在大应力、短时间作用下的表面性质。耐划伤性不仅与材料的硬度有关，也与材料的韧性有关。

从微观上看，材料的表面不可能是绝对平整的。接触点是一些凸起的尖端，一种材料硬度很高或者在两接触面之间存在刚性颗粒时，受力后造成表面下陷，表面随后的相对移动形成型沟式划痕，这就产生了划伤。两种材料表面接触时，相对软的表面更容易被划伤。由于聚合物的硬度都很低，导致由聚合物构成的漆膜容易受到划伤。

（一）涂膜硬度的影响因素

1. 玻璃化温度的影响

涂膜的硬度与成膜物质的玻璃化温度（T_g）密切相关，用硬单体或刚性链段合成乳液可以制成高玻璃化温度的产品，T_g 高的乳液涂膜的硬度高，然而低温成膜性可能不好。

2. 乳液粒子结构的影响

改变乳液粒子的结构，用两步法合成核壳结构的乳液可以兼顾涂膜硬度和低温成膜性。

3. 聚合物分子间的交联

交联是提高涂膜硬度比较好的方法。聚合物分子间的交联（包括化学交联和物理交联）限制了链段的运动，使得 T_g 增高。聚合物 T_g 与交联密度 ν 之间的关系为：

$$T_{g_c} = T_g + \nu C$$

式中　T_{g_c}——交联后聚合物的玻璃化温度；

　　　T_g——未交联聚合物的玻璃化温度；

　　　ν——交联密度；

　　　C——常数。

交联密度越大 T_g 升高越多，涂膜的硬度会越高。对一种溶剂型聚醚聚氨酯的研究发现，交联密度 ν 增大，涂膜硬度相应增加，近似有直线关系。对于水性涂料，情况类似，与未交联的涂料相比，加交联剂后涂膜的硬度将有明显提高。乳液合成中常采用轻度交联的方法改善其性能，为防止过度交联导致凝胶，交联点不能太多，因而对 T_g 的升高和涂膜硬度的改进作用不会很大。

4. 添加剂的影响

添加剂，特别是粉状填料可以改变涂膜硬度，所以色漆的硬度往往高于同种基料的清漆。此外，纳米胶体硅之类的助剂也能提高涂膜的硬度和抗刮伤性能。

5. 涂膜干燥时间的影响

涂装后涂膜硬度的展现需要一定的时间，水性涂料涂膜达到最终强度的时间比溶剂型涂料要长，这主要是因为两个因素限制了涂膜硬度的迅速提高：水和助剂（包括成膜助剂、增塑剂、有机溶剂，如 N-甲基吡咯烷酮和 N-乙基吡咯烷酮等）的逸出和挥发。存在于涂膜中的水和助剂起到了增塑剂的作用，降低了涂膜的强度和硬度。水性涂料成膜物质的亲水性使得水难以除尽，高湿环境下吸水后性能也会下降。亲水性来自于水性涂料树脂中亲水的羧基、羟基等基团以及合成和配方中使用的表面活性剂，这些因素要完全排除是很困难的。

6. 成膜助剂的影响

选用合适的成膜助剂虽然可以在一定程度上解决高 T_g（高硬度）和低温成膜性的矛盾，但由于成膜助剂和有机溶剂多为分子量较大的高沸点有机化合物，迁移速度慢，挥发速率低，延长了达到最终硬度的时间。醇酯类成膜助剂一般比醇醚类成膜助剂挥发慢，所以用醇酯做成膜助剂的涂料涂膜硬度的展现也慢。水性涂料成膜后成膜助剂对涂膜硬度展现的影响主要取决于两个因素：成膜助剂在涂膜中的迁移速率和在空气中的挥发速率。

（二） 树脂合成与产品配方调配

根据上述影响涂膜硬度的因素，从乳液参数的角度分析，需要研究乳胶粒粒径大小、树脂之间的极性差别、碱溶树脂的黏度和流平性能等因素对涂膜硬度的影响。参考本章第二节丙烯酸树脂乳液成膜性能研究中，硬树脂、软树脂和碱溶树脂的各种参数变化对涂膜硬度的影响规律，设计制备硬树脂、软树脂和碱溶树脂。可在硬、软树脂的配方中加入 TPGDA 或 TMPTA，以增加乳液交联度。三种树脂制备完成后，参照本章第三节中的研究方法设计样品配方，调配样品，制备涂膜，检测涂膜的硬度及其它相关性能。根据检测结果，找出影响涂膜硬度的主要因素，改进树脂参数，使用新的树脂乳液继续调配。如此不断改进树脂进行研究，直至得到较高硬度的涂膜。

三、涂膜的耐擦洗性研究

涂料看重的性能有很多，耐擦洗性是其中的一种。耐擦洗性是指在指定的耐擦洗仪上用特定的刷子，在按标准制成的乳胶漆板上往复湿擦的次数。它反映漆膜表面的致密程度和抗粉化性。涂膜的耐擦洗性能是一些涂料产品必备的性能指标，例如内墙涂料、水性墙纸墨、水性塑料花墨等产品，都要求一定的耐擦洗次数。水性涂料是以水作为分散介质的涂料，在耐擦洗性方面往往存在不足。研究水性涂料的耐擦洗性能，对于掌握涂料产品开发的技术是很重要的。

耐擦洗性好的涂膜表面受到玷污，正确的清洗方法是用软布蘸取清洁剂轻轻擦拭后，用清水洗净，即可恢复原状。但是，乳胶漆耐擦洗的次数也并非耐擦洗次数越多越好，一味提高耐擦洗次数，会造成成本上升，同时其他性能会受到损失。所以，需要在耐擦洗次数与其他性能、成本之间求得平衡，使乳胶漆既具有较好的耐擦洗性能，其它性能又不受损失，并有一个合理的成本。

（一）影响涂膜耐擦洗性的因素

1. 乳化剂用量对涂膜耐水性能的影响

乳化剂含有亲水性基团，乳化剂的用量对涂膜的耐水性影响很大，一般情况下，乳化剂用量越小，则涂膜的耐水性越好。另一方面，乳化剂用量对乳液的乳胶粒粒径也会产生影响，增大乳化剂用量，可以降低乳胶粒粒径。乳胶粒粒径越小，乳液的成膜性能越好，涂膜的耐擦洗性能也会越好。因此，从涂膜耐水性考虑，乳液聚合时，乳化剂用量应该选取一个合理的比例。

2. 树脂极性对涂膜耐水性的影响

苯丙树脂乳液的酸值和 MMA/St 的比值是影响树脂极性的两个因素，在一定范围内，提高树脂的极性，可以提高树脂的内聚力，增强涂膜的强度，有利于耐擦洗性能的提高。但是如果树脂的极性过高，会使涂膜的耐水性下降，导致涂膜耐擦洗性降低。因此，改变树脂的酸值和 MMA/St 比值，探索其对涂膜耐擦洗性影响的规律，对于涂料产品的性能研究是很有意义的。

3. 涂膜玻璃化温度对其耐擦洗性能的影响

涂膜的玻璃化温度是决定涂膜强度的一个重要因素，较高玻璃化温度的涂膜，具有较好的耐擦洗性能。但是如果片面的追求高玻璃化温度，会使涂膜的成膜质量下降，导致其耐擦洗性能的降低。对于选定的一组树脂（包括硬树脂、软树脂和碱溶树脂），要通过实验确定其较佳的涂膜玻璃化温度。

4. 碱溶树脂的酸值及用量的影响

在形成涂膜的三种树脂中，硬树脂和软树脂一般情况下都具备很好的耐水性能，而碱溶树脂的耐水性最差。降低碱溶树脂的酸值，有利于改善其耐水性。降低碱溶树脂在配方中的用量，也会提高涂膜的耐擦洗性能。

5. 颜填料对涂膜耐擦洗性能的影响

在相同添加量的情况下，不同类型的颜填料对乳胶漆耐擦洗性的影响也很大。乳胶漆的耐擦洗性和颜填料的结构性质和目数有较大关系，针状和片状结构的颜填料比球状结构的颜填料耐擦洗性更好，其中又以针状结构颜填料耐擦洗最好；相同性质颜填料，低目数的耐擦洗性远好于高目数，其原因可能是高目数填料混合在很细的钛白粉中起到了填充骨架的作用；亲水性的强弱对耐擦洗性影响很大，同为高岭土，经过表面处理的煅烧高岭土的耐擦洗性远好于亲水性强的水洗高岭土。

6. 助剂对涂膜耐擦洗性能的影响

在乳胶漆中助剂往往能起到画龙点睛的作用，各种助剂虽然添加量不大，但对乳胶漆性能的影响很大，特别是增稠剂对乳胶漆的各种性能都影响很大。在达到相同黏度的情况下，丙烯酸碱溶胀类增稠剂对耐擦洗的影响最大，纤维素类次之，聚氨酯类影响最小。采用不同增稠剂复合使用对耐擦洗影响区别不大。而添加不同量的分散剂对耐擦洗的影响不太大。当然，不同助剂具体对乳胶漆性能的影响也应视具体情况而定。

（二）树脂合成与产品配方调配

根据上述影响涂膜耐擦洗性的因素，从乳液参数的角度分析，需要研究乳胶粒粒径大小、树脂之间的极性差别、碱溶树脂的黏度和流平性能等因素对涂膜耐擦洗性能的影响。参考本章第二节丙烯酸树脂乳液成膜性能研究中，硬树脂、软树脂和碱溶树脂的各种参数变化对涂膜耐擦洗性能的影响规律，设计制备硬树脂、软树脂和碱溶树脂。碱溶树脂 S 尽量做低，且在配方调配时碱溶树脂的含量也应尽量调低。需要注意的是，低酸值碱溶树脂不易溶于氨水，无法提供黏度。因此设计参数时，必须在合理的范围内，若常温下碱溶树脂不能溶解，可在加热条件下尝试。可在硬、软树脂的配方中加入 TPGDA 或 TMPTA，以增加乳液交联度。三种树脂制备完成后，参照本章第三节中的研究方法设计样品配方，调配样品，制备涂膜，检测涂膜的耐擦洗性及其它相关性能。根据检测结果，找出影响涂膜耐擦洗性的主要问题，改进树脂参数，使用新的树脂乳液继续调配。如此不断改进树脂进行研究，直至得到较高耐擦洗性能的涂膜。

四、涂膜最低成膜温度的研究

最低成膜温度（MFT）是乳液颗粒相互聚集成连续薄膜的最低温度，是表征聚合物乳液成膜特性的最常用指标。它是乳胶漆施工的一个使用极限值。如果体系中没有颜料，当环境温度超过 MFT 时，乳液就会形成光滑、连续、透明的薄膜；反之，当环境温度低于 MFT 时，将会形成白色粉状有裂痕的薄膜。乳液的 MFT 是涂料的重要技术指标，因为成膜的快慢、厚薄、平整度直接影响所成膜的厚度、光泽、膜的强度和使用寿命。若 MFT 低于或接近环境温度，即成膜温度低于涂料膜的使用温度，则涂膜在制件上就不能形成完整的连续相，导致涂膜的外观、强度、附着力及耐水性等许多性能劣化，达不到技术要求。因此涂料工业十分看重 MFT 这一技术指标。MFT 与聚合物的玻璃化温度 T_g 之间有着重要的关联，MFT 可以大于或小于 T_g。也可以等于 T_g，视所制备的乳液体系的性能而定。影响乳液 MFT 的因素有：乳液粒子大小及其分布，乳液粒子的形态，单体的亲水性，乳液粒子的组成，聚合物的分子结构，单体加料顺序，聚合方法，温度，湿度，pH，黏度，表面张力，乳化剂类型和用量，添加剂，以及成膜基材种类等等。在上述众多影响 MFT 的因素中，如固定乳液的配方和聚合温度，则乳液粒子的粒度、形态、单体的亲水性成为影响 MFT 的主要因素。因此，为了满足实际使用的要求，乳胶漆的施工温度应超过 MFT。

MFT 的测定方法：在 MFT 测定仪中，镀镍的金属铜板两端由电控制不同温度。板的一端加热，而另一端冷却，这样沿金属板会形成线性温度梯度。当乳液直接涂覆在金属板上时，水分开始蒸发，由于温度不同，就会在金属板上形成一个窄带。如果板上的温度高于 MFT 时，涂膜表面光滑、透明；若金属板上温度低于 MFT，涂膜发白而且会出现裂痕。因此，只要金属板上的温度呈线性梯度，就可从连续膜和出现裂痕的分界线处方便地读出转变温度，该温度就是 MFT。使用该方法测量的 MFT，精确度可达 $\pm 1\,^{\circ}\mathrm{C}$。为了减少水汽在冷端的凝结及保持湿度的恒定，可通入氮气。

（一）影响 MFT 的因素

1. 乳液聚合物的 T_g 对 MFT 的影响

乳液聚合物的 T_g 是影响 MFT 的最主要因素。聚合物的 T_g 是其无定形结构由玻璃态转变为橡胶态的物理转变温度。聚合物的 T_g 高，相应乳液的 MFT 也高。

2. 乳胶粒粒径对 MFT 的影响

苯丙乳液乳胶粒粒径的大小对其最低成膜温度（MFT）和 T_g 的影响很大，乳胶粒粒径小，透光率高，使乳液透明，并使其 MFT 降低，T_g 升高。随着乳胶粒粒径的增大，MFT 增大，而 T_g 变化不大，且随着乳胶粒子粒径的增大，MFT 趋近于 T_g。因为随着乳胶粒粒径变小，黏度增加，增大了乳液成膜的毛细管压力和粒子的总表面积，有利于粒子表面链端互相渗透，促进粒子变形成膜，从而降低 MFT。同时因其乳胶粒粒径小，表面张力低，有极好的渗透性，这样成膜的致密性高，硬度大，T_g 增高。其涂膜耐水性、耐擦洗性和附着力也大大提高。

3. 成膜助剂对 MFT 的影响

随着乳胶涂料的应用越来越广，人们希望它能够适应恶劣的环境，甚至在 0℃ 也能成膜。除了成膜性以外，其他诸如耐划伤性、硬度、耐化学品性及耐冲击性也应满足使用要求。这些重要性能往往不是低 T_g 乳液所具有的。高 T_g 聚合物在未添加成膜助剂之前是脆性的，在正常使用温度下，涂膜与底材的附着力很差，不能使用。为了使高 T_g 聚合物体系能在施工温度下顺利成膜，可在体系中加入成膜助剂来降低 MFT。成膜助剂具有如下作用：通过减小聚合物表面积，降低整体表面能；通过控制水的蒸发速率，提高毛细管力，以利于聚合物成膜；减少了乳胶粒之间的排斥力；使乳胶粒溶胀，促进颗粒相互接触、变形、成膜。

总之，通过成膜助剂的加入，可使 T_g 和 MFT 暂时下降，促进乳液聚结成膜。然后又逐步逸出，使干膜恢复为原来的 T_g。

作为水性涂料用成膜助剂应具有如下特点：具有良好的水解稳定性，以使其在高 pH 和低 pH 下都能发挥作用；由于高凝固点材料需要特殊处理和储存方法，因此成膜助剂的凝固点应低于 $-20℃$；挥发速率应足够低，以保证乳液在很宽的温度、湿度范围使用。此外，还应在合适的时间内从涂膜中挥发出去，以防止涂膜的过度软化；气味应小，这对于内墙涂料尤为重要；应当能够提高水性涂料的防腐性、弹性和耐候性等；具有生物降解性和安全性。

4. 树脂极性对 MFT 的影响

树脂的极性大小决定了内聚力的大小，也影响了干燥过程中水的挥发速度。对于疏水性聚合物，MFT 值接近于 T_g。而对于亲水性聚合物，由于水从涂膜中扩散出去需要更长的时间，水对于亲水聚合物的成膜，可以起到增塑作用，使树脂的 MFT 值低于 T_g。

5. 乳胶粒子形态对 MFT 的影响

对于具有相同玻璃化温度的苯丙树脂乳液，非核壳结构乳液其最低成膜温度最高，硬核软壳结构的核壳乳液最低成膜温度最低，而软核硬壳结构的核壳乳液最低成膜温度介于二者之间。这是因为核壳聚合物乳液在成膜过程中，壳层相互接触融合形成连续相，核则形成微观分散相，因此，壳层聚合物的特性对乳液特性和成膜特性影响较大。且由于核壳聚合物乳液组成从核到壳的变化使乳液颗粒的 T_g 也呈梯度变化，形成的涂层具有较宽的温度转移区间，从而使聚合物乳液的 MFT 降低。而硬壳（硬聚合物组成）的 MFT 高，软壳（软聚合物组成）的 MFT 低。但玻璃化温度主要是由软硬单体的配比所决定，所以不同乳胶粒子形态对其影响不大。

6. 乳化剂对 MFT 的影响

目前使用的各种乳化剂的结构都有一个共同点，即其分子中均含有两类性质截然不同的部分——极性基团与非极性基团。非离子型乳化剂在水溶液中不会离解成离子，其效果与介质 pH 值无关，它会在聚合物表面形成吸附层，阻挡聚合物分子彼此碰撞，从而提高聚合物粒子的分散稳定性；阴离子型乳化剂水解时生成阴离子基团，可使聚合物表面带负电荷，造成聚合物颗粒相斥，降低粒径。两种表面活性剂的混合物是水不溶单体非常有效的乳化剂，改变两者的比例可以较好地控制乳液黏度和乳胶粒的粒径。

在阴离子、非离子混合乳化体系中，乳化剂种类在影响乳胶粒粒径及黏度的同时，还影响乳液的成膜温度。

（二）树脂合成与产品配方调配

根据上述影响树脂 MFT 的因素，从乳液参数的角度分析，需要研究乳胶粒粒径大小、树脂之间的极性差别、碱溶树脂的黏度和流平性能等因素对树脂 MFT 的影响。参考本章第二节丙烯酸树脂乳液成膜性能研究中，硬树脂、软树脂和碱溶树脂的各种参数变化对样品成膜性能的影响规律，设计制备硬树脂、软树脂和碱溶树脂。根据相似相容的原理，三种树脂的极性如果能够相近，将有利于涂膜的形成，这就有必要研究低酸值的碱溶树脂。需要注意的是，低酸值碱溶树脂不易溶于氨水，无法提供黏度。因此设计参数时，必须在合理的范围内，若常温下碱溶树脂不能溶解，可在加热条件下尝试。可在硬、软树脂的配方中加入 TPGDA 或 TMPTA，以增加乳液交联度。三种树脂制备完成后，参照本章第三节中的研究方法设计样品配方，调配样品，制备涂膜，检测涂膜的成膜性及其它相关性能。根据检测结果，找出影响涂膜成膜性的主要问题，改进树脂参数，使用新的树脂乳液继续调配。如此不断改进树脂进行研究，直至得到较高玻璃化温度的涂膜样品。

五、涂膜的耐磨性研究

随着涂料工业的不断发展，涂料的应用领域越来越广，目前已涉及社会生活的方方面面。许多涂料在涂装完成后的使用过程中都会受到不同程度的磨损，从而导致涂膜的破坏和失效，使涂膜失去应有的使用价值和装饰效果。涂膜耐磨性的优劣对于评价和控制涂料产品质量至关重要，在一定程度上也能反应涂料的经济价值和使用寿命。

涂膜耐磨性反映了涂膜表面对外来的机械摩擦作用的抵抗能力，是涂膜硬度、附着力和内聚力综合效应的体现，对于在使用过程中经常会受到机械摩擦作用的涂膜来说，这是一项非常重要的指标。

磨损是两个固体表面接触时在力的作用下将材料从固体表面剥落的结果。磨损时所受到的力除正压力以外还有剪切力。材料的剥落以微粒和小块的形式脱离母体材料。材料的表面不可能是绝对平整的，从微观上看，接触点是一些凸起的尖端，一种材料硬度很高或者在两接触面之间存在刚性颗粒时，受力后造成表面下陷，表面随后的相对移动形成犁沟式划痕，这就产生了划伤。

（一）影响涂膜耐磨性的因素

1. 涂膜硬度的影响

两种材料表面接触时，相对软的表面更容易被划伤。由于聚合物的硬度都很低，由聚合物构成的涂膜容易受到划伤。硬聚合物的抗划伤性与磨耗有关，并与聚合物的模量呈平行变化。交联的弹性聚合物既容易变形又有很好的回弹性，因而有较高的抗划伤性。与小分子相比，聚合物的另一个特点是受到外力作用，分子或链段发生移动时需要有一个较长的松弛时间，在瞬时快速外力作用下形成的划痕有可能因随后大分子链的松弛运动变得不明显，甚至消失，这就是所谓的抗划伤可自愈涂料，某些柔韧的聚氨酯涂料就有这种功能。当然，如果划伤所形成的"犁沟"过深是很难完全自愈的。耐划伤性反映的是材料在大应力、短时间作用下的表面性质。

2. 涂膜韧性的影响

耐划伤性不仅与材料的硬度有关，也与材料的韧性有关。耐磨性表述的是在相同受力条件（温度、湿度、接触介质、外力的大小及受力时间）下材料从母体剥落的程度。与抗划伤性一样，耐磨性与材料的硬度和韧性有关，但耐磨性反映的是材料在小应力、长时间作用下的表面性能。涂膜的外观表现大致可分为硬、软、韧、脆几大类型，聚合物材料性能的兼有又可构成硬而韧、软而韧、硬而脆、软而脆等不同的表现形式。后者在高分子材料中并不少见，在极高的加力速度下甚至柔性材料也会发生脆性破裂。并非越硬的涂膜耐磨性越好，恰恰相反，对同一类型的聚合物涂膜，已经发现越硬的涂膜耐磨性越差。事实上柔韧的涂膜有更好的耐磨性。由于交联密度与涂膜硬度有正比关系，也可以说，随着交联密度的增大涂膜的耐磨性变差。同样可知，交联后的涂膜往往比未交联的涂膜耐磨性下降。作为涂料，硬而韧的涂膜才是最好的涂膜。

3. 表面平滑度的影响

摩擦力与压力和摩擦系数成正比，提高表面平滑度，可以降低摩擦力。蜡乳液是水性涂料漆面的表面状态调节剂。为了改善漆膜的手感滑爽性，提高抗粘连性、抗划伤性、耐磨性和憎水性，漆中可加入蜡乳液。涂层的抗粘连性与涂层的表面自由能、表面微观构造、涂层硬度及漆膜基料的玻璃化温度有关。存在涂层表面的蜡可改变涂层的表面状态，从而起到抗粘连性作用。其中高密度聚乙烯蜡、石蜡和巴西棕榈蜡的抗粘连性作用最好。耐磨性与涂层的弹性、韧性、硬度、强度等因素有关。对于耐磨性和增滑性而言，蜡越硬，效果越好，蜡微粒的粒径与涂层厚度相似或稍大，其增滑、抗划伤和耐磨性更好，因为这种稍高于涂层表面的蜡粒起到类似于轴承润滑的作用。还会产生一种特殊的触感，容易被人们接受。

4. 填料对涂层耐磨性能的影响

（1）填料种类的影响　不同填料引起的磨耗量的差异与填料的力学性能有直接关系，影响最大的是填料的破碎性，其中氧化铝在几种填料中断裂韧性最好，因此它最不易破碎，陶瓷材料次之，石英抗破碎能力最差。硬度也是影响磨耗量的一个因素。填料的形状对磨耗量也有一定的影响，当填料的形状多为尖角、片状时，在砂磨作用下，容易破碎；当填料形状为圆角、球形时，破碎比较困难。总之，填料的抗破碎性、硬度和形状等因素，从本质上决定了不同种类填料耐磨性能的差异。

（2）填料粒度与磨耗量的关系　同种填料其粒度大小对涂层的耐磨性能影响较大，在磨耗量随填料粒度的变化过程中出现一折点（范围为200～250目），折点两侧磨耗量的变化速度是不同的。在折点左侧填料粒度较小时，磨耗量随填料粒度的增加而降低；在折点右侧，填料粒度较大，磨耗量随填料粒度的增加而增大。这是因为当填料粒度较小时，砂轮直接作用在涂层表面，选择性磨损现象没有出现，填料起不到耐磨作用。当填料粒度达到某一范围后，出现选择性磨损现象，填料的耐磨作用开始体现，涂层耐磨性能显著提高。随着填料粒度的进一步增大，与基料的接触面变小，基料对其黏接性变差，涂层耐磨性能反而降低。

（3）填料用量对涂层耐磨性能的影响　填料/基料体积比不同时，填料用量对涂层耐磨性能的影响比较大。当填料/基料体积比增大时，涂层的磨耗量显著下降，涂层的耐磨性能提高。但当填料/基料比增大到一定程度时，涂层磨耗量开始缓慢增加，耐磨性能下降。这是因为砂轮作用到填料含量比较少的涂层材料上，由于填料距离较大，砂轮作用到单个填料粒子上的机会较多，对填料粒子的作用力较大，易使填料破碎。当填料含量较多时，填料间距缩短，砂轮同时撞击到多个填料粒子的机会增大，作用力被分配到几个填料粒子上，使得每个颗粒受力减小，产生破碎的可能性减少，因此材料的耐磨性能提高。但随着填料/基料体积比的进一步增加，涂层中填料显著增多，致使基料的粘接作用下降，填料易于脱落，使磨耗量增加。

（二）　树脂合成与产品配方调配

根据上述影响涂膜耐磨性的因素，从乳液参数的角度分析，需要研究乳胶粒粒径大小、树脂之间的极性差别、碱溶树脂的黏度和流平性能等因素对涂膜耐摩擦性能的影响。参考本章第二节丙烯酸树脂乳液成膜性能研究中，硬树脂、软树脂和碱溶树脂的各种参数变化对涂膜耐摩擦性能的影响规律，设计制备硬树脂、软树脂和碱溶树脂。可在硬、软树脂的配方中加入 TPGDA 或 TMPTA，以增加乳液交联度。三种树脂制备完成后，参照本章第三节中的研究方法设计样品配方，调配样品，制备涂膜，检测涂膜的耐摩擦性及其它相关性能。根据检测结果，找出影响涂膜耐摩擦性的主要问题，改进树脂参数，使用新的树脂乳液继续调配。如此不断改进树脂进行研究，直至得到较高耐摩擦性能的涂膜。

六、涂膜的附着力研究

当两物体被放在一起达到紧密的界面分子接触，以至生成新的界面层，就生成了附着力。附着力是一种复杂的现象，涉及"界面"的物理效应和化学反应。因为通常每一可观察到的表面都与好几层物理或化学吸附的分子有关，真实的界面数目并不确切知道，问题的关键是在两表面的何处划界及附着真正发生在哪里。

当涂料施工于底材上，在干燥和固化的过程中附着力就生成了。这些力的大小取决于表面和黏结料（树脂、聚合物、基料）的性质。广义上这些力可分为两类：主价力和次价力。化学键即为主价力，具有比次价力高得多的附着力；次价力是基于以氢键为代表的弱得多的物理作用力，这些作用力在具有极性基团（如羧基）的底材上更为常见，而在非极性表面如聚乙烯上则较少。涂膜的附着力是由漆膜中聚合物的极性基团（如羟基或羧基）与被涂物表面的极性基相互作用而形成的。导致漆膜附着力下降的因素：被涂物表面有污染或水分；漆膜本身有较大的收缩应力；聚合物在固化过程中相互交联而使极性基的数量减少等。漆膜的附着力只能以间接的手段来测定。

（一）　影响漆膜附着力的因素

1. 涂膜与被涂表面的极性适应性

从分子结构、分子的极性及分子相互作用力的观点来看，漆膜的附着力产生于涂料中聚合物分子的极性基定向与被涂物表面极性分子的极性基之间的相互吸引力。只有两者之间极性基相适应，才能得到附着力好的漆膜；反之，极性好的涂料涂在非极性的板材上，或者非极性涂料涂在极性的板材上，都不会得到附着力良好的漆膜。

漆膜与被涂表面任何一方的极性基减少，都将导致漆膜附着力的下降：

　　① 基材板面存在污物、油脂、灰尘等，降低了基材表面的极性，会引起附着力的降低。

　　② 漆膜中极性点的减少，也会降低附着力。例如氨基醇酸漆烘干成膜时，醇酸树脂的—OH 与氨基树脂中的—CH$_2$OH 进一步交联而不断被消耗了，造成了附着极性点的不断减少，这是氨基醇酸漆烘干后附着力降低的一个重要原因。漆膜中极性点的减少，既可能缘于涂料中不同组分之间的交联反应，也可能因为聚合物分子内的极性基自行结合而引起。

2. 漆膜的内聚力与热膨胀系数

　　同类物质分子之间的内聚所引起的力，称为内聚力。涂层内聚力越大，附着力越差。涂料在干燥过程中，随着溶剂的挥发、交联程度的增大，成膜物质分子之间的内聚力增大，漆膜产生收缩现象，最终导致漆膜附着力的降低。因此，可以通过采取降低漆膜内聚力的方法来达到提高附着力的目的，常用的办法有：

　　① 降低涂层的厚度，减小内聚力，提高漆膜对基材的黏附强度。

　　② 往涂料中添加适当颜料，降低漆膜内聚力，改善漆膜在底材上的附着性。这是色漆比清漆的附着力普遍要好的重要原因。

3. 漆膜与基材热膨胀系数的差异

　　漆膜与基材热膨胀系数的差异，也影响着漆膜的附着性能。众所周知，随着温度条件的变化，一切材料均会发生不同程度的体积收缩和膨胀。当涂料涂布于基材表面时，由于热胀冷缩的影响，涂料与被涂表面之间的黏结点将遭到不同程度的破坏。从总体上看，漆膜的热膨胀系数要明显大于基材的热膨胀系数，所以在温度变动时，漆膜的膨胀或收缩程度都比板材大，从而引起漆膜的相应变形，产生皱纹、龟纹等，降低了漆膜的附着力。涂料的热膨胀系数越小，涂膜的附着力越好，例如环氧树脂热膨胀系数比其他树脂小，所以环氧树脂漆膜的附着性好。

4. 漆液对基材的润湿性

　　漆膜的附着力产生于涂料与被涂基材表面极性基之间的相互吸引力，而这种极性基之间的相互吸引力的产生是以涂料对被涂基材表面的良好湿润为前提的。由于涂料对被涂基材表面的湿润状况取决于漆液的表面张力，因此，降低涂料的表面张力，才能提高湿润效率，增强漆膜对基材表面的附着力。

　　涂料对基材的润湿是通过涂料的流动来实现的。漆液在应用中必须呈很好的流动态，即使粉末涂料也必须达到流动态；只能通过漆液的流动来湿润被涂表面，才能达到漆膜对基材良好附着的目的。一般而言，涂料湿润得不好，界面接触就小，附着力就差；反之，涂料湿润得好，界面接触就大，附着力就好。

　　涂料中有低分子量的物质或者助剂（如硬脂酸盐、增塑剂等）存在时，它们会在涂层和被涂物之间产生弱的界面层，影响漆液对基材的润湿性，降低附着力。此外，基材表面黏附有水、灰尘、酸、碱等杂质时，也会引起漆膜与基材间弱界面层的出现，妨碍漆液对基材的润湿作用，减少极性点，导致漆膜附着力的下降。

（二）树脂合成与产品配方调配

　　根据上述影响涂膜附着力的因素，从乳液参数的角度分析，对于水性塑料墨、水性塑料花墨、水性编织袋墨等产品而言，由于其底材表面极性低，而水性涂料极性普遍偏大，所以两相融合度不高，导致附着力不好。为了提高其附着力，根据相似相容原则，必须从两方面入手。一是将底材表面极性提高，目前多采用电晕处理，加大塑料等底材的表面粗糙度。二是将乳液的极性降低，设计乳液参数时必须将硬、软树脂 MMA/St 和 S 都尽量设为 0。降低软树脂 T_g，也可增加其附着力；同时碱溶树脂 S 也不可太高，链转移剂用量可适当减少，以加大碱溶树脂分子量，增加其黏度。对于极性底材，则应该在设计乳液参数时，尽量增大硬树脂和软树脂的酸值，但是 MMA/St 的比值不宜过大，否则会影响酸值的提高；碱溶树脂的酸值也要尽量高一些。

参考本章第二节丙烯酸树脂乳液成膜性能研究中，硬树脂、软树脂和碱溶树脂的各种参数变化对涂膜附着力的影响规律，设计制备硬树脂、软树脂和碱溶树脂。对于塑料等非极性底材，碱溶树脂酸值尽量低，且在配方调配时碱溶树脂含量也应尽量调低。因此设计参数时，必须在合理的范围内，若常温下碱溶树脂不能溶解，可在加热条件下尝试。对于极性底材，则需要制备高酸值的碱溶树脂。硬树脂和软树脂的制备也要根据底材的性质来设计与极性有关的参数。三种树脂制备完成后，参照本章第三节中的研究方法设计样品配方，调配样品，制备涂膜，检测涂膜的附着力及其它相关性能。根据检测结果，找出影响涂膜附着力的主要问题，改进树脂参数，使用新的树脂乳液继续调配。如此不断改进树脂进行研究，直至得到附着力较好的涂膜。

七、涂膜的干燥速度研究

不管采用何种干燥方法，涂膜的干燥都有由液态变为固态，黏度逐渐增加，性能逐步达到规定要求的过程。长期以来，人们习惯用简单直观的方法来划分干燥的程度，现在一般划分为 3 个阶段：

（1）指触干或表干 即涂膜从可流动的状态干燥到用手指轻触涂膜，手指上不沾涂料，但此时涂膜还发黏，并且留有指痕。

（2）半硬干燥 涂膜继续干燥，达到用手指轻按涂膜，涂膜上不留有指痕的状态。从指触干到半硬干燥之间还有些不同的干燥名称，如沾尘干燥、不黏着干燥、指压干燥等。

（3）完全干燥 用手指强压涂膜也不残留指纹，用手指摩擦涂膜不留伤痕时可称为完全干燥，也有用硬干、打磨干燥等表示。不同被涂物件对涂膜的完全干燥有不同要求，如有的要求能够打磨，有的要求涂膜能经受住搬远、码垛堆放，因而它们的完全干燥达到的程度也就不同。

相比于溶剂型涂料，水性涂料在性能上有很多的不足，其中一个方面就是水性涂料的干燥速度较慢。水是比热容非常大的液体，水的挥发需要从环境吸收更多的热能，一般来讲水性涂料的干燥总是比溶剂型涂料稍慢些，特别是在冬天和雨天。理论上我们希望水性涂料的干燥速度越快越好，一方面可以减少等待时间，提高施工效率，另一方面较快的干燥速度可以方便后续加工。但是水性涂料的干燥速度也并非越快越好。过快的干燥速度可能导致漆膜来不及流平就已经凝固，干燥速度过快还可能导致某些表面助剂不能充分漂浮到表面而被凝固在漆膜之中。因此适当的干燥速度与施工工艺对于获得令人满意的涂装效果至关重要。

（一）影响水性涂料干燥速度的因素

1. 环境温度和湿度的影响

环境温度对水性涂料干燥速度的影响很大，温度越高水性涂料的干燥速度越快。在工厂施工的条件下，往往设置与涂装设备相配合的烘烤流水线。湿度对水性木器漆干燥速度的影响也是不言而喻的。湿度的概念是空气中含有水蒸气的多少。也可以用相对湿度（空气中的绝对湿度与同温度下的饱和绝对湿度的比值）来表示。环境中的水汽含量越高，水性涂料中的水越难挥发。

2. 漆膜厚度和表面空气流动速率的影响

漆膜厚度越厚干燥速度越慢，但是漆膜的干燥时间和漆膜的厚度却不是线性关系，而是非线性关系，比如说两道 $25\mu m$ 的湿漆膜干燥时间肯定小于一道 $50\mu m$ 湿漆膜的干燥时间。所以说水性涂料的施工方式是"薄涂多道"也是有一定道理的，不光是可以降低开裂风险，还可以减少获得同样漆膜厚度的干燥时间。

水性涂料表面的空气流动速率对于漆膜的干燥速度也有很大的影响。简单的理解是，从漆膜表面挥发的水分子被风很快带走，给后面待挥发的水分子腾出空间，所以水分子会不停地从漆膜里面被吸出来。在一些烘干流水线上都有排风装置，在实验室的恒温干燥箱同样也有排风功能。但是过快的空气流动对漆膜的干燥也是不利的，特别是针对较厚的漆膜，不仅容易导致漆膜开裂，而且表层的涂料黏度随着水分的挥发迅速增大至凝聚成膜，不利于下面的涂料的水分挥发，出现所谓的结皮现象，而且对于水性涂料的流平也有不利的影响。

3. 固含量和助剂的影响

水性涂料是一类以水为分散介质的涂料，水和各种溶剂在漆膜的干燥过程中最终都会离开。固含量是涂料中除了能够挥发出去的水和溶剂以外的其他成分在整个涂料中的重量比。如果其他条件不变的情况下，固含量提高，相应的漆膜的干燥速度也会提高。在很多时候，我们希望能够提高水性涂料的固含量，一方面可以提高干燥速度，另一方面可以一次施工获得更饱满的漆膜，降低涂刷次数。

水性涂料中的一些助剂也会对干燥速度有影响，尤其是纤维素。由于纤维素是非常亲水的大分子，在水中溶解后可以吸收本身体积好几倍的水分，在很多领域都是用来保水增稠，因此纤维素对于水性涂料的干燥具有延缓作用。对于其他一些助剂，特别是碱溶胀类的增稠剂，能够通过分子主链吸附水分子提高黏度的，对于涂料的干燥速度都有一定的影响。这些助剂无论是纤维素还是碱溶胀类增稠剂，在些许降低水性涂料干燥速度的同时，却大大降低了漆膜的耐水性，所以在配方中能不用的时候尽量不用，能少用的时候尽量少用。

4. 助溶剂和成膜助剂的影响

助溶剂包括三类，甲醇或乙醇、乙二醇或丙二醇、甲基吡咯烷酮或乙基吡咯烷酮。这类溶剂和水都可以无限互溶。同时由于和水无限互溶，降低了混合溶液的凝固点，在水性涂料中都可以降低水的冰点，起到抗冻的作用。

乙醇的沸点是 $78℃$，所以极易挥发同时带出了水分子。由于不似甲醇对人体有害，同时有着较快的挥发速度，乙醇添加在水性涂料中往往作为快干助剂。在水性建筑涂料领域，乙二醇和丙二醇的应用相当广泛，不光可以提高涂料的冻融稳定性，而且由于其较难挥发，可以作为湿边助剂，减少漆膜的接痕。

　　成膜助剂是一类能够溶胀高分子聚合物，降低高分子聚合物最低成膜温度，促进高分子化合物塑性流动和弹性变形的溶剂。水性涂料配方中一般都是慢干和快干的成膜助剂搭配使用。各种成膜助剂的选择不仅应该参照乳液的最低成膜温度，同时应该根据季节来搭配使用，夏天和冬天的温度和湿度都不同，夏天温度高，水分挥发比较快，如果过多地选择快干型成膜助剂，由于挥发速度过快，导致涂膜的形成时间过短，乳胶粒子来不及很好地聚集融合，成膜助剂就已经随着水挥发了，造成成膜不好和流平不佳等缺陷；而冬天气温低，水分挥发慢，成膜助剂挥发也慢，成膜时间长，这时候为保证一定的干燥速度，可以多选择一些快干性成膜助剂，有利于缩短施工时间。在工厂应用的时候，需要根据烘烤流水线的长度和烘烤温度，以及水性木器漆的干燥性能，对成膜助剂的品种和数量做合理调整，已达到成膜助剂用量最少、干燥速度最快和漆膜效果最佳。

5. 树脂性能的影响

　　像所有涂料一样，水性涂料的性能在很大程度上是由配方中选用的树脂决定的。绝大多数水性成膜树脂为乳液体系，该体系的成膜机理与溶剂型涂料不同。溶剂型树脂与溶剂形成单相体系，随着溶剂的蒸发，体系黏度增大，直至成为固体。从体系的机械性能来讲，这是一个连续的过程。而水性乳液则是一个双相体系，随着水的蒸发，体系黏度起始时变化不大，但当乳液颗粒的体积占总体积达到某一临界值时，系统突然从液态变为固态，是一个不连续的过程。这一临界点是水性涂料表干的开始，因此水性涂料的表干时间要比某些溶剂型涂料还要短。从表干到漆膜性能的全部体现，取决于系统中残留水分的蒸发速度，乳液颗粒中高分子的相互渗透，及体系中其它有机小分子的挥发速度。

　　（1）乳液颗粒大小　　乳液的颗粒越小，同样固含量下，颗粒之间的间距就越小，表干临界值就越低，干燥速度就越快。乳液颗粒小，还会带来成膜性好，光泽度高等其他方面的优势。

　　（2）树脂玻璃化转变温度（T_g）　　一般而言，树脂的 T_g 越高，最终成膜的性能就越好。然而，对于干燥时间来讲，其趋势则基本相反。T_g 高的树脂，通常需要在配方时加入较多的成膜助剂，以便高分子在乳液颗粒间的相互渗透，促进成膜质量。而这些成膜助剂，需要足够的时间从体系中挥发，实际上会延长从表干到全干的时间。

　　（3）乳液颗粒相结构　　取决于乳液的制备工艺，同样的单体组成可能会形成不同的颗粒相结构。被广为人知的核壳结构就是其中的例子之一。如果颗粒的壳 T_g 低，核 T_g 高，那么该体系成膜助剂需求少，干燥较快，但由于成膜后连续相是低 T_g 的树脂，漆膜的硬度则会受到一定影响。相反，颗粒的壳 T_g 高，则成膜需一定量的助剂，则膜的干燥速度会较前者慢，但干燥后的硬度会比前者高。

　　（4）树脂的极性　　乳液树脂的极性会影响水分的挥发速度，极性高的树脂干燥速度较慢，极性低的树脂干燥速度较快。特别是碱溶树脂的酸值，对涂膜干燥速度的影响较大。

6. 底材吸水性能的影响

　　不同的底材，具有不同的吸水性能。不具备吸水性能的底材，涂膜的干燥完全依靠水分的挥发，因而干燥速度比较慢。吸水性强的底材，可以吸收涂料中大部分水分，因而涂膜的干燥速度很快。

（二）树脂合成与产品配方调配

根据上述影响涂膜干燥速度的因素，从乳液参数的角度分析，需要研究乳胶粒粒径大小、树脂的极性、碱溶树脂的黏度和流平性能等因素对涂膜干燥速度的影响。参考本章第二节丙烯酸树脂乳液成膜性能研究中，硬树脂、软树脂和碱溶树脂的各种参数变化对涂膜干燥速度的影响规律，设计制备硬树脂、软树脂和碱溶树脂。三种树脂制备完成后，参照本章第三节中的研究方法设计样品配方，调配样品，制备涂膜，检测涂膜的干燥速度及其它相关性能。根据检测结果，找出影响涂膜干燥速度的主要问题，改进树脂参数，使用新的树脂乳液继续调配。如此不断改进树脂进行研究，直至得到较满意的干燥速度的涂膜。

八、涂膜的遮盖性研究

遮盖力是指色漆遮盖底材颜色或色差的能力。一般用遮盖力值表示遮盖力。它是赋予遮盖所要求的涂布率，以 m^2/L 为单位。该涂布率是达到遮盖所需要的湿膜厚度（mm）的倒数，也可以是赋予遮盖所要求的涂料用量，以 g/m^2 为单位。

遮盖力好的色漆只需施涂一道漆或二道漆就可遮住底材，涂料用量少，可大大节省施工成本，所以遮盖力是色漆产品必不可少的一个性能指标。对于色漆的遮盖原理和遮盖力测试方法的研究工作一直受到人们的普遍重视。

当颜料粒子散射和/或吸收光线并阻挡它达到底材时，色漆漆膜是不透明的。

（一）涂料遮盖力的影响因素

1. 颜料体积浓度的影响

颜料体积浓度（PVC）影响颜料粒子之间的距离。低 PVC 涂料中颜料粒子之间的距离大；高 PVC 涂料颜料粒子之间的距离小，粒子排列拥挤。当粒子之间的距离比光波半波长还小时，单个粒子不再具有独立散射中心的功能，反而降低遮盖效率。在 PVC 低于 20% 时，随 PVC 增加，颜料的遮盖力增大；在 PVC 高于 20% 时，随 PVC 增加，颜料遮盖力下降；在 PVC 为 20% 时，颜料的遮盖力最高。最佳 PVC 与颜料粒径、基料折射率等因素有关。

在 PVC 高于 50% 时，随 PVC 的增加，颜料遮盖力增加，这是因为 PVC 高于 50% 时，基料不能包覆颜料颗粒，空气取代一部分基料形成岛状空气团，产生新的散射中心。由于空气的折射率为 1.00，小于基料的折射率，空气代替基料后，遮盖力增加；并且 PVC 越高，空气取代基料就越多，遮盖力也越高，这就是通常所说的空气干遮盖效应，这也是含填料的高 PVC 涂料设计的依据。

综合以上分析，在只含颜料的涂料配方中，最佳 PVC 为 20%～30%。

2. 基料折射率的影响

当颜料一定时，基料折射率越小，遮盖力越大。在乳胶漆体系中，纯丙乳液比苯丙乳液折射率小，在溶剂型基料中，溶剂型丙烯酸比醇酸树脂的折射率小。因此，在同样的配方（PVC、颜料含量相同）中，纯丙乳胶漆比苯丙乳胶漆的遮盖力要强，溶剂型丙烯酸涂料比溶剂型醇酸涂料的遮盖力要强。

3．填料粒径对颜料遮盖力的影响

填料（体质颜料）在中高 PVC 涂料配方中大量使用，它既可以降低成本，也对涂料的流变性、涂膜的力学性能等方面产生影响，但填料的粒径太大时会影响颜料的遮盖力。细粒径填料可以提高颜料的遮盖力。在涂膜中，细粒径填料使颜料分布更均匀；大粒径填料使颜料聚集，降低了颜料的遮盖力。

4．填料折射率的影响

填料在涂膜中对遮盖力有两个方面的影响，一方面，填料本身具有一定的遮盖力，填料折射率越大，其遮盖效应越强；另一方面，在涂膜中，填料相当于基料，填料的折射率越低，遮盖力越强。在一个配方中，选用低折射率还是高折射率的填料，要看哪一个方面起主要作用。以硅灰石、高岭土、滑石粉三种填料为例，填料折射率的大小关系为：硅灰石＞高岭土＞滑石粉。三种填料粒径接近（均约为 1250 目），粒径因素的影响很小。在含二氧化钛纯丙乳胶漆体系中，涂料遮盖力大小关系为：硅灰石＞高岭土＞滑石粉，因此，填料本身的遮盖效应起主要作用，折射率越大其遮盖作用越强。在含二氧化钛苯丙乳胶漆体系中，涂料遮盖力大小关系为：滑石粉＞硅灰石＞高岭土，由此可见，滑石粉基料效应大于其本身的遮盖效应。从三种填料和纯丙乳液、苯丙乳液的折射率可以看出，三种填料的折射率均大于纯丙乳液的折射率，而滑石粉的折射率小于苯丙乳液的折射率。由此可见，当填料的折射率大于基料的折射率时，填料本身的遮盖效应占主导因素，折射率越大其遮盖作用越强；当填料的折射率小于基料的折射率时，填料的基料效应为主导因素，低于基料折射率的填料有更强的遮盖效应。

填料的折射率一般为 1.45～1.65，基料的折射率一般为 1.45～1.60。当涂料选用低折射率的基料时，选用高折射率的填料可以提高颜料的遮盖力；当涂料选用高折射率的基料时，选用低于基料折射率的填料可以提高颜料的遮盖力。

5．分散剂的影响

分散剂能够缩短涂料生产过程中颜、填料的分散时间，提高分散效率，并使涂料中的颜、填料能长时间地处于分散稳定状态，如果分散剂的添加量不足，被分散后的颗粒会因范德华力和重力的作用而重新聚集、絮凝，因此分散剂的添加量一定要接近其最佳添加量。乳胶漆在长期储存的过程中，若分散剂加量不足，易出现絮凝；若分散剂加量过量，则容易出现分层现象，从而对涂料的遮盖力产生影响。

6．增稠剂的影响

纤维素类增稠剂主要增加乳胶漆的中低剪黏度，触变性大，其疏水主键周围水分子通过氢键缔合，提高了聚合物本身的流体体积，减少了颗粒自由活动的空间，提高了体系黏度，在填料和乳液之间形成交联的网状结构，以使其相互分离，对颜、填料极少吸附，因此在用纤维素类增稠剂增稠的乳胶漆中，触变指数大，流动性差，漆膜流平性差，对比率下降；疏水改性碱溶胀型增稠剂具有水溶型增稠剂和缔合型增稠剂的双重优点，可同时对乳液和颜、填料增稠，既可以提高低剪黏度，也可以提高中高剪黏度，改善一道涂刷的遮盖力、流平性、流动性、抗飞溅性、丰满度。因此，选用适当的增稠剂，改善涂膜的流平性，有助于提高遮盖力。

（二）　树脂合成与产品配方调配

根据上述影响涂膜遮盖力的因素，从基料的角度分析，降低作为基料的丙烯酸树脂的折射率，有利于提高涂料的遮盖力。参考第四章第七节设计不同类型和不同参数的中空树脂，参照本章第三节中的研究方法设计样品配方，调配样品，制备涂膜，检测涂膜的遮盖力及其他相关性能。根据检测结果，找出影响涂膜遮盖力的主要问题，改进树脂参数，使用新的树脂乳液继续调配。如此不断改进树脂进行研究，直至得到较满意的涂膜遮盖力。

九、涂膜的耐水性能研究

乳胶漆都有一定的耐水性，这与乳胶漆的成膜过程有关。在乳胶漆中，聚合物以球形颗粒分散于水中，每个颗粒由不同数量的高分子聚合物组成。它是一个非均相体系，当水蒸发后球形颗粒必须经过一系列物理化学过程才能形成完整的涂膜，是不可逆转的。因此，乳胶漆虽然是水性涂料，成膜后反而具有耐水性能。

但是，乳胶漆的耐水性能是有差异的，影响因素也是多方面的，乳液种类和含量的高低是重要的因素之一。高档乳胶漆较低档乳胶漆具有更高的耐水性。原因是乳液含量高，漆膜缜密，漆膜的耐候性和耐水性就比较好，反之，耐水性就差。为了提高乳胶漆漆膜的耐水性，可在乳胶漆中添加憎水剂。

潮湿的空气，墙体的回潮，外来的水渍使墙面的效果面临考验。很多问题如发霉、粉化、污渍擦不干净等都与墙面漆的耐水性能有关。因此，我们的墙面要想取得更好的装修效果，就要注重乳胶漆的耐水性。乳胶漆漆膜耐水性与乳液的耐水性、颜料体积浓度和亲水性助剂密切相关。

（一）影响涂膜耐水性的因素

1. 乳液的耐水性对漆膜耐水性的影响

合成树脂乳液对漆膜耐水性的影响是最主要的因素，这不仅因为乳液聚合物属于主要成膜物质，在乳胶漆配方中的添加量大，而且因为涂膜的定性影响着涂膜耐水性能的好坏。市售各种各样的乳液，它们的耐水性差别甚大，就聚合物类型而言，硅丙乳液为最好，其次为苯丙乳液，再为叔丙乳液、全丙乳液、叔醋乳液，较差为醋丙乳液。含少量具有斥水功能性单体的乳液其耐水性也会很强，所以，即使同一类型聚合物的乳液各生产商产品的耐水性亦有差异。

2. 颜料体积浓度对漆膜耐水性的影响

颜料体积浓度对漆膜耐水性的影响体现在两个方面。一方面，乳胶漆的颜料体积浓度越高，则涂层的孔隙率越高，涂层的透水、透气性就越强，涂层和基层内部存在的水分就容易逃逸而产生较小的应力，由于该应力与涂层附着力是相对抗的，应力超过附着力会引起涂层起泡，所以水分挥发产生的应力越小，涂层起泡的可能性越小。由此可见，配方颜料体积浓度高些对保证乳胶漆漆膜耐水性是有帮助的。另一方面，乳胶漆的颜料体积浓度太高，达到甚至超过临界颜料体积深度时，乳液聚合物不能形成对全部颜、填料的全包裹，涂层浸渍在水中一定时间后会掉粉、掉色，即膜表面丧失了耐水性。因此，乳胶漆的颜料体积浓度也不能太高，只有合适时，才能获得满意的漆膜耐水性。

3. 助剂对漆膜耐水性的影响

非挥发性助剂对漆膜耐水性或多或少总是有点影响的。挥发性助剂在成膜初期，它们尚未完全挥发的阶段也可能有不良的影响。助剂中主要是颜料分散剂和增稠剂对漆膜耐水性的影响较大，因为这两类助剂是亲水性的，且大多为不挥发性的，它们永久性地残留在漆膜中必然影响着漆膜的耐水性。当然，产品型号和种类不同，对漆膜耐水性的影响程度是有差异的，如铵盐型颜料分散剂比钠盐型的耐水性要更优些，疏水型的增稠剂也显示了其在耐水性方面的优越性等。

综上所述，乳液的耐水性对漆膜耐水性的影响是最关键的。助剂因其在配方中的添加量很小故影响不大，颜料体积浓度较多地牵涉到漆膜的其他一些性能，如耐候性、耐洗擦性等，配方设计师不应以此来调节漆膜的耐水性。

（二）　树脂合成与产品配方调配

根据上述影响涂膜耐水性的因素，从乳液参数的角度分析，乳液的极性影响涂膜的耐水性，而影响乳液极性的因素是单体配方中亲水性单体所占的比例。设计乳液参数时适当降低硬、软树脂 MMA/St 和 S 值；同时碱溶树脂 S 也不可太高，链转移剂用量可适当减少，以加大碱溶树脂分子量，增加其黏度，可以在较低用量下满足涂料配方黏度要求。

参考本章第二节丙烯酸树脂乳液成膜性能研究中，硬树脂、软树脂和碱溶树脂的各种参数变化对涂膜耐水性的影响规律，设计制备硬树脂、软树脂和碱溶树脂。对于耐水性要求高的产品，碱溶树脂酸值尽量调低，且在配方调配时碱溶树脂百分含量也应尽量调低。需要注意的是，碱溶树脂的酸值过低，不易溶于氨水，无法提供黏度。因此设计参数时，必须在合理的范围内，若常温下碱溶树脂不能溶解，可在加热条件下尝试。硬树脂和软树脂的制备也要根据产品耐水性的要求来设计与极性有关的参数。三种树脂制备完成后，参照本章第三节中的研究方法设计样品配方，调配样品，制备涂膜，检测涂膜的耐水性及其它相关性能。根据检测结果，找出影响涂膜耐水性的主要问题，改进树脂参数，使用新的树脂乳液继续调配。如此不断改进树脂进行研究，直至得到耐水性能较好的涂膜。

十、涂膜的耐化学药品性研究

涂膜的耐化学药品性能，是对酸、碱、盐、洗涤剂、油脂等工业化学品的抵抗能力。一般是将漆膜充分干透后浸入规定温度和浓度的腐蚀介质来测试涂膜的耐化学品性。试验结果有失光、变色、起泡、软化、附着力下降、脱落等。因化学品的种类繁多，温度和浓度不同，很难统一。所以除了采用试样浸渍试验之外，尚有点滴法、气熏法、挂板法，视不同场合条件而选定。

（1）耐盐水性　涂膜在盐水中不仅受到水的浸泡而发生溶胀，同时还受到溶液中氯离子的渗透而引起强烈腐蚀，因此漆膜除了可能出现有耐水性中的起泡、变色等现象外，还会产生许多锈点和锈蚀等破坏。所以可用耐盐水性试验判断涂膜防护性能。

（2）耐酸碱性　涂膜经常在酸碱环境下使用。在酸碱环境下，成膜物高分子可能发生水解、溶胀等破坏，同时渗透到涂膜/金属界面后，涂膜下方金属的电化学腐蚀产生促进作用，有机酸对漆膜的破坏性较强。因此，耐酸碱性能是涂膜重要的耐蚀性能之一。

（3）耐溶剂性能　现代工业产品经常会接触到各种石油制品，如汽油、润滑油、变压器油等，并大多具有挥发特性。不同产品的保护涂膜规定了对不同石油制品的耐溶剂性标准，其中最普遍的是耐汽油性。

（一）涂膜耐液测定法

1. 试液

家具涂膜接触的主要液体的性能及规格如表 5-21 所示。

表 5-21　家具涂膜接触的主要液体

序号	液体名称	性能及规格
1	氯化钠水溶液	15%（质量分数）
2	碳酸钠水溶液	10%（质量分数）
3	乙酸水溶液	30%（质量分数）
4	乙醇	70%医用乙醇
5	洗涤剂水溶液	白猫洗洁精（25%脂肪醇环氧乙烷、75%的水）
6	酱油	符合 ZB 66012—87《高盐稀态发酵酱油质量指标》
7	蓝黑墨水	市售
8	红墨水	市售
9	碘酒	按《中华人民共和国药典》规定
10	花露水	75%乙醇,2%～3%香精
11	茶水	10g 云南滇红二级碎茶加 1000g 沸水不要搅动,浸泡 5min 后倒出的茶水
12	咖啡水	40g 速溶咖啡加入 1000g 沸水
13	甜炼乳	符合 GB 13102—2010《食品安全国家标准炼乳》
14	大豆油	符合 GB/T 1535—2017《大豆油》
15	蒸馏水	实验室用蒸馏水

2. 检测条件

试样规格为 250mm×200mm，数量 4 块，其中三块作检测，一块作对比；需检测的试样涂饰完工后至少存放 10 天，使涂膜达到完全干燥，并要求涂膜无划痕、鼓泡等缺陷；检测室温度为（20±2）℃，相对湿度为 60%～70%。

3. 检测方法

用软布或纱头擦净试样（件）涂膜表面；在试样上取三个检测处和一块对比处，使检测处中心点距试样边缘应大于 40mm，两检测处的中心距离应大于 65mm，将直径为 25mm 的滤纸放入试液中浸透，用不锈钢尖头镊子取出，在每个检测处上分别放上五层滤纸，并用玻璃罩罩住；在检测过程中须始终保持滤纸湿润，若检测时间长，滤纸中的试液挥发较多不太湿润，可用滴管在滤纸上补加试液以达到湿润要求；达到规定时间（检测时间一般是根据产品质量标准或供需双方协议而定，建议时间为 10s、10min、1h、4h、5h、24h、80h）后，拿掉玻璃罩及试纸。另用干净滤纸吸干残液，静放 16～24h；用清水洗净试样表面，并用软布揩干，静止 30min；观察检测处与对比处有何差异：是否有变色、鼓泡、皱纹等现象，并按分级标准评定级别。涂膜耐液检测结果的评定分级标准如表 5-22 所示。

表 5-22 涂膜耐液评定分级标准

等级	说明
1	无印痕
2	轻微失光印痕
3	轻微变色或明显失光印痕
4	明显夺色、鼓泡、皱纹等

注：同一试样上的三个检测处中，以两个检测处一致的评定值为最终检测值。若不一致，可复检一次。

（二）影响涂膜耐化学药品性的因素

1. 树脂的影响

树脂要对基材有非常好的干/湿附着力和防锈性，碱溶树脂的酸值要低一些，硬树脂和软树脂的酸值要高一些，涂膜的玻璃化温度要高。提高涂料体系的交联密度，涂料体系交联密度提高后，大大降低了水和氧的透过速率，能有效减缓底材的腐蚀。同时交联密度提高后，涂膜的玻璃态转化温度得到了提高，涂膜浸水后由于吸水起增塑作用，其 T_g 约下降 30℃，若涂层浸水后其 T_g 仍超过试验环境温度，则附着点并不因涂层松弛而移动，仍固定于原附着点，即湿附着力良好。

2. 颜填料的影响

颜料要具有优异的防锈性、涂膜抗起泡性和膜下钢板耐腐蚀性。值得推荐的环保防锈颜料有：磷酸锌铁 MHH-LXT（优异）、羟基亚磷酸锌、改性的无机盐（磷酸锌、三聚磷酸铝）、改性偏硼酸钡等。鳞片状的填料有利于防腐蚀，当片状的填料平行于基材排列时，水分子和氧分子要到达基材界面与钢铁发生作用要绕多几倍的路程，这样防锈性和耐盐雾性等性能会大大提高。恰当的颜基比对耐盐雾性能非常的重要。合理的颜基比能使涂膜变得致密，具有较好的阻氧、阻水率，能够有效地阻止水分子和氧分子穿过涂膜到达金属表面使其发生阴阳极反应，产生气体鼓泡、生锈等现象从而破坏涂层的附着力，降低耐盐雾性能。

3. 湿附着力的影响

干燥的涂膜除了具有良好的致密性和良好的干附着力以外，还要有非常好的湿附着力。这样的涂膜既具有很好的阻水性，渍水若干小时后又具有相当好的湿附着力来抵抗生锈和起泡。湿附着力大于锈蚀时气泡产生的压力时，涂膜的生锈和气泡现象会降到最低从而提高了耐化学品性。

4. 助剂的影响

即使有了树脂，防锈颜料，恰当的颜基比和湿附着力，还是有一小部分水分子和氧分子能够穿过涂膜到达素材界面，从而发生阴阳极反应产生气体鼓泡和生锈破坏附着力，从而降低耐化学品性能。水分子阻换剂的作用就是涂膜覆盖底材界面后能够与金属原子紧密结合，阻止水分子到达素材界面并与之结合，这样就降低了水氧原子与铁原子发生阴阳极反应产生气体鼓泡和生锈现象，能够显著提高耐化学品性能。

5. 涂膜厚度的影响

耐化学品性能跟涂膜的厚度有相当大的关系，涂膜厚，水氧分子要穿透涂层需要的时间就长。耐化学品性与涂膜厚度成正比。

（三） 树脂合成与产品配方调配

根据上述影响涂膜耐化学品性的因素，从乳液参数的角度分析，需要研究乳胶粒粒径大小、树脂之间的极性差别、碱溶树脂的黏度和流平性能等因素对涂膜成膜性能的影响。参考本章第二节丙烯酸树脂乳液成膜性能研究中，硬树脂、软树脂和碱溶树脂的各种参数变化对涂膜耐擦洗性能的影响规律，设计制备硬树脂、软树脂和碱溶树脂。碱溶树脂 S 尽量调低，且在配方调配时碱溶树脂百分含量也应尽量调低。需要注意的是，低酸值碱溶树脂不易溶于氨水，无法提供黏度。因此设计参数时，必须在合理的范围内，若常温下低酸值的碱溶树脂不能溶解，可在加热条件下尝试。可在硬、软树脂的配方中加入 TPGDA 或 TMPTA，以增加乳液交联度。三种树脂制备完成后，参照本章第三节中的研究方法设计样品配方，调配样品，制备涂膜，检测涂膜的耐化学品性能及其它相关性能。根据检测结果，找出影响涂膜耐化学品性的主要问题，改进树脂参数，使用新的树脂乳液继续调配。如此不断改进树脂进行研究，直至得到较高耐化学品性能的涂膜。

十一、涂膜的耐高温性能研究

耐高温涂料，亦称耐热涂料，一般是指在 200℃ 以上，漆膜不变色、不脱落，仍能保持适当的物理机械性能的涂料，是使被保护对象在高温环境中能正常发挥作用的特种功能性涂料。

（一） 影响涂料耐高温的因素

耐高温涂料一般由耐高温聚合物、颜填料、溶剂和助剂组成。对耐高温聚合物，从结构上分析，为改善材料的耐热性能，聚合物需要具有刚性分子链、结晶性和交联结构。为提高耐热性能，首先是选用能产生交联结构的聚合物，如聚酯树脂、环氧树脂、酚醛树脂、有机硅树脂等。此外，成型工艺条件的选择也会影响聚合物的交联密度，因而也影响聚合物的耐热性。提高耐热性的另一方法是增加聚合物分子链的刚性，减少聚合物链中的单键，引进共价双键、叁键或环状结构（包括脂环、芳环和杂环等），这些对提高聚合物的耐热性都是非常有效的。还有一点需要指出的是耐高温聚合物的热稳定性，即耐高温聚合物能在高温下耐加热。在高温下加热聚合物可以发生两类反应，即降解和交联。降解导致聚合物主链断裂，分子量下降，使物理力学性能也变差。提高热稳定性的方法是在聚合物链中尽量引入较多的芳环或杂环，这样可以增加聚合物的热稳定性。

影响涂膜性能的因素很多，主要根据应用场合的不同要求，合理设计组分组成、比例和成型工艺等。对于印刷领域所使用的水性涂料，其主要成分为丙烯酸树脂，其耐高温性能主要取决于涂膜的成膜质量和玻璃化温度。其中硬树脂和碱溶树脂对涂膜耐高温的贡献较大，软树脂是成膜树脂，对成膜的质量会产生影响。

（二） 树脂合成与产品配方调配

根据上述影响涂膜耐高温性能的因素，从乳液参数的角度分析，需要研究树脂的玻璃化温度，同时在树脂中引入刚性分子基团例如苯环等，或增大树脂的交联密度。

1. 增大交联密度

为提高产品的耐热性能，可在硬、软树脂的配方中加入 TPGDA 或 TMPTA，以增加乳液交联度。

2．引入刚性结构

改善产品的耐热性能，在聚合物分子链中引入刚性基团，例如苯环。因此在设计乳液配方时，可适当增大单体苯乙烯的用量，即降低 MMA/St。

3．玻璃化温度（T_g）

T_g 与聚合物的结构密切相关。在聚合物中引入芳环、极性基团和交联，是提高玻璃化温度以及耐热性能的三大重要措施。

参考本章第二节丙烯酸树脂乳液成膜性能研究中，硬树脂、软树脂和碱溶树脂的各种参数变化对样品成膜性能的影响规律，设计制备硬树脂、软树脂和碱溶树脂。可尝试制备具有不同 T_g 的硬树脂、软树脂及碱溶树脂。在三种树脂调配时，可以尝试总玻璃化温度大于60℃的产品。

第六章
水性聚氨酯树脂

聚氨酯（PU）全称为聚氨基甲酸酯（polyurethane），是一类分子链中含有重复的氨基甲酸酯键（—NHCOO—）的高分子聚合物。因分子间存在氢键，聚氨酯通常具有强极性，因而表现出高弹、高强、耐磨和耐溶剂等一系列优良性质。常见的聚氨酯一般可分为水性聚氨酯和溶剂型聚氨酯。溶剂型聚氨酯使用了大量容易挥发的溶剂并且存在一定量游离的异氰酸酯残留，因此很容易污染空气和环境，并对人体健康造成危害。水性聚氨酯（WPU）是一种以水为连续相，把聚氨基甲酸酯溶解或分散在水中得到的一种乳液，其在不添加任何溶剂的情况下就能拥有与溶剂型聚氨酯类似的一些性能，同时还能做到无毒、无污染，环保、安全且不容易燃烧，既保护环境又节约能源，具有溶剂型聚氨酯无法媲美的优点，因此被广泛应用于水性涂料树脂的合成。溶剂型聚氨酯与水性聚氨酯涂料性能的差异如表 6-1 所示。水性聚氨酯涂料既有溶剂型聚氨酯涂膜的高耐磨、高硬度、耐腐蚀和耐化学品性等优点，还兼具水性涂料低 VOC 含量的优点，是功能的聚氨酯涂膜。因此，水性聚氨酯涂料将成为水性涂料的发展重点。并且可通过分子设计原理引入各种官能团，从而进行交联和复合改性，制备得到改性或者功能性聚氨酯涂料。

表 6-1　溶剂型聚氨酯与水性聚氨酯涂料性能对比

性能	溶剂型聚氨酯	水性聚氨酯
毒性	存在 VOC，有毒，易挥发，对人体有害，对环境污染	无 VOC，绿色环保，无毒
耐溶剂性	对某些溶剂抵抗性较差	耐溶剂性不佳，易腐蚀
耐候性	较差，长时间日照易变色	优异
成膜性	容易成膜	干燥速度慢
固含量	较高	较低
运输安全性	易燃易爆	不易燃

第一节　水性聚氨酯的合成单体

在制备水性聚氨酯的过程中需要用到多种化学试剂，包括异氰酸酯、多元醇或多元胺等多种单体以及扩链剂、催化剂、亲水基团和中和剂（成盐剂）等多种助剂。

一、多异氰酸酯

多异氰酸酯按异氰酸酯基与碳原子链接的结构特点可以分为三大类：芳香族多异氰酸酯（如甲苯二异氰酸酯，即 TDI）、脂肪族多异氰酸酯（如六亚甲基二异氰酸酯，即 HDI）、脂环族多异氰酸酯（即在环烷烃上带有多个异氰酸酯基，如异佛尔酮二异氰酸酯，即 IPDI）。

芳香族多异氰酸酯相较于脂肪族和脂环族多异氰酸酯具有更高的反应活性，其合成的聚氨酯树脂结构中的苯环会导致水分散发而产生较高的热活化温度，户外耐候性差，且易发生黄变和粉化，属于"黄变性多异氰酸酯"，但其价格低且来源方便，因此在我国应用广泛，如 TDI 常用于室内涂层用树脂；相比而言，脂肪族和脂环族多异氰酸酯耐候性好，不容易发生黄变，属于"不黄变性多异氰酸酯"，其耐水解、抗氧化和储存稳定性等方面也较芳香族多异氰酸酯优越，因此其应用范围不断扩大，在欧美等发达地区和国家已经成为主流的多异氰酸酯单体。

（一）芳香族多异氰酸酯

聚氨酯树脂中芳香族多异氰酸酯占比约达 90%。同芳基相连的异氰酸酯基团对水和羟基的活性比脂肪基异氰酸酯基团更活泼。基于芳香族多异氰酸酯由于苯环密度较高，其力学性能也比脂肪族多异氰酸酯的聚氨酯更为优异。下面列举一些常用的产品。

1. 甲苯二异氰酸酯（TDI）

（1）结构特点　甲苯二异氰酸酯是开发最早、应用最广、产量最大的二异氰酸酯单体；根据其两个异氰酸酯基团（—NCO）在苯环上的位置不同，可分为 2,4-甲苯二异氰酸酯（2,4-TDI）和 2,6-甲苯二异氰酸酯（2,6-TDI），其结构式分别为：

2,4-TDI　　　　2,6-TDI

（2）理化性质　甲苯二异氰酸酯在室温下为无色透明至淡黄色液体，有强烈刺激性气味；遇光颜色变深。相对密度为 $1.22\pm0.01(25℃)$；凝固点为 $3.5\sim5.5℃$（TDI-65），$11.5\sim13.5℃$（TDI-80），$19.5\sim21.5℃$；沸点为 251℃；闪点为 132℃（闭杯）；蒸气相对密度为 6.0；蒸气压为 $0.13kPa(0.01mmHg，20℃)$；蒸气与空气混合物可燃限为 0.9%～9.5%。TDI 不溶于水，可溶于丙酮、乙酸乙酯和甲苯等有机溶剂；容易与包含有活泼氢原子的化合物：胺、水、醇、酸、碱发生反应，特别是与氢氧化钠和叔胺发生难以控制的反应，并放出大量热（与水反应生成二氧化碳是聚氨酯泡沫塑料制造过程中的关键反应之一，应避免受潮）；在常温下聚合反应速率很慢，但加热至 45℃以上或催化剂存在下能自聚生成二聚物；能与强氧化剂发生反应，遇热、明火、火花会着火；加热分解放出氰化物和氮氧化物。

（3）毒性　在人体中具有积聚性和潜伏性，对皮肤、眼睛和呼吸道有强烈刺激作用，吸入高浓度的甲苯二异氰酸酯蒸气会引起支气管炎、支气管肺炎和肺水肿；液体与皮肤接触可引起皮炎。液体与眼睛接触可引起严重刺激作用，如果不加以治疗，可能导致永久性损伤。

长期接触甲苯二异氰酸酯可引起慢性支气管炎。对甲苯二异氰酸酯过敏者，可能引起气喘、呼吸困难和咳嗽。

（4）应用概况　市场上有 3 种规格的甲苯二异氰酸酯出售。T-65 为 2,4-TDI、2,6-TDI 两种异构体质量比为 65%：35% 的混合体；T-80 为 2,4-TDI、2,6-TDI 两种异构体质量比为 80%：20% 的混合体，其产量最高、用量最大，性价比高，涂料工业常用该牌号产品；T-100 为 2,4-TDI 含量大于 95% 的产品，2,6-TDI 含量甚微，其价格较贵。TDI 的缺点是蒸气压大，易挥发，毒性大，通常将其转变成低聚物后使用；而且由其合成的聚氨酯制品存在比较严重的黄变性。黄变性的原因在于芳香族聚氨酯的光化学反应，生成芳胺，进而转化成了醌式或偶氮结构的生色团。

TDI 与三羟甲基丙烷的加和物是重要的溶剂型双组分聚氨酯涂料的固化剂，拜耳（Bayer）公司产品牌号为 Desmodur R，其为 75% 的乙酸乙酯溶液，异氰酸酯基（—N＝C＝O）含量为（13.0 ± 0.5）%，黏度（20℃）约为（2000 ± 500）mPa·s。

$$H_5C_2-C-[CH_2-O-CO-NH-C_6H_3(NCO)(CH_3)]_3$$

Desmodur R 结构图

2. 4,4′-二苯基甲烷二异氰酸酯（MDI）

（1）结构特点　MDI 是继 TDI 后开发出来的重要的二异氰酸酯，亦称为亚甲基双（4-苯基）异氰酸酯或二苯甲烷-4,4′-二异氰酸酯，其结构式为：

$$O＝C＝N-C_6H_4-CH_2-C_6H_4-N＝C＝O$$

（2）理化性质　MDI 在室温下为白色或淡黄色固体；相对密度为 1.19（50℃），熔点为 36～39℃，沸点为 190℃，闪点为 202℃。MDI 溶于苯、甲苯、氯苯、硝基苯、丙酮、乙醚、乙酸乙酯、二噁烷等，苯环上的异氰酸酯基（—N＝C＝O）在合成树脂或涂料过程中，与涂料或树脂中的羟基起反应而固化，纯品易自聚，生成二聚体和脲类等不溶物，使液体浑浊，产品颜色加深，影响使用和产品品质。

（3）毒性　MDI 会刺激眼睛和黏膜，空气中允许浓度为 0.02×10^{-6}，毒性为 LD_{50}（mg/kg）。

（4）应用概况　MDI 分子量大，蒸气压远远低于 TDI，对工作环境污染小，单体可以直接使用，因此其产量不断提高。除用于聚氨酯涂料外，还用于防水材料、密封材料的聚氨酯泡沫塑料，用作保暖（冷）、建材、车辆、船舶的部件；此外，也用于制造合成革、聚氨酯弹性纤维、无塑性弹性纤维、鞋底、薄膜、黏合剂等，应用非常广泛。聚合二苯基甲烷多异氰酸酯（聚合 MDI 或 PAPI）是 MDI 的低聚物，其结构式如下：

$$[C_6H_4(NCO)-CH_2]_n \quad n=0, 1, 2, 3$$

PAPI 是一种不同官能度的多异氰酸酯的混合物，其中 $n=0$ 的二异氰酸酯（即 MDI）占混合物的 50% 左右，其余是 3～5 官能度、平均分子量为 320～420 的低聚合度多异氰酸酯。我国烟台万华聚氨酯股份有限公司从日本聚氨酯公司引进了一套每年可产万吨 MDI、PAPI 的联产装置，运行稳定，基本满足国内市场需求。

（二）脂肪族多异氰酸酯

脂肪族多异氰酸酯相比芳香族多异氰酸酯有耐候性好、不容易发生黄变的优点，属于"不黄变性多异氰酸酯"，其耐水解、抗氧化和储存稳定性方面也较芳香族多异氰酸酯优越。下面列举一些常用的产品。

1. 六亚甲基二异氰酸酯（HDI）

（1）结构特点 六亚甲基二异氰酸酯又称 1,6-亚已基二异氰酸酯，属于典型的脂肪族二异氰酸酯，其结构式为：

$$OCN-(CH_2)_6-NCO$$

（2）理化性质 HDI 在室温下为无色或浅黄色透明液体，相对密度为 1.05(20℃)，凝固点为 -67℃，沸点为 225℃，闪点为 130℃，蒸气压为 66.7Pa(85℃)。常温常压下稳定，易燃。不溶于冷水，溶于苯、甲苯、氯苯等有机溶剂。光稳定性较好，挥发性大。化学性质非常活泼，能与水、醇及胺等含活泼氢化合物反应。与醇、酸、胺能反应，遇水、碱会分解。在铜、铁等金属氯化物存在下能聚合。与胺类反应产生取代脲，与醇类反应生成二氨基甲酸酯，与二醇类反应生成聚氨酯。

（3）毒性 毒性较大，属于急性毒性物质。小鼠吸入 LD_{50} 为 $30mg/m^3$；大鼠吸入（4h）LD_{50} 为 $60mg/m^3$。

（4）应用概况 HDI 主要用于制作泡沫塑料、合成纤维、涂料和固体弹性物等，由于 HDI 分子量小，蒸气压高且有毒，一般要经过改性后使用，其改性产品主要有 HDI 缩二脲和 HDI 三聚体。

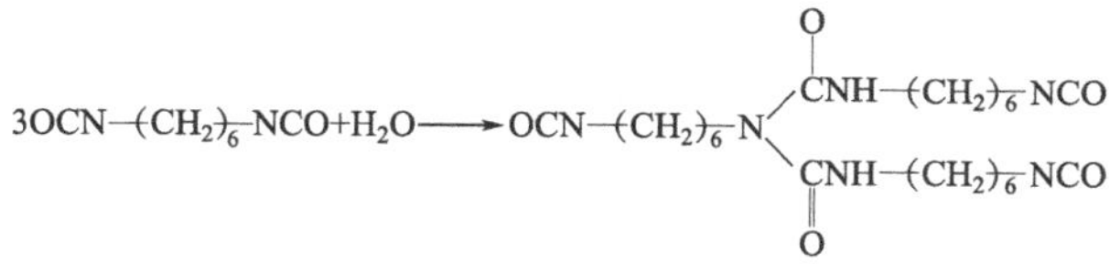

HDI缩二脲

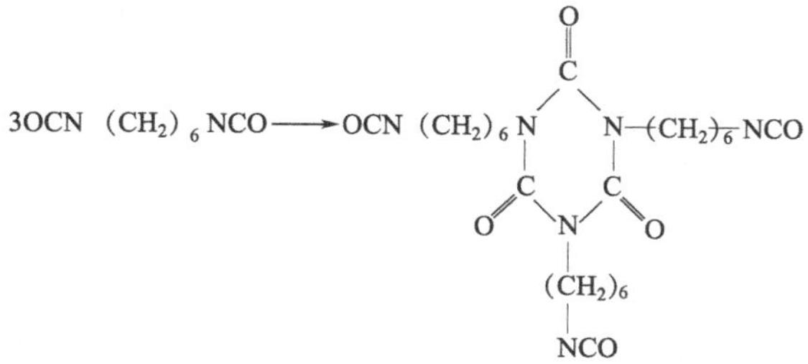

HDI三聚体

使用时，HDT 可以用甲苯、二甲苯、重芳烃及酯类溶剂稀释调黏度，用作溶剂型双组分聚氨酯漆的固化剂。

2. 异佛尔酮二异氰酸酯（IPDI）

（1）结构特点 异佛尔酮二异氰酸酯是 1960 年由赫斯（Hüls）公司首先开发成功，其学名为 3-异氰酸甲基-3,5,5-三甲基环己基异氰酸酯，其结构式为：

$$H_3C \quad H_3C \quad NCO \quad H_3C \quad CH_2-NCO$$

（2）理化性质 异佛尔酮二异氰酸酯在常温下为无色至微黄色的液体，相对密度为1.056(20℃)，熔点为 -60℃，沸点为 158℃，闪点为 155℃，蒸气压为 0.04Pa(20℃)。可燃，具有强刺激性，可与酯类、酮类、醚类、芳香烃和脂肪烃等混合互溶。属于脂肪族不变黄异氰酸酯，可与羟基、胺等含活泼氢化合物反应，但反应活性比芳香族异氰酸酯低，其结构上含有环己烷结构，而且携带三个甲基，在逐步聚合（聚加成）过程中同体系的相容性好。

（3）毒性 吸入、摄入或经皮肤吸收后对身体有害。大鼠经皮 LD_{50} 为 1060mg/kg；大鼠吸入（4h）LC_{50} 为 123mg/m³。其蒸气或烟雾对眼睛、黏膜和上呼吸道有强烈刺激作用。可污染水体、危害环境。

（4）应用概况 IPDI 是复合推进剂的聚氨基甲酸酯黏合剂所需羟基预聚物（即聚丙烯乙二醇）的固化剂。在塑料、胶黏剂、医药和香料等行业中应用广泛。由于其不黄变、耐老化、耐热，以及良好的弹性、力学性能，近年来其市场份额不断上升。目前，IPDI 主要用于高档涂料，耐候、耐低温、高弹性聚氨酯弹性体以及高档的皮革涂饰剂的生产。

3. 苯二亚甲基二异氰酸酯（XDI）

（1）结构特点 苯二亚甲基二异氰酸酯属于脂肪族不变黄异氰酸酯，其结构式为：

$$CH_2NCO \quad CH_2NCO$$

（2）理化性质 XDI 常温下为无色透明液体，相对密度为 1.202(20℃)，凝固点为5.6℃，沸点为 151℃，闪点为 185℃，蒸气压为 0.04Pa(20℃)。XDI 的蒸气压较低，反应活性较高。易溶于苯、甲苯、乙酸乙酯、丙酮、三氯甲烷、四氯化碳、乙醚，难溶于环己烷、正己烷、石油醚。

（3）毒性 低毒性。

（4）应用概况 XDI 由其结构可知，苯环和—NCO 基之间存在亚甲基，破坏了其间的共振现象，其聚氨酯制品具有稳定、不黄变的特点，且具有优良的耐候性、色泽稳定性和黏结性，主要用于高档聚氨酯涂料油漆、眼镜片、软包装、户外密封剂、弹性体、皮革和胶黏剂等。

4. 二环己基甲烷二异氰酸酯（H12MDI）

（1）结构特点 二环己基甲烷二异氰酸酯又称氢化 MDI、4,4'-二环己基甲烷二异氰酸酯、二环己基甲烷-4,4'-二异氰酸酯、4,4'-二异氰酸酯二环己基甲烷，其结构式为：

$$O=N \quad N=O$$

（2）理化性质　H12MDI 常温下为无色至浅黄色液体，相对密度为 1.07（23℃），低于 25℃可能会产生结晶，闪点为 201℃，蒸气压为 0.002Pa（25℃）。有刺激性气味，不溶于水，溶于丙酮等有机溶剂。对湿气敏感，与含活性氢的化合物起反应。

（3）毒性　H12MDI 有刺激性，会造成皮肤刺激，严重眼刺激，可能导致皮肤过敏反应。吸入会中毒，可引起呼吸道刺激，可能导致过敏或哮喘病症状或呼吸困难。

（4）应用概况　H12MDI 在化学结构上与 4,4-二苯基甲烷二异氰酸酯相似，以环己基六元环取代苯环，属脂环族二异氰酸酯，用它可制得不黄变聚氨酯制品，适合于生产具有优异光稳定性、耐候性和机械性能的聚氨酯材料，特别适合于生产聚氨酯弹性体、水性聚氨酯、织物涂层和辐射固化聚氨酯-丙烯酸酯涂料，除了优异的力学性能，H12MDI 还赋予制品杰出的耐水解性和耐化学品性能。

5. 四甲基苯二亚甲基二异氰酸酯（TMXDI）

（1）结构特点　四甲基苯二亚甲基二异氰酸酯是 XDI 的变体，XDI 亚甲基上的两个氢原子被甲基取代而成 TMXDI，其结构式为：

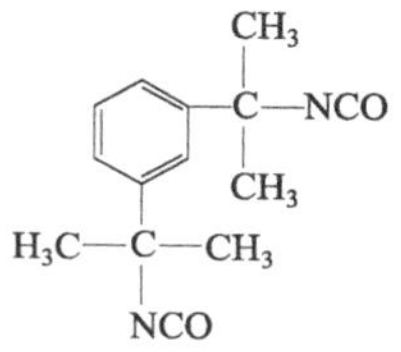

（2）理化性质　TMXDI 常温下为无色透明液体，相对密度为 1.07（25℃），凝固点为 -10℃，沸点为 150℃，闪点为 153℃，自燃点为 450℃，蒸气压为 0.39Pa（25℃）。TMXDI 溶于多数有机溶剂，微溶于脂肪烃溶剂，不溶于水，能与水、醇、胺等有活泼氢的物质发生反应。

（3）毒性　低毒性。

（4）应用概况　XDI 亚甲基上的两个氢原子被甲基取代而成 TMXDI，由于甲基的引入，强化了空间位阻效应，使其聚氨酯制品的耐候性和耐水解性大大提高，同时—NCO 的活性也大大降低，由其合成的预聚体黏度低。因此，TMXDI 被广泛用于生产弹性体、汽车漆、木器漆特种涂料、胶黏剂等。TMXDI 还可用于水性聚氨酯（包括零 VOC 水性聚氨酯）的合成。TMXDI 的使用可有效提高聚氨酯产品的强度、耐腐蚀性、黏结性、耐光性和耐用性。

在上述二（多）异氰酸酯单体中，TDI、MDI 芳香族二异氰酸酯单体国内已经实现工业化生产，HDI、IPDI 等脂肪族高端二异氰酸酯单体产品完全依赖进口，由于价格昂贵，其推广、应用受到了限制。由于芳香族二异氰酸酯户外易变黄，国外高档的聚氨酯产品主要使用 HDI、IPDI、H12MDI。另外，二异氰酸酯单体蒸气压高、毒性大，常通过预逐步聚合提高其分子量，或者使之三聚化；其中，TDI、HDI、IPDI 三聚体主要由国外知名化工企业（Bayer、BASF、Rhodia 等）生产。HDI 同水反应生成的缩二脲也有越来越重要的应用。水性聚氨酯合成时常用的多异氰酸酯为 TDI、IPDI、HDI、TMXDI 等。

二、多元醇低聚物

多元醇低聚物包括聚酯、聚醚、聚乙二醇、聚酯酰胺等，其中聚酯和聚醚相对使用较多。它们是聚氨酯分子中软段的主要组成部分，对漆膜耐热性、耐水解性、耐候性等都有着重要的影响。

1. 聚醚多元醇

国内聚醚多元醇主要由环氧乙烷、环氧丙烷、四氢呋喃单体的开环聚合合成，聚合体系中除了上述单体外，还存在催化剂（KOH）和起始剂（多元醇或胺）以控制聚合速率、分子量及其官能度。聚合反应式可用通式表示为：

$$YH_n + xnCH_2{-}CH \xrightarrow{\text{碱}} Y{-}[(CH_2{-}CH{-}O)_xH]_n$$

其中 YH_n 为起始剂，常用的有多元醇（或胺），n 为官能度，x 为聚合度，R 为氢或烷基。由上式可知聚醚多元醇的官能度与起始剂的官能度相等；而且一个起始剂分子生成一个聚醚多元醇大分子；人们可以利用调节起始剂用量和官能度的方法控制聚醚多元醇的分子量和官能度。三或四官能度以上的聚醚用于合成聚氨酯泡沫塑料。

（1）产品特性　由聚醚多元醇合成的聚醚型 WPU 醚基较易旋转，具有较好的低温柔顺性，并且聚醚中不存在易水解的酯基，因此比聚酯型 WPU 耐水解性好，尤其是其价格非常具有竞争力。但其耐氧化性和耐紫外线降解性差，强度、硬度也较低，属于低端产品。

（2）应用概况　聚氨酯合成常用的聚醚型二醇主要产品有：聚环氧乙烷二醇（聚乙二醇，PEG）、聚环氧丙烷二醇（聚丙二醇，PPG）、聚四氢呋喃二醇（PTMEG）以及上述单体的共聚二醇或多元醇，其中 PPG 产量大、用途广，PTMEG 综合性能优于 PPG，PTMEG 由阳离子引发剂引发四氢呋喃单体开环聚合生成，近年来其产量增长较快，国内已有厂家生产。

2. 聚酯多元醇

聚酯型多元醇从理论上讲品种是无限的，目前比较常用的有聚己二酸乙二醇酯二醇、聚己二酸-1,4-丁二醇酯二醇、聚己二酸己二醇酯二醇等。

（1）产品特性　一般说来，聚酯型 WPU 比聚醚型 WPU 具有较高的强度和硬度，这归因于酯基的极性大，内聚能比醚基的内聚能高，软段分子间作用力大，内聚强度较大，机械强度就高，而且酯基和氨基甲酸酯键间形成的氢键促进了软、硬段间的相混。并且由于酯基的极性作用，与极性基材的黏附力比聚醚型优良，抗热氧化性也比聚醚型好。采用聚酯多元醇制备的聚氨酯水分散体有利于提高涂膜强度、硬度，通常聚酯多元醇分子量越大，用量越多，则涂膜表面硬度、强度越低，但伸长率越大。改变合成用聚酯大单体的种类和用量可以制成软、硬度不同的系列聚氨酯产品，以适合不同的性能需求。

（2）应用概况　聚酯的国内生产厂家很多，但年生产能力大都在 1000t 以下，生产规模比较大的生产厂家主要有：烟台万华合成革厂、辽阳化纤厂、东大化学工业集团公司等。由2-甲基-1,3-丙二醇（MPD）、新戊二醇（NPG）、2,2,4-三甲基-1,3-戊二醇（TMPD）、2-乙基-2-丁基-1,3-丙二醇（BEPD）、1,4-环己烷二甲醇（1,4-CHDM）、己二酸、六氢苯酐（HHPA）、1,4-环己烷二甲酸（1,4-CHDA）、壬二酸（AZA）、间苯二甲酸（IPA）衍生的聚酯二醇耐水解性大大提高，为提高聚酯型水性聚氨酯的储存稳定性提供了原料支持，但其价格较贵。目前，水性聚氨酯用耐水解型聚酯二醇主要为进口产品，国内相关企业应加大该类产品的研发，以满足聚氨酯产业的发展。此外，聚己内酯二醇（PCL）、聚碳酸酯二醇也可以用于聚氨酯的合成，但价格较高。

三、扩链剂

为了调节大分子链的软、硬链段比例，同时也为了调节分子量，在聚氨酯合成中常使用扩链剂。扩链剂主要是多官能度的醇类或者胺类化合物。醇类如乙二醇、一缩二乙二醇（二甘醇）、1,2-丙二醇、一缩二丙二醇、1,4-丁二醇（BDO）、1,6-己二醇（HD）、三羟甲基丙烷（TMP）或蓖麻油。胺类如乙二胺、二乙烯三胺、四乙烯五胺等。其中BDO最常用，性能比较平衡。加入少量的三羟甲基丙烷（TMP）或蓖麻油等三官能度以上单体可在大分子链上造成适量的分支，可以有效地改善力学性能，但其用量不能太多，否则预聚阶段黏度太大，极易凝胶，一般加1%（质量分数）左右，因为蓖麻油分子量较大（932，羟基平均官能度2.7），其用量在4%～10%。

四、溶剂

异氰酸酯基活性大，能与水或含活性氢（如醇、胺、酸等）的化合物反应，因此，若所用溶剂或其他单体（如聚合物二醇、扩链剂等）含有这些杂质，必将严重影响树脂的合成、结构和性能，严重时甚至导致事故，造成生命、财产损失。缩聚用单体、溶剂的品质要求达到所谓的"聚氨酯级"，纯度达到99.9%。溶剂中能与异氰酸酯反应的化合物的量常用异氰酸酯当量来衡量，异氰酸酯当量为1mol异氰酸酯（苯基异氰酸酯为基准物）完全反应所消耗的溶剂的质量（g）。换句话说，溶剂的异氰酸酯当量越高，即其所含的活性氢类杂质越低。用于聚氨酯化反应的溶剂的异氰酸酯当量应该大于3000，折算为水的质量分数应在 10^{-5}，其原因就在于1mol水可以消耗2mol异氰酸酯基。若以常用的TDI为例，即18g水要消耗 2×174g TDI，换言之，1质量份水要消耗约20质量份TDI，可见其水含量要求很低。

五、催化剂

催化剂能降低反应活化能，使反应速率加快，缩短反应时间，在聚氨酯制备中常常使用催化剂。对催化剂的一般要求是：催化活性高、选择性强。常用的催化剂为有机叔胺类及有机金属化合物。

一般公认的催化机理是基于异氰酸酯受亲核的催化剂进攻，生成中间络合物，再与羟基化合物反应。例如二异氰酸酯与二元醇的催化反应机理如下：

叔胺类催化剂对—NCO 与—OH、H_2O、—NH_2 皆有很强的催化作用，相对而言，对—NCO 与—OH 的催化作用要小一些，没有有机锡好。叔胺类催化剂对—NCO 与 H_2O 催化作用特别有效，一般用于制备聚氨酯泡沫塑料、发泡型聚氨酯胶黏剂及低温固化型、潮气固化型聚氨酯胶黏剂。叔胺类催化剂有四种类型：脂肪族类，如三乙胺；脂环族类，如三亚乙基二胺；醇胺类，如三乙醇胺；芳香胺类。其中三亚乙基二胺最为常用。其结构式如下：

$$
N \begin{array}{c} \mathrm{CH_2-CH_2} \\ \mathrm{-CH_2-CH_2-} \\ \mathrm{CH_2-CH_2} \end{array} N
$$

三亚乙基二胺常温下为晶体，使用不便，可以将其配成 33% 的一缩丙二醇溶液，便于操作。

水性聚氨酯化反应通常使用的催化剂为有机锡化合物，如二丁基锡二月桂酸酯（T-12，DBTDL）和辛酸亚锡。它们皆为黄色液体，前者毒性较大，后者无毒。有机锡对—NCO 与—OH 的反应催化效果好，用量一般为固体分的 0.01%～0.1%。其结构式如下：

$$(H_9C_4)_2Sn(OOCC_{11}H_{23})_2 \qquad [H_9C_4-\underset{\underset{\mathrm{C_2H_5}}{|}}{\mathrm{CH}}-COO]_2Sn$$

$$\text{DBTDL} \qquad\qquad\qquad \text{辛酸亚锡}$$

六、亲水单体（亲水性扩链剂）

亲水性扩链剂是水性聚氨酯制备中使用的水性化功能单体，它能在水性聚氨酯大分子主链上引入亲水基团。阴离子型扩链剂中带有羧基、磺酸基等亲水基团，结合有此类基团的聚氨酯预聚体经碱中和离子化，即呈现水溶性。常用的产品有：二羟甲基丙酸（DMPA）、二羟甲基丁酸（DMBA）、1,4-丁二醇-2-磺酸钠、1,2-丙二醇-3-磺酸钠等。目前阴离子型水性聚氨酯合成的水性单体主要选用 DMPA。DMBA 活性比 DMPA 大，熔点低，可用于无助溶剂水性聚氨酯的合成，可使 VOC 降至接近零。DMPA、DMBA 为白色结晶（或粉末），使用非常方便。合成叔胺型阳离子水性聚氨酯时，应在聚氨酯链上引入叔胺基团，再进行季铵盐化（中和）。而季铵化工序较为复杂，这是阳离子型水性聚氨酯发展落后于阴离子型水性聚氨酯的原因之一。阳离子型扩链剂有二乙醇胺、三乙醇胺、N-甲基二乙醇胺（MDEA）、N-乙基二乙醇胺（EDEA）、N-丙基二乙醇胺（PDEA）、N-丁基二乙醇胺（BDEA）、二甲基乙醇胺、双（2-羟乙基）苯胺（BHBA）、双（2-羟丙基）苯胺（BHPA）等，国内大多数采用 N-甲基二乙醇胺（MDEA）。非离子型水性聚氨酯的水性单体主要选用聚乙二醇，数均分子量通常大于 1000。

$$
\begin{array}{cc}
\mathrm{HOCH_2-\underset{\underset{COOH}{|}}{\overset{\overset{CH_3}{|}}{C}}-CH_2OH} & \mathrm{HOCH_2-\underset{\underset{COOH}{|}}{\overset{\overset{C_2H_5}{|}}{C}}-CH_2OH} \\
\text{DMPA} & \text{DMBA}
\end{array}
$$

水性单体品种、用量对水性聚氨酯的性能具有非常重要的影响。其用量越大，水分散体粒径越细，外观越透明，稳定性越好，但对耐水性不利，因此，在设计合成配方时，应该在满足稳定性的前提下，尽可能降低水性单体的用量。

七、中和剂（成盐剂）

中和剂是一种能和羧基、磺酸基或叔氨基成盐的试剂，二者作用所形成的盐基才使聚氨酯具有水中的可分散性。阴离子型水性聚氨酯使用的中和剂是三乙胺（TEA）、二甲基乙醇胺（DMEA）、二乙醇胺，一般室温干燥水性树脂使用三乙胺，烘干用树脂使用二甲基乙醇胺，中和度一般在80%～95%之间，低于此区间时影响分散体的稳定性，高于此区间时外观变好，但耐水性变差；阳离子型水性聚氨酯使用的中和剂是盐酸、醋酸、硫酸二甲酯、氯代烃等。中和剂对体系稳定性、外观以及最终漆膜性能有重要的影响，使用时其品种、用量应作好优选。

第二节　水性聚氨酯合成工艺

水性聚氨酯的合成原理可分成加聚反应、扩链、中和乳化三步。第一步加聚反应是把异氰酸酯或多元醇等单体进行混合加聚，生成带有—NCO端基的水性聚氨酯预聚体；第二步扩链是预聚体在亲水基团（亲水扩链剂）的作用下，分子链不断增长，分子量进一步提高（可根据产品需要控制扩链剂的量）；最后一步中和乳化是通过添加成盐剂中和，在电动搅拌机上高速搅拌并用去离子水乳化。具体合成原理如图6-1所示。

水性聚氨酯的合成工艺可分为两个阶段。第一阶段为预聚体的制备。即由水性单体（如二异氰酸酯）、活泼氢组分（多元醇或低聚物二醇）、扩链剂（如二羟甲基乙酸）等通过溶液（或本体）逐步聚合生成分子量为10^3量级的水性聚氨酯预聚体；第二阶段为中和、分散和扩链。即亲水性预聚体在乳化前用碱或酸中和预聚物中的亲水基团，然后再分散预聚体，使用扩链剂扩链。

其中乳化法分为强制乳化法和自乳化法。

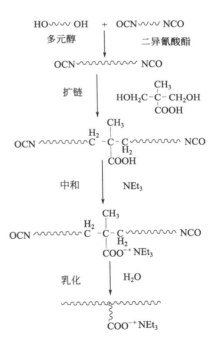

图6-1　水性聚氨酯合成原理图

一、强制乳化法（外乳化法）

强制乳化法是将已制备好的水性聚氨酯预聚体在添加了乳化剂的条件下固定在搅拌器下进行高速的机械搅拌，迫使聚氨酯预聚体在水中分散，最后制备出聚氨酯乳液或分散体。此法虽然简单，但制出来的乳液粒径大、不稳定，成膜性和机械性能都不好，而且在反应过程中需要添加大量的乳化剂，生产的产品耐水性、强韧性和黏结性等物理性能也不佳，因此现在的生产中已经逐渐淘汰这种方法了。

二、自乳化法（内乳化法）

自乳化法是指在加工过程中不添加乳化剂，仅仅把所需要的亲水基团连接到聚氨酯的分子结构中，然后再经过分散作用使其成为水性聚氨酯乳液。此法制得的产品乳液粒径小，性质稳定，成膜性能和机械性能都比较好，因此作为目前生产水性聚氨酯的主流工艺被广泛应用。自乳化法按扩链过程的不同分为丙酮法、预聚体法、熔融分散缩聚法、亚胺/酮联氮法以及保护端基法等。其中，应用比较广泛的当属丙酮法和预聚体法。

1. 丙酮法

工艺过程：把反应完的水性聚氨酯预聚体（含有—NCO端基而且黏度较高）用丙酮溶解，降低其黏度，再添加亲水基团来扩链增大分子量，然后在高速搅拌的条件下加入扩链剂进行扩链乳化，制备出水性聚氨酯乳液。

优缺点：此法操作简单，可重复操作，实用性强。使用低沸点的丙酮作为溶剂，使得体系比较均匀，制得的乳液性能优良，还可以控制乳液粒径，适应性广。但回收的丙酮难以重复利用，而且生产效率低、能耗大、成本较高、安全性差，不利于工业化生产。

2. 预聚体法

工艺过程：将带有—NCO端基的聚氨酯预聚体在其黏度和分子量都比较小的条件下，用亲水基团对预聚体部分扩链。在高速搅拌的条件下先在水中进行低温分散，然后向其中加入反应活性较高的亲水性单体（二胺或三胺）对其进行再扩链，从而获得分子量较高的水性聚氨酯乳液。

优缺点：此法不需要使用大量有机溶剂，降低了成本。而且工艺简单，便于连续化工业生产，同时可制备有支化度的聚氨酯乳液。但对黏度要求比较严格，而且扩链的过程不是在均相中一步完成，反应不好控制。

3. 熔融分散缩聚法

工艺过程：含有亲水基团和—NCO端基的预聚物先进行中和，然后再进行羟甲基化，最后将其在水中于熔融状态下进行分散，获得水性聚氨酯乳液。

此法不需要有机溶剂，不仅操作简单，而且反应易控制，而且配方可调，工业化生产时不需特殊设备，发展前景较好。

4. 亚胺/酮联氮法

工艺过程：二胺与酮类反应得到酮亚胺，酮亚胺与未经前期扩链的含离子基团的—NCO端基预聚体混合，与水发生水解放出二胺，再与预聚体中的—NCO基反应，使扩链过程与分散过程同时进行。

优缺点：亚胺/酮联氮法（也称酮亚胺法）适用于由芳香族异氰酸酯制备的水性聚氨酯分散体，能够制备出品质相对较高的水性聚氨酯乳液。操作简单，成本较低，所得聚氨酯分散体各类性能较好，产品性质优良。但该法需要强力搅拌，并需要使用助剂，能耗和成本相对较大。

5. 保护端基法

工艺过程：在乳化前使用封闭剂把聚氨酯预聚体的—NCO端基保护起来，制成一种部分封闭型聚氨酯预聚体，使其失去活性。再加入交联剂和扩链剂共乳化制成水性聚氨酯乳液。使用时，经加热解封出来的预聚物端—NCO集团与交联剂发生交联反应，形成网络状结构的聚氨酯胶膜。

优缺点：此法需要针对性选取封闭剂，封闭剂的作用就是封闭预聚体的—NCO 端基，来制备部分封闭的预聚体，使其失去活性，工艺复杂且制得的乳液稳定性差。

第三节 合成实例

一、非离子型水性聚氨酯的合成

目前，对于阴离子型聚氨酯乳液研究得较多，而对非离子型聚氨酯乳液的研究相对较少。疏水改性多嵌段非离子型聚氨酯分散体是最新一代水性涂料用缔合型增稠剂。与阴离子型聚氨酯乳液和阳离子型聚氨酯乳液相比，非离子型聚氨酯乳液具有较好的耐酸、耐碱、耐盐、耐高低温稳定性。

非离子型水性聚氨酯的制备方法是将非离子型亲水链段引入聚氨酯大分子链，亲水性链段一般是中低分子量的聚氧化乙烯。

（1）合成配方

序号	原料	规格	用量/g（或质量份）
1	聚二乙醇（PEG）	工业级，$\overline{M}_n$:6000	240.0
2	聚四氢呋喃二醇（PTMEG）	工业级，$\overline{M}_n$:2000	20.00
3	四甲基苯二亚甲基二异氰酸酯（TMXDI）	工业级	12.46
4	二丁基二月桂酸锡	工业级	0.320
5	去离子水		747.74

（2）合成工艺 将聚乙二醇（PEG）和聚四氢呋喃二醇（PT-MEG）加入反应瓶中120℃真空脱水，然后降温至 70℃，用 1h 滴加四甲基苯二亚甲基二异氰酸酯（TMXDI）。搅拌反应 5h，测 NCO 含量，当 NCO 含量降至＜0.1%，加入水，得非离子型聚氨酯分散体。黏度：8000mPa·s，可用作水性涂料缔合型水性增稠剂。

二、阴离子型水性聚氨酯的合成

【实例1】 一种阴离子型聚氨酯的合成

（1）合成配方

序号	原料	规格	用量/g
1	聚己二酸新戊二醇酯	工业级，$\overline{M}_n$:1000	230.0
2	二羟甲基丙酸（DMPA）	工业级	20.63
3	异佛尔酮二异氰酸酯（IPDI）	工业级	240.0
4	N-甲基吡咯烷酮（NMP）	聚氨酯级[①]	98.00
5	二丁基二月桂酸锡	工业级	0.390
6	三乙胺	工业级	15.56
7	乙二胺	工业级	13.032
8	去离子水		744.56

① 水含量低于 0.05%，无羟基或氨基活性基团。

（2）配方核算

前段总单体质量 $\sum m/\mathrm{g}$	390.63	$\overline{X}_n$	4.710
单体总摩尔数 $\sum n/\mathrm{mol}$	1.0144	$\overline{M}_n$	1583
$M_{\mathrm{rsu}}=\sum m/\sum n$	385.07	DMPA/PU（质量分数）/%	5.28
$\overline{f}$	1.5134		

其中 M_{rsu} 为结构单元平均分子量，$\overline{f}$ 为平均官能度，$\overline{X}_n$ 为数均聚合度，$\overline{M}_n$ 为数均分子量，下同。

（3）合成工艺

① 预聚体的合成：在氮气保护下，将聚己二酸新戊二醇酯、二羟甲基丙酸、N-甲基吡咯烷酮加入反应釜中，升温至60℃，开动搅拌使二羟甲基丙酸溶解，滴加 IPDI，1h 加完，加入催化剂，保温 1h，然后升温至80℃，保温 4h。

② 中和、分散、取样，用二正丁基胺返滴定法测 NCO 含量，达理论值（4.25%）后降温至60℃，加入三乙胺中和反应 30min，降温至20℃，在快速搅拌下加入冰水、乙二胺；继续高速分散 1h，用 400 目尼龙网过滤得带蓝色荧光的半透明状水性聚氨酯分散体。

【实例2】 一种阴离子型聚氨酯的合成

（1）配方

序号	原料	规格	用量/g
1	聚己内酯二醇(PCL)	工业级，$\overline{M}_n$:2000	96.50
2	聚四氢呋喃二醇	工业级，$\overline{M}_n$:2000	283.5
3	1,4-丁二醇	工业级	27.16
4	二羟甲基丙酸(DMPA)	工业级	25.40
5	异佛尔酮二异氰酸酯	工业级	98.90
6	4,4'-二环己基甲烷二异氰酸酯(H_{12}MDI)	工业级	122.6
7	N-甲基吡咯烷酮	聚氨酯级	163.54
8	二丁基二月桂酸锡	工业级	0.650
9	三乙胺	工业级	19.16
10	乙二胺	工业级	12.26
11	去离子水		1334.4

（2）配方核算

前段总单体质量 $\sum m/\mathrm{g}$	654.16	$\overline{X}_n$	6.8663
单体总摩尔数 $\sum n/\mathrm{mol}$	1.595	$\overline{M}_n$	2817
$M_{\mathrm{rsu}}=\sum m/\sum n$	410.23	DMPA/PU（质量分数）/%	3.88
$\overline{f}$	1.7087		

（3）合成工艺

① 将聚己内酯二醇、聚四氢呋喃二醇、二羟甲基丙酸、1,4-丁二醇加入反应瓶中，110℃脱水 0.5h。

② 加入 N-甲基吡咯烷酮（NMP），降温至70℃；搅拌下滴加异佛尔酮二异氰酸酯和4,

4′-二环己基甲烷二异氰酸酯（H12MDI），约 1h 加完；升温至 80℃搅拌反应使—NCO 含量降至约 2.4%。降温至 60℃，加入三乙胺中和，继续搅拌 15min；加强搅拌，将 40℃的水加入反应瓶，搅拌 5min，加入乙二胺，强力搅拌 20min，慢速搅拌 2h 得产品。

【实例 3】　内交联型水性聚氨酯合成

（1）配方

序号	原料	规格	用量/g
1	聚碳酸酯二醇（PCDL）	工业级，$\overline{M}_n$:1000	750.0
2	三羟甲基丙烷（TMP）	工业级	20.10
3	二羟甲基丙酸（DMPA）	工业级	73.70
4	异佛尔酮二异氰酸酯（IPDI）	工业级	519.5
5	N-甲基吡咯烷酮（NMP）	聚氨酯级	340.83
6	二丁基二月桂酸锡	工业级	1.363
7	三乙胺	工业级	55.55
8	乙二胺	工业级	39.12
9	去离子水		3217

（2）配方核算

$\sum m/g$	1363.3	$\overline{M}_n$	1841
$\sum n/\text{mol}$	3.7896	DMPA/PU（质量分数）/%	5.406
$M_{rsu}=\sum m/\sum n$	410.23	TMP/PU（质量分数）/%	1.474
$\overline{f}$	1.6091	IPDI/PU（质量分数）/%	38.1
$\overline{X}_n$	5.117	$\overline{f}_{NCO}$	2.203

注：$\overline{f}_{NCO}$表示预聚体上 NCO 基团的平均官能度。

（3）合成工艺

① 将聚碳酸酯二醇、二羟甲基丙酸、三羟甲基丙烷加入反应瓶中，120℃脱水 0.5h。

② N2 保护下，加入 N-甲基吡咯烷酮，降温至 70℃；搅拌下滴加异佛尔酮二异氰酸酯，约 1h 加完，加入催化剂 1‰；升温至 80℃，搅拌反应使—NCO 含量降至 3.8%～4.0%。降温至 60℃，加入三乙胺，继续搅拌 15min；降温至 40℃，加强搅拌，将水加入反应瓶，搅拌 5min，加入乙二胺，强力搅拌 20min，慢速搅拌 1h 得产品。

【实例 4】　木器漆用水性聚氨酯合成

（1）配方

序号	原料	规格	用量/g
1	聚酯二醇（PE）	工业级，$\overline{M}_n$:1000	58.951
2	二羟甲基丙酸（DMPA）	工业级	6.759
3	聚己内酯三元醇	工业级，$\overline{M}_n$:500	8.401
4	丁二醇（BDO）	工业级	5.251
5	异佛尔酮二异氰酸酯（IPDI）	工业级	70.817
6	N-甲基吡咯烷酮（NMP）	聚氨酯级	37.54

续表

序号	原料	规格	用量/g
7	二丁基二月桂酸锡	工业级	0.151
8	三乙胺	工业级	5.100
9	乙二胺	工业级	6.658
10	去离子水		295.66

（2）配方核算

$\sum m/g$	150.138	$\overline{X}_n$	4.2757
$\sum n/mol$	0.5034	$\overline{M}_n$	1275
$M_{rsu}=\sum m/\sum n$	298.22	DMPA/PU（质量分数）/%	4.50
$\overline{f}$	1.5322		

（3）合成工艺

① 将 PE、DMPA、聚己内酯三元醇、BDO 加入反应瓶中，120℃脱水 0.5h。

② 加入 NMP，降温至 80℃；搅拌下加入 IPDI，2h 加完，加入催化剂；保温反应至—NCO 含量降至 5.4%～5.6%。降温至 60℃，加入三乙胺，继续搅拌 15min，降温至 40℃，强力搅拌下，将冰水加入反应瓶中，搅拌 5min，加入乙二胺，强力搅拌 20min，慢速搅拌 1h，用 400 目尼龙网过滤得产品。

【实例5】 水性聚氨酯黏合剂合成

（1）配方

序号	原料	规格	用量/g
1	聚己二酸二醇酯（PE）	工业级，$\overline{M}_n$:2000	50.00
2	二羟甲基丙酸（DMPA）	工业级	12.50
3	聚环氧丙烷二醇（PPG）	工业级，$\overline{M}_n$:2000	160.0
4	异佛尔酮二异氰酸酯（IPDI）	工业级	65.50
5	N-甲基吡咯烷酮（NMP）	聚氨酯级	30.54
6	丙酮	工业级	30.54
7	二丁基二月桂酸锡	工业级	0.278
8	三乙胺	工业级	9.40
9	乙二胺	工业级	5.401
10	去离子水		567.58

（2）配方核算

$\sum m/g$	278.1	$\overline{X}_n$	4.7758
$\sum n/mol$	0.4887	$\overline{M}_n$	2718
$M_{rsu}=\sum m/\sum n$	569.07	DMPA/PU（质量分数）/%	4.50
$\overline{f}$	1.5813		

（3）合成工艺

① 将 PE、PPG、DMPA 加入反应瓶中，120℃脱水 0.5h。

② 加入 NMP，降温至 80℃；搅拌下加入 IPDI，2h 加完，加入催化剂；保温反应至—NCO含量降至 2.3% ～ 2.5%。降温至 60℃，加入三乙胺，继续搅拌 15min，降温至 40℃，强力搅拌下，将冰水加入反应瓶中，搅拌 5min，加入乙二胺，强力搅拌 20min，慢速搅拌 1h，过滤得产品。

第七章
水性醇酸树脂

多元醇和多元酸进行缩聚所生成的缩聚物大分子主链上含有许多酯基（—COO—），这种聚合物称为聚酯。涂料工业中，将脂肪酸或油脂改性的聚酯树脂称为醇酸树脂（alkyd resin），而将大分子主链上含有不饱和双键的聚酯称为不饱和聚酯，其他的聚酯则称为饱和聚酯。这三类聚酯型大分子（或低聚物）在涂料工业中都有重要的应用。

20世纪30年代开发的醇酸树脂，使涂料工业掀开了新的一页，标志着以合成树脂为成膜物质的现代涂料工业的建立。醇酸树脂是涂料用合成树脂中产量最大、用途最广的一种，可以配制自干漆和烘漆，民用漆和工业漆，以及清漆和色漆。醇酸树脂的油脂种类和油度对其应用有决定性影响。

醇酸树脂涂料具有漆膜附着力好、光亮、丰满等特点，且具有很好的施工性。但其涂膜较软，耐水、耐碱性欠佳。醇酸树脂广泛用于桥梁等建筑物以及机械、车辆、船舶、飞机、仪表等的涂装。

醇酸树脂的单体来源丰富、价格低、品种多、配方变化大、工艺简单、方便化学改性且性能好，符合可持续发展的社会要求。

自醇酸树脂开发以来，醇酸树脂在涂料工业一直占有重要的地位，其产量约占涂料工业总量的20％～25％。但是，同其他溶剂型涂料一样，溶剂型醇酸涂料含有大量的溶剂（＞40％），因此在生产、施工过程中严重危害大气环境和操作人员的健康。

水性醇酸树脂由于用水做溶剂或分散介质，其生产和施工安全，降低了爆炸和火灾的危险，施工设备可用水冲洗，每吨涂料可节约400kg的有机溶剂，VOC值大大降低；同时通过调整配方可以合成出单组分自干型、烘干型及双组分室温干燥型体系，广泛用于木器及金属制品的涂饰。总之，水性化是醇酸树脂涂料的重要发展方向之一。但是从目前的技术发展水平看，水性醇酸树脂涂料与有机溶剂型涂料还有一定差距：如在环境湿度较高的情况下，干燥时间较长；涂料表面张力大，与油基底材的相容性差，容易产生缩孔；一次涂膜厚度较薄，耐水性还较差等。这些问题都有待技术的不断进步加以解决，其中应重视的方法是采用丙烯酸树脂、聚氨酯树脂与其进行杂化。

水性醇酸树脂的开发经历了两个阶段，即外乳化和内乳化阶段。外乳化法即利用外加表面活性剂的方法对常规醇酸树脂进行乳化，得到醇酸树脂乳液，该法所得体系储存稳定性差，粒径大，漆膜光泽差；目前主要使用内乳化法合成水性醇酸树脂分散体。

第一节　水性醇酸树脂的分类

一、按改性用脂肪酸或油的干性分类

1. 干性油水性醇酸树脂

由高不饱和脂肪酸或油脂制备的水性醇酸树脂称为干性油水性醇酸树脂，可以自干或低温烘干。该类醇酸树脂通过氧化交联干燥成膜，从某种意义上来说，氧化干燥的醇酸树脂也可以说是一种改性的干性油。干性油漆膜的干燥需要很长时间，原因是它们的分子量较低，需要多步反应才能形成交联的大分子。醇酸树脂相当于"大分子"的油，只需少许交联点，即可使漆膜干燥，漆膜性能当然也远超过干性油漆膜。

2. 不干性油水性醇酸树脂

不能单独在空气中成膜，一般用作水性羟基组分与水性氨基树脂配制烘漆或与水性多异氰酸酯固化剂配制水性双组分自干漆。

3. 半干性油水性醇酸树脂

这类树脂的性能在干性油、不干性油水性醇酸树脂性能之间。

二、按醇酸树脂油度分类

包括长油度水性醇酸树脂、短油度水性醇酸树脂、中油度水性醇酸树脂。

油度表示醇酸树脂中含油量的高低。油度（OL）（%）的含义是醇酸树脂配方中油脂的用量（m_o）与树脂理论产量（m_r）之比。其计算公式如下：

$$OL = m_o/m_r$$

以脂肪酸直接合成醇酸树脂时，脂肪酸含量（OL_f）（%）为配方中脂肪酸用量（m_f）与树脂理论产量之比。

m_r ＝单体用量－生成水量
＝苯酐用量＋甘油(或季戊四醇)用量＋油脂(或脂肪酸)用量－生成水量

$$OL_f = m_f/m_r$$

为便于配方的解析比较，可以把 OL_f（%）换算为 OL。油脂中，脂肪酸含量约为95%，所以：

$$OL_f = OL \times 0.95$$

引入油度（OL）对醇酸树脂配方有如下的意义：

① 表示醇酸树脂中弱极性结构的含量。因为长链脂肪酸相对于聚酯结构极性较弱，弱极性结构的含量，直接影响醇酸树脂的可溶性，如溶剂型长油度醇酸溶解性好，易溶于溶剂汽油；中油度醇酸溶于汽油-二甲苯混合溶剂；短油度醇酸溶解性最差，需用二甲苯或二甲苯/酯类混合溶剂溶解；水性醇酸树脂一般用乙二醇丁醚作助溶剂。同时，油度对光泽、刷涂性、流平性等施工性能亦有影响，弱极性结构含量高，光泽高，刷涂性、流平性好。

② 表示醇酸树脂中柔性成分的含量，因为长链脂肪酸残基是柔性链段，而苯酐聚酯是刚性链段，所以，OL 也就反映了树脂的玻璃化温度（T_g），或常说的"软硬程度"，油度长

时硬度较低，保光、保色性较差。

③ 水性醇酸树脂一般为中-短油度型，中油度时可以自干，短油度时作羟基组分。

醇酸树脂的油度范围见表7-1。

表7-1   醇酸树脂的油度范围

油度	长油度	中油度	短油度
油量/%	>60	40~50	<40
苯酐量/%	>30	30~35	>35

【例7-1】某醇酸树脂的配方如下：亚麻仁油，100.0g；氢氧化锂（酯交换催化剂），0.400g；甘油（98%），43.00g；苯酐（99.5%），74.50g（其升华损耗约2%）。计算所合成树脂的油度。

解：甘油的分子量为92，故其投料的物质的量为 $43.00 \times 98\% / 92 = 0.458$（mol）

含羟基的物质的量为 $3 \times 0.458 = 1.374$（mol）

苯酐的分子量为148，因为损耗2%，固其参加反应的物质的量为

$74.50 \times 99.5\% \times (1-2\%) / 148 = 0.491$（mol）

其官能度为2，故其可反应官能团数为 $2 \times 0.491 = 0.982$（mol）

因此，体系中羟基过量，苯酐（即其醇解后生成的羧基）全部反应生成的水量为

$$0.491 \times 18 = 8.835（g）$$

生成树脂质量为

$$100.0 + 43.00 \times 98\% + 74.5 \times 99.5\% \times (1-2\%) - 8.835 = 205.950（g）$$

所以，油度 $= 100/205.950 \times 100\% = 49\%$。

第二节   水性醇酸树脂合成原理

一、合成物料

1. 多元醇

醇是带有羟基官能团的化合物。制造醇酸树脂的多元醇主要有丙三醇（甘油）、三羟甲基丙烷、三羟甲基乙烷、季戊四醇、乙二醇、1,2-丙二醇、1,3-丙二醇、新戊二醇等。其羟基的个数称为该醇的官能度，丙三醇为三官能度醇，季戊四醇为四官能度醇。根据醇羟基的位置，有伯羟基、仲羟基和叔羟基之分。它们分别连在伯碳、仲碳和叔碳原子上。

羟基的活性顺序：伯羟基>仲羟基>叔羟基。

常见多元醇的基本物性见表7-2。

表7-2   醇酸树脂合成常用多元醇的基本物性

单体名称	结构式	分子量	溶点(沸点)/℃	密度/(g/cm³)
丙三醇(甘油)	$HOCH_2CH(OH)CH_2OH$	92.09	18(290)	1.26
三羟甲基丙烷	$H_3CH_2CC(CH_2OH)_3$	134.12	36~59(293)	2.1758
季戊四醇	$C(CH_2OH)_4$	136.15	189(260)	1.38

续表

单体名称	结构式	分子量	溶点(沸点)/℃	密度/(g/cm³)
乙二醇	HO(CH₂)₂OH	62.07	−13.3(197.2)	1.12
二乙二醇	HO(CH₂)₂O(CH₂)₂OH	106.12	8.3(244.3)	2.118
1,2-丙二醇	CH₃CH(OH)CH₂OH	75.09	−60(187.3)	2.036

用三羟甲基丙烷合成的水性醇酸树脂具有更好的抗水解性、抗氧化稳定性、耐碱性和热稳定性，与氨基树脂有良好的相容性，此外还具有色泽鲜艳、保色力强、耐热及快干的优点。乙二醇和二乙二醇主要同季戊四醇复合使用，以调节官能度，使聚合平稳，避免胶化。

2. 有机酸

有机酸可以分为两类：一元酸和多元酸。一元酸主要有苯甲酸、松香酸以及脂肪酸（亚麻油酸、妥尔油酸、豆油酸、菜籽油酸、椰子油酸、蓖麻油酸、脱水蓖麻油酸等）；多元酸包括邻苯二甲酸酐（PA）、间苯二甲酸（IPA）、对苯二甲酸（TPA）、顺丁烯二酸酐（MA）、己二酸（AA）、癸二酸（SE）、偏苯三酸酐（TMA）等。多元酸单体中以邻苯二甲酸酐最为常用，引入间苯二甲酸可以提高耐候性和耐化学品性，但其熔点高、活性低，用量不能太大；己二酸和癸二酸含有多亚甲基单元，可以用来平衡硬度、韧性及抗冲击性；偏苯三酸酐（TMA）的酐基打开后可以在大分子链上引入羧基，经中和可以实现树脂的水性化，用作合成水性醇酸树脂的水性单体。一元酸主要用于脂肪酸法合成醇酸树脂，亚麻油酸、桐油酸等干性油脂肪酸干性较好，但易黄变、耐候性较差；豆油酸、脱水蓖麻油酸、菜籽油酸、妥尔油酸黄变较弱，应用较广泛；椰子油酸、蓖麻油酸不黄变，可用于室外用涂料和浅色涂料的生产。苯甲酸可以提高耐水性，由于增加了苯环单元，可以改善涂膜的干性和硬度，但用量不能太多，否则涂膜变脆。

一些有机酸物性见表7-3。

表 7-3 常见有机酸的物性

单体名称	状态(25℃)	分子量	熔点/℃	酸值/(mgKOH/g)	碘值
苯酐(PA)	固	148.12	131(295 升华)	785	
间苯二甲酸(IPA)	固	165.13	330	676	
顺丁烯二酸酐(MA)	固	98.06	52.8(沸点 202)	1145	
己二酸(AA)	固	145.14	152	768	
癸二酸(SE)	固	262.24	133		
偏苯三酸酐(TMA)	固	292	165	87.5	
苯甲酸	固	292	122(沸点 249)	450	
松香酸	固	302.45	>70	165	
桐油酸	固	280	α-型 48.5,β-型 71	180～220	155
豆油酸	液	285		195～202	135
亚麻油酸	液	280		180～220	160～175
脱水蓖麻油酸	液	293		187～195	138～143
菜籽油酸	液	285		195～202	120～130

单体名称	状态(25℃)	分子量	熔点/℃	酸值/(mgKOH/g)	碘值
妥尔油酸	液	310		180	105～130
椰子油酸	液	208		263～275	9～12
蓖麻油酸	液	298.46		175～185	85～93
二聚酸	液	566		190～198	

3. 油脂

油类有桐油、亚麻仁油、豆油、棉籽油、妥尔油、红花油、脱水蓖麻油、蓖麻油、椰子油等。

植物油是一种三脂肪酸甘油酯，3 个脂肪酸一般不同，可以是饱和酸、单烯酸、双烯酸或三烯酸，但是大部分天然油脂中的脂肪酸主要为十八碳酸，也可能含有少量月桂酸（十二碳酸）、豆蔻酸（十四碳酸）和软脂酸（十六碳酸）等饱和脂肪酸，脂肪酸种类受产地、气候甚至加工条件的影响。

重要的不饱和脂肪酸有：

油酸（9-十八碳烯酸）$CH_3(CH_2)_7CH=CH(CH_2)_7COOH$

亚油酸（9,12-十八碳二烯酸）$CH_3(CH_2)_4CH=CHCH_2CH=CH(CH_2)_7COOH$

亚麻酸（9,12,15-十八碳三烯酸）$CH_3CH_2CH=CHCH_2CH=CHCH_2CH=CH(CH_2)_7COOH$

桐油酸（9,11,13-十八碳三烯酸）$CH_3(CH_2)_3CH=CH=CHCH=CHCH=CH(CH_2)_7COOH$

蓖麻油酸（12-羟基-9-十八碳烯酸）$CH_3(CH_2)_5CH(OH)CH_2CH=CH(CH_2)_7COOH$

因此，构成油脂的脂肪酸非常复杂，植物油酸是各种饱和脂肪酸和不饱和脂肪酸的混合物。

油类一般根据其碘值将其分为干性油、不干性油和半干性油。

干性油：碘值≥140，平均每个分子中双键数≥6个；

不干性油：碘值≤100，平均每个分子中双键数<4个；

半干性油：碘值 100～140，平均每个分子中双键数 4～6个。

油脂的质量指标：

① 外观、气味：植物油一般为清澈透明的浅黄色或棕红色液体，无异味，其颜色色号小于 5号。若产生酸败，则有酸臭味，表示油品变质，不能使用。

② 密度：油比水轻，大多数为 0.90～0.94g/cm³。

③ 黏度：植物油的黏度相差不大，但是桐油含有共轭三烯酸结构，黏度较高；蓖麻油含羟基，氢键的作用使其黏度更高。

④ 酸值：酸值用来表示油脂中游离酸的含量。通常以中和 1g 油中酸所需的氢氧化钾质量来计量。合成醇酸树脂的精制油的酸值应<5.0mgKOH/g（油）。

⑤ 皂化值和酯值：皂化 1g 油中全部脂肪酸所需 KOH 的质量（mg）为皂化值；将皂化 1g 油中化合脂肪酸所需 KOH 的质量（mg）称为酯值。

$$皂化值＝酸值＋酯值$$

⑥ 不皂化物：皂化时，不能与 KOH 反应且不溶于水的物质。主要是一些高级醇类、烃类等。这些物质影响涂膜的硬度、耐水性。

⑦ 热析物：含有磷脂的油料（如豆油、亚麻油）中加入少量盐酸或甘油，可使其在高

温下（240～280℃）凝聚析出。

⑧碘值：100g油能吸收碘的质量（g）。它表示油类的不饱和程度，也是表示油料氧化干燥速率的重要参数。

为使油品的质量合格，适合醇酸树脂的生产，合成醇酸树脂的植物油必须经过精制才能使用，否则会影响树脂质量甚至合成工艺。精制方法包括碱漂和土漂处理，俗称"双漂"。碱漂主要是去除油中的游离酸、磷脂、蛋白质及机械杂质，也称为"单漂"。"单漂"后的油再用酸性漂土吸附掉色素（即脱色）及其他不良杂质，才能使用。

如果发现油脂颜色加深、发生酸败、含水、酸值较高，则不能使用。目前最常用的精制油品为豆油、亚麻油和蓖麻油。亚麻油属干性油，干性好，但保色性差、涂膜易黄变。蓖麻油为不干性油，同椰子油类似，保色、保光性好。大豆油取自大豆种子，是世界上产量最大的油脂。大豆毛油的颜色因大豆的品种及产地的不同而异，一般为淡黄、略绿、深褐色等，精炼过的大豆油为淡黄色。大豆油为半干性油，综合性能较好。

常见的植物油的主要物性见表7-4。

表7-4 部分植物油的物性

油品	酸值 /(mgKOH/g)	碘值 /(g/100g 油)	皂化值	密度(20℃) /(g/cm³)	色泽(铁钴比 色法)/号
桐油	6～9	160～173	190～195	0.936～0.940	9～12
亚麻油	1～4	175～197	184～195	0.91～0.938	9～12
豆油	1～4	120～143	185～195	0.921～0.928	9～12
松浆油(妥尔油)	1～4	130	190～195	0.936～0.940	16
脱水蓖麻油	1～5	125～143	188～193	0.926～0.937	6
棉籽油	1～5	100～125	189～198	0.917～0.924	12
蓖麻油	2～4	81～91	173～188	0.955～0.964	9～12
椰子油	1～4	7.5～10.3	253～268	0.917～0.919	4

4. 催化剂

若使用醇解法合成水性醇酸树脂，醇解时需使用催化剂。常用的催化剂为氧化铅和氢氧化锂（LiOH），由于环保问题，氧化铅被禁用。醇解催化剂可以加快醇解进程，使合成的树脂清澈透明，其用量一般占油量的0.02%。聚酯化反应也可以加入催化剂，主要是有机锡类，如二月桂酸二丁基锡、二正丁基氧化锡等。

5. 水性单体

水性单体必不可少，由其引入的水性基团，经中和转变成盐基，提供水溶性，因此，它直接影响树脂的性能。目前，比较常用的有：偏苯三酸酐（TMA），聚乙二醇（PEG）或单醚、间苯二甲酸-5-磺酸钠（或其二甲酯、二乙二醇酯等）、二羟甲基丙酸（DM-PA）等。有关结构式为：

TMA　　　　　　　　DMPA　　　　　　5-SSIPA

6. 助溶剂

水性醇酸树脂在合成及使用过程中，为降低体系黏度和储存稳定性，常加入一些助溶剂，主要有乙二醇单丁醚、丙二醇单丁醚、丙二醇甲醚醋酸酯、异丙醇、异丁醇、仲丁醇等。其中乙二醇单丁醚具有很好的助溶性，但近年来发现其存在一定的毒性，可选用丙二醇单丁醚取代。

7. 中和剂

常用的中和剂有三乙胺、二甲基乙醇胺，前者用于自干漆，后者用于烘漆。

8. 催干剂

自干型水性醇酸树脂涂料体系必须加入催干剂，以促进干性油脂肪酸的氧化交联。催干剂的一般分子式是 $(RCOO)_x M$，其中 R 为一个脂肪基或脂环基，M 为一个 x 价的金属，与中性皂类似。金属皂中的金属或负离子部分有各种不同的种类，目前使用的较为典型的负离子为环烷酸、异辛酸或较新的合成 $C_7 \sim C_{11}$ 叔羧酸。

干性油（或干性油脂肪酸）的"干燥"过程是氧化交联的过程。该反应由过氧化氢键开始，属连锁反应机理。

$$ROOH \longrightarrow RO \cdot + HO \cdot$$
$$RO \cdot + \sim\!\!\sim CH = CH - CH_2 - CH = CH \sim\!\!\sim (R'H) \longrightarrow$$
$$\overset{\cdot}{\sim\!\!\sim CH = CH - CH - CH = CH \sim\!\!\sim} (R' \cdot) + ROH$$
$$R' \cdot + O_2 \longrightarrow R'OO \cdot$$
$$R'OO \cdot + R'H \longrightarrow R' \cdot + R'OOH$$
$$R'OOH \longrightarrow R'O \cdot + HO \cdot$$

体系中形成的自由基通过共价结合而交联形成体型结构。

$$R' \cdot + R' \cdot \longrightarrow R' - R'$$
$$R'O \cdot + R' \cdot \longrightarrow R'OR'$$
$$R'O \cdot + R'O \cdot \longrightarrow R'OOR'$$

上述反应可以自发进行，但速率很慢，需要数天才能形成涂膜，其中过氧化氢物的均裂为速率控制步骤。加入催干剂（或干料）可以促进这一反应，催干剂是醇酸涂料的主要助剂，其作用是加速漆膜的氧化、聚合、干燥，达到快干的目的。通常催干剂又可再细分为两类。

（1）主催干剂　也称为表干剂或面干剂，主要是钴（Co）、锰（Mn）、钒（V）和铈（Ce）的环烷酸（或异辛酸）盐，以钴、锰盐最常用，用量以金属计为油量的 0.02%~0.2%。其催干机理是与过氧化氢构成了一个氧化还原系统，可以降低过氧化氢分解的活化能。

$$ROOH + Co^{2+} \longrightarrow Co^{3+} + RO \cdot + HO^-$$
$$ROOH + Co^{3+} \longrightarrow Co^{2+} + ROO \cdot + H^+$$
$$H^+ + HO^- \longrightarrow H_2O$$

同时钴盐有助于体系吸氧和过氧化氢物的形成。主催干剂传递氧的作用强，能使涂料表干加快，但易于封闭表层，影响里层干燥，需要助催干剂配合。

（2）助催干剂　也称为透干剂，通常是一种以氧化态存在的金属皂，它们一般和主催干剂并用，作用是提高主催干剂的催干效应，使聚合表里同步进行，如钙（Ca）、铅（Pb）、锆（Zr）、锌（Zn）、钡（Ba）和锶（Sr）的环烷酸（或异辛酸）盐。助催干剂用量较高，其用量以金属计为油量的 0.5%左右。

使用钴-锰-钙复合体系，效果很好。一些商家也提供复合好的干料，下游配漆非常方便。

传统的钴、锰、铅、锌、钙等有机酸皂催干剂品种繁多，有的色深，有的价高，有的有毒。近年开发的稀土催干剂产品，较好地解决了上述问题，但也只能部分取代价昂物稀的钴剂。开发新型的完全取代钴的催干剂，一直是涂料行业的迫切愿望。

典型的醇酸树脂催干剂为油性的，可溶于芳烃或脂肪烃，在水中很难分散，因此可采用提前加入助溶剂中，然后再分散到水中的方法；即使如此也难以得到快干、高光泽的良好涂膜。目前市场上已出现具有自乳化性的催干剂，可用于水性乳液或水溶性醇酸树脂，并与水性涂料有良好的混溶性，用这类干料所得涂料的干燥性能已达到或接近溶剂型的水平。

二、合成原理

（1）用偏苯三酸酐（TMA）合成自乳化水性醇酸树脂的合成分为两步：缩聚及水性化。

缩聚即先将苯酐（PA）、间苯二甲酸（IPA）、脂肪酸、三羟甲基丙烷（TMP）进行共缩聚，生成常规的一定油度、预定分子量的醇酸树脂。

水性化即利用 TMA 上活性大的酐基与上述树脂结构上的羟基进一步反应引入羧基，控制好反应程度，一个 TMA 分子可以引入两个羧基，此羧基经中和以实现水性化。其合成反应可表示如下：

其中 n、m、p 为正整数。该法的特点是 TMA 水性化效率高，油度调整范围大，可以从短油度到长油度随意设计。

（2）可以将聚乙二醇（PEG）引入醇酸树脂主链或侧链实现水溶性，但连接聚乙二醇的酯键易水解，漆液稳定性差。这种树脂干性慢，漆膜软而发黏，耐水性较差，目前应用较少。其结构式可表示如下：

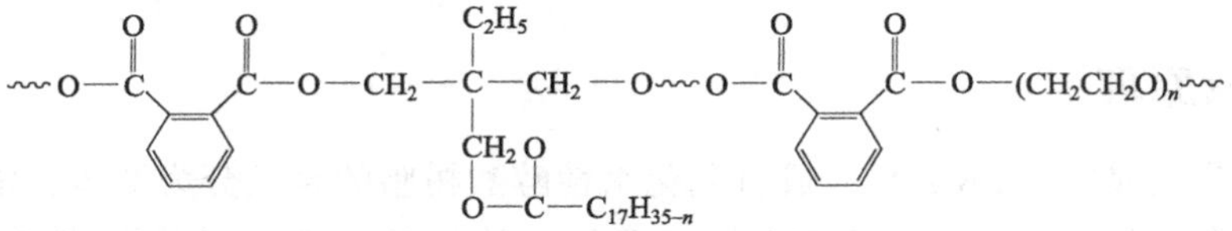

（3）二羟甲基丙酸（DMPA）也是一种很好的水性单体，其羧基处于其他基团的保护之中，一般条件下不参与缩聚反应，该单体已经国产化，可广泛用于水性聚氨酯、水性聚酯、水性醇酸树脂的合成。该法的缺点是 DMPA 由于作二醇使用，树脂的油度不易提高，一般用于合成短油度或中油度树脂。其水性醇酸树脂的结构式为：

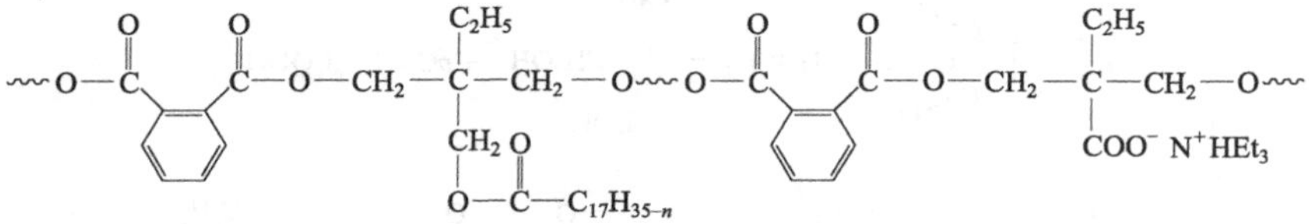

（4）利用马来酸酐与醇酸树脂的不饱和脂肪酸发生第尔斯-阿尔德（Diels-Alder）反应，即马来酸酐与不饱和脂肪酸的共轭双键发生 1,4-加成反应，也可以引入水性化的羧基。

对非共轭型不饱和脂肪酸，加成反应主要是不饱和脂肪酸双键的 α 位。

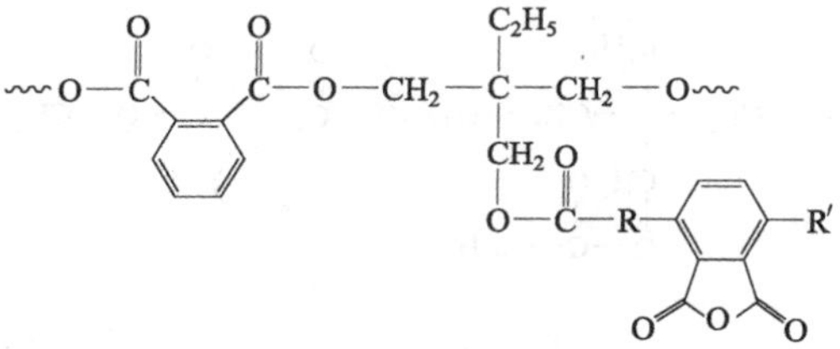

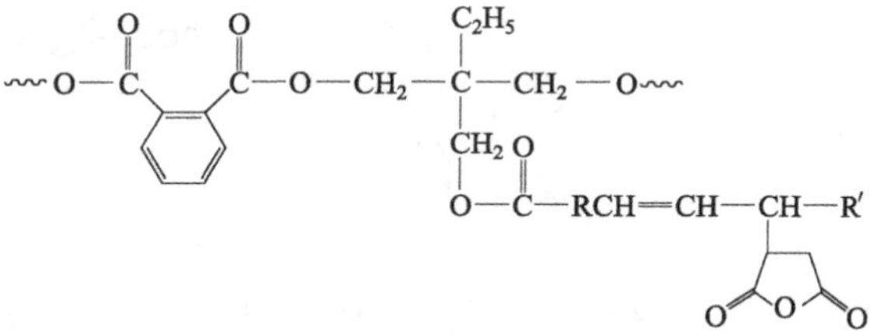

丙烯酸改性醇酸树脂具有优良的保色性、保光性、耐候性、耐久性、耐腐蚀性、快干及高硬度，而且兼具醇酸树脂本身的优点，拓宽了醇酸树脂的应用领域，因而具有较好的发展前景。将丙烯酸改性醇酸树脂水性化，可采用乳液聚合法合成丙烯酸改性醇酸树脂乳液，这种乳液具有比丙烯酸乳液更低的最低成膜温度，不需要助溶剂就能形成良好的涂膜，其涂膜性能优于丙烯酸乳液。

第三节　水性醇酸树脂合成工艺

醇酸树脂的配方设计通常需引入一个物理量工作常数 K，这个概念的物理意义不明确，而且不能同数均聚合度、数均分子量直接关联。数均聚合度可按下式计算：

$$\overline{X}_n = 1/[1 - P_a(\overline{f}/2)]$$

式中　$\overline{X}_n$——数均聚合度；

P_a——线型缩聚的程度或体型缩聚的预缩程度；

$\overline{f}$——平均官能度。

上述数均聚合度控制方程用途广、适应性强，不仅用于线型缩聚，而且可用于体型缩聚体系的预缩聚；该方程用于醇酸树脂合成配方的设计与核算，简单、方便，内含信息丰富。

醇酸树脂的分子量通常在 10^3，聚合度在 10^1；计算时根据设定的聚合度、油度、羟值或酸值设计配方，经过实验优化，可以得到优秀的合成配方。

水性醇酸树脂的合成工艺按所用原料的不同可分为醇解法和脂肪酸法；从工艺上可以分为溶剂法和熔融法。熔融法设备简单、利用率高、安全，但产品色深、结构不均匀、批次性能差别大、工艺操作较困难，主要用于聚酯合成。醇酸树脂主要采用溶剂法生产。溶剂法中常用二甲苯的蒸发带出酯化水，经过分水器的油水分离重新流回反应釜，如此反复，推动聚酯化反应的进行，生成醇酸树脂。釜中二甲苯用量决定反应温度，存在如表 7-5 所列关系。

表 7-5　二甲苯用量与反应温度的关系

二甲苯用量/%	10	8	7	5	4	3
反应温度/℃	188~195	200~210	205~215	220~230	230~240	240~255

醇解法与脂肪酸法则各有优缺点，详见表 7-6。

表 7-6　醇解法与脂肪酸法的比较

项目		醇解法	脂肪酸法
优点	①	成本较低	① 配方设计灵活，质量易控
	②	工艺简单易控	② 聚合速率较快
	③	原料腐蚀性小	③ 树脂感性较好、涂膜较硬
缺点	①	酸值不易下降	① 工艺较复杂，成本高
	②	树脂干性较差、涂膜较软	② 原料腐蚀性较大
	③		③ 脂肪酸易凝固，冬季投料困难

目前国内两种方法皆有应用，脂肪酸法呈上升趋势。

1. 醇解法

醇解法是醇酸树脂合成的重要方法。由于油脂与多元酸（或酸酐）不能互溶，所以用油脂合成醇酸树脂时要先将油脂醇解为不完全的脂肪酸甘油酯（或季戊四醇酯）。不完全的脂肪酸甘油酯是一种混合物，其中含有单酯、双酯和没有反应的甘油及油脂，单酯含量是一个重要指标，影响醇酸树脂的质量。

（1）醇解反应　醇解时要注意甘油用量、催化剂种类和用量及反应温度，以提高反应速度和甘油-酸酯含量。此外，还要注意以下几点：

① 用油要经碱漂、土漂精制，至少要经过碱漂；

② 通入惰性气体（CO_2 或 N_2）保护，也可加入抗氧剂，防止油脂氧化；

③ 常用 LiOH 作催化剂，用量为油量的 0.02％左右；

④ 醇解反应是否进行到应有深度，需及时用醇容忍度法检验以确定其终点。

用季戊四醇醇解时，由于其官能度大、溶点高，醇解温度比甘油高，一般在 230～250℃之间。

（2）聚酯化反应　醇解完成后，即可进入聚酯化反应。将温度降到180℃，分批加入苯酐，加入回流溶剂二甲苯，在180～220℃之间缩聚。二甲苯的加入量影响脱水速率，二甲苯用量提高，虽然可加大回流量，但同时也降低了反应温度，因此回流二甲苯用量一般不超过 8％，而且随着反应进行，当出水速率降低时，要逐步放出一些二甲苯，以提高温度，进一步促进反应进行。聚酯化宜采取逐步升温工艺，保持正常出水速率，应避免反应过于剧烈造成物料夹带，影响单体配比和树脂结构。另外，搅拌也应遵从先慢后快的原则，使聚合平稳、顺利进行。保温温度及时间随配方而定，而且与油品和油度有关。干性油及短油度时，温度宜低。半干性油、不干性油及长油度时，温度应稍高些。

聚酯化反应应关注出水速率和出水量，并按规定时间取样，测定酸值和黏度，达到规定后降温、稀释，经过过滤，制得漆料。

2．脂肪酸法

脂肪酸可以与苯酐、甘油互溶，因此脂肪酸法合成醇酸树脂可以单锅反应，与聚酯合成工艺、设备接近。脂肪酸法合成醇酸树脂一般也采用溶剂法。反应釜为带夹套的不锈钢反应釜，装有搅拌器、冷凝器、惰性气体进口、加料口、放料口、温度计和取样装置。为实现油水分离，在横置冷凝器下部配置一个油水分离器，经分离的二甲苯回流至反应釜循环使用。

第四节　水性醇酸树脂合成实例

一、TMA 型短油度水性醇酸树脂合成

1. 单体合成配方

序号	原料	质量/g	序号	原料	质量/g
1	月桂酸	38.00	6	偏苯三酸酐	8.000
2	苯酐	25.00	7	抗氧剂	0.100
3	间苯二甲酸	5.800	8	二甲基乙醇胺	7.830
4	三羟甲基丙烷	30.00	9	乙二醇单丁醚	17.48
5	二甲苯	10.68	10	水	81.52

2. 配方核算

项目	数值	项目	数值
m/g	106.8	$\overline{X}_n$	11.35
$n_{\mathrm{OH}}/\mathrm{mol}$	0.5716	$\overline{M}_n$	1606
$n_{\mathrm{COOH}}/\mathrm{mol}$	0.5394	油度/%	38
$m_{\mathrm{resin}}/\mathrm{g}$	99.08	A. V.（酸值）/(mgKOH/g)	47
n/mol	0.7011	固含量/%	50
$\overline{f}$	1.824		

注：m 为单体总质量；n_{OH} 为羟基物质的量；n_{COOH} 为羧基物质的量；m_{resin} 为树脂理论质量；n 为单体总物质的量；$\overline{f}$ 为平均官能度；$\overline{X}_n$ 为数均聚合度；$\overline{M}_n$ 为数均分子量。

3. 合成工艺

将苯酐、间苯二甲酸、月桂酸、三羟甲基丙烷及二甲苯加入带有搅拌器、温度计、分水器及氮气导管的 250mL 四口瓶中；用电加热套加热至 140℃，开慢速搅拌，1h 升温至 180℃，保温约 2h；当出水变慢时，继续升温至 200℃，1h 后测酸值；当酸值小于 10mgKOH/g（树脂）时，蒸除溶剂，降温至 170℃，加入偏苯三酸酐（TMA），控制酸值为 45～50mgKOH/g（树脂），迅速降温至 80℃，加入乙二醇单丁醚，继续降温至 60℃，加入二甲基乙醇胺中和，搅拌 0.5h；按 50% 固含量加入蒸馏水，过滤，得水性醇酸树脂基料。

二、PEG 型水性醇酸树脂合成

1. 单体合成配方

序号	原料	质量/g	序号	原料	质量/g
1	亚麻酸	50.00	5	抗氧剂	0.1000
2	苯酐	24.00	6	二甲苯	8.550
3	三羟甲基丙烷	26.00	7	乙二醇丁醚	25.50
4	聚乙二醇	8.000	8	水	76.40

2. 配方核算

项目	数值	项目	数值
m/g	108	$\overline{f}$	1.8531
$n_{\mathrm{OH}}/\mathrm{mol}$	0.5981	$\overline{X}_n$	13.614
$n_{\mathrm{COOH}}/\mathrm{mol}$	0.5029	$\overline{M}_n$	2555
$m_{\mathrm{resin}}/\mathrm{g}$	101.87	PEG/P	7.85%
n/mol	0.5428	固含量/%	50

3. 合成工艺

将苯酐、亚麻酸、三羟甲基丙烷、聚乙二醇、回流二甲苯及抗氧剂加入带有搅拌器、温度计、分水器及氮气导管的四口瓶中；用电加热套加热至 160℃，开动搅拌，保温约 1h；升温至 180℃，保温约 1h；当出水变慢时，继续升温至 210℃，保温 1h 后测酸值；控制酸值约为 5mgKOH/g（树脂），蒸除二甲苯；降温至 80℃，按 80％固含量加入乙二醇单丁醚溶解，加入蒸馏水，搅拌 0.5h；过滤，得水性醇酸树脂。

三、DMPA 型水性醇酸树脂合成

1. 单体合成配方

序号	原料	质量/g	序号	原料	质量/g
1	脱水蓖麻油酸	45.00	7	二甲苯	12.80
2	苯酐	32.00	8	抗氧剂	0.120
3	间苯二甲酸	8.200	9	丙二醇丁醚	20.91
4	三羟甲基丙烷	28.000	10	三乙胺	11.31
5	二羟甲基丙酸	15.000	11	水	89.72
6	催化剂	0.140			

2. 配方核算

项目	数值	项目	数值
m/g	139.2	$\overline{X}_n$	14.23
n_{OH}/mol	0.8507	$\overline{M}_n$	2350
n_{COOH}/mol	0.7312	油度/％	43
m_{resin}/g	129.93	A. V.（酸值）/（mgKOH/g）	48
n/mol	0.7865	固含量/％	50
$\overline{f}$	1.8594		

3. 合成工艺

将脱水蓖麻油酸、苯酐、间苯二甲酸、三羟甲基丙烷、二羟甲基丙酸、催化剂、抗氧剂及回流二甲苯加入带有搅拌器、温度计、分水器及氮气导管的反应瓶中；加热至 140℃，开动搅拌，保温约 0.5h；升温至 160℃，保温约 1h；升温至 180℃，保温约 1h；当出水变慢时，继续升温至 210℃，1h 后测酸值；控制酸值为 50～55mgKOH/g（树脂），蒸除溶剂，降温至 80℃，加入乙二醇单丁醚搅拌，继续降温至 60℃，加入中和剂中和 0.5h；加入蒸馏水，过滤得水性醇酸树脂。

四、DMPA 型短油度水性醇酸树脂合成

1. 单体合成配方

序号	原料	质量/g	序号	原料	质量/g
1	豆油酸	27.50	7	二甲苯	9.080
2	二聚酸	14.00	8	抗氧剂	0.120
3	己二酸	32.50	9	丙二醇丁醚	18.15
4	三羟甲基丙烷	18.00	10	三乙胺	9.400
5	二羟甲基丙酸	14.00	11	水	84.76
6	催化剂	0.110			

2. 配方核算

项目	数值	项目	数值
m/g	113.6	$\overline{X}_n$	10.232
n_{OH}/mol	0.7581	$\overline{M}_n$	1601
n_{COOH}/mol	0.5934	油度/%	27
m_{resin}/g	102.92	A.V.(酸值)/(mgKOH/g)	57
n/mol	0.6577	固含量/%	50
$\overline{f}$	1.8045		

3. 合成工艺

合成工艺同 PEG 型水性醇酸树脂合成。

五、间苯二甲酸-5-磺酸钠型水性醇酸树脂（1）的合成

1. 单体合成配方

序号	原料	质量/g	序号	原料	质量/g
1	1,4-环己烷二甲醇	8.000	6	有机锡催化剂	0.1000
2	三羟甲基丙烷	17.05	7	二甲苯	8.68
3	1,4-环己烷二甲酸	21.25	8	乙二醇丁醚	21.7
4	间苯二甲酸-5-磺酸钠	6.000	9	水	77.16
5	妥尔油酸	34.5			

2. 配方核算

项目	数值	项目	数值
m/g	86.8	$\overline{X}_n$	13.41
n_{OH}/mol	0.4928	$\overline{M}_n$	2559
n_{COOH}/mol	0.4203	油度/%	6.9
m_{resin}/g	86.8	A.V.(酸值)/(mgKOH/g)	40
n/mol	0.4549	固含量/%	50
$\overline{f}$	1.8509		

3. 合成工艺

（1）将 1,4-环己烷二甲醇、间苯二甲酸-5-磺酸钠、二甲苯、催化剂加入到配有加热装置、搅拌装置、通氮管、温度计、局部冷凝器、分水器和整体冷凝器的反应器中，缓慢加热反应物至混合物可搅拌，然后在 1h 内将温度升到 175℃，在 175～180℃保温至溶液澄清，酸值小于 50。

（2）降温至 150℃，加入剩余各组分，并将温度重新升到 175℃，接着以每 30min 约 10℃的速度将温度升到 215℃，并在此温度下反应直到酸值达 5～10mgKOH/g，蒸出二甲苯，降温至 80℃加入稀释溶剂，温度降至 50℃时加入水，分散均匀、过滤、包装。

六、间苯二甲酸-5-磺酸钠型水性醇酸树脂（2）的合成

1. 合成配方

序号	原料	质量/g	序号	原料	质量/g
1	新戊二醇	4.850	6	脱水蓖麻油酸	34.5
2	三羟甲基丙烷	17.05	7	有机锡催化剂	0.1000
3	间苯二甲酸	5.000	8	二甲苯	8.50
4	1,4-环己烷二甲酸	15.25	9	乙二醇丁醚	19.37
5	间苯二甲酸-5-磺酸钠	6.000	10	水	58.12

2. 配方核算

项目	数值	项目	数值
m/g	82.56	$\overline{X}_n$	14.35
n_{OH}/mol	0.4752	$\overline{M}_n$	2453
$n_{\text{COOH}}/\text{mol}$	0.4098	油度/%	8.0
$m_{\text{resin}}/\text{g}$	75.2840	A.V.（酸值）/(mgKOH/g)	45
n/mol	0.4405	固含量/%	50
$\overline{f}$	1.8507		

七、水性醇酸-丙烯酸树脂杂化体的合成

1. 水性醇酸树脂的合成
（1）合成配方

序号	原料	质量/g	序号	原料	质量/g
1	二乙二醇	68.50	7	苯甲酸	30.50
2	三羟甲基丙烷	300.5	8	有机锡催化剂	0.2000
3	TMP单烯内醚	62.54	9	二甲苯	50.00
4	间苯二甲酸	207.5	10	TMA	96.00
5	PA	185.0	11	乙二醇丁醚	208.28
6	豆油酸	225.0			

（2）配方计算

项目	数值	项目	数值
m/g	1266.7	$\overline{X}_n$	9.7205
n_{OH}/mol	8.7456	$\overline{M}_n$	1570
$n_{\text{COOH}}/\text{mol}$	6.5536	油度/%	104
$m_{\text{resin}}/\text{g}$	1180.3	$f(\text{OH})$	2.9
n/mol	7.3051	A.V.（酸值）/(mgKOH/g)	47
$\overline{f}$	1.7942	固含量/%	85

2. 水性醇酸-丙烯酸树脂杂化体的合成

（1）合成配方

序号	原料	质量/g	序号	原料	质量/g
1	水性醇酸树脂（85%）	300.0	6	甲基丙烯酸乙酯（HEMA）	75.20
2	二甲基乙醇胺	36.20	7	甲基丙烯酸	31.40
3	去离子水	938.0	8	偶氮二异丁腈	5.500
4	苯乙烯	54.50	9	偶氮二异丁腈	1.000（用10g乙二醇丁醚溶解）
5	甲基丙烯酸丁酯（BMA）	56.80			

（2）合成工艺 将水性醇酸树脂加入反应器，升温至82℃，搅拌下加入二甲基乙醇胺，10min后加入去离子水，分散30min；将苯乙烯、BMA、HEMA、偶氮二异丁腈称量后混合均匀，用4h滴入反应器；保温1h；加入引发剂促进反应，而后消除之并保温2h；过滤、包装，得产品。

第八章
水性环氧树脂

环氧树脂（epoxy resin）是泛指一个分子中含有两个或两个以上环氧基，并在适当的化学试剂存在下形成三维交联网络状固化物的化合物总称，是一类重要的热固性树脂。环氧树脂种类很多，其分子量属低聚物范围，为区别于固化后的环氧树脂，有时也把它称为环氧低聚物。它属于热塑性树脂，最常用的是双酚 A 环氧树脂，分子量约为 350～4000。其分子主链是由碳碳键、醚键和双酚基构成，一般分子两端均有环氧基。环氧树脂分子中带有多种基团，羟基和环氧基是活性基团，可以和其他许多合成树脂或化合物发生反应；碳链具有柔软性；醚键具有耐化学品性；甲基具有强韧性；苯环具有耐热性；另外羟基还具有黏附性，因此环氧树脂具有许多优良的性能。环氧树脂作为胶黏剂、涂料和复合材料等的树脂基体，广泛应用于水利、交通、机械、电子、家电、汽车及航空航天等领域。

第一节　环氧树脂

一、环氧树脂的类型

环氧树脂可以按化学结构、状态及制造方法分类。但是最常用的还是按化学结构分类，环氧树脂按化学结构可大致分为以下几类。

（1）缩水甘油醚类　其中的双酚 A 缩水甘油醚树脂简称为双酚 A 型环氧树脂，是应用最广泛的环氧树脂，结构式如下：

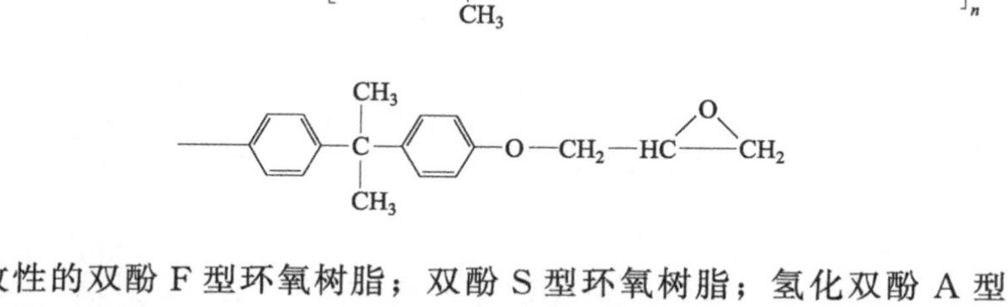

另外还有改性的双酚 F 型环氧树脂；双酚 S 型环氧树脂；氢化双酚 A 型环氧树脂；酚醛型环氧树脂；脂肪族缩水甘油醚树脂；溴代环氧树脂等。

（2）缩水甘油酯类　结构式为：

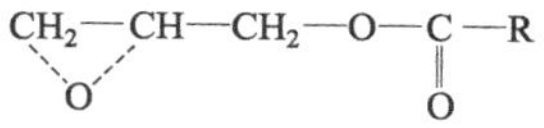

$$CH_2-CH-CH_2-O-C-R$$

如邻苯二甲酸二缩水甘油酯等。

（3）缩水甘油胺类　结构式为：

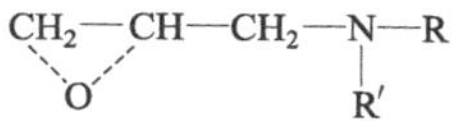

$$CH_2-CH-CH_2-N-R$$

如四缩水甘油二氨基二苯甲烷。

（4）脂环族环氧树脂　结构式为：

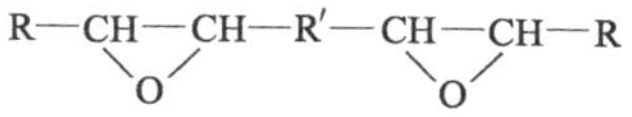

$$R-CH-CH-R'-CH-CH-R$$

（5）环氧化烯烃类　结构式为：

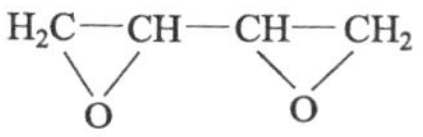

丁二烯双环氧 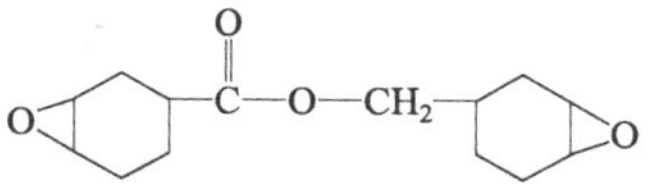　　　　　3,4-环氧基环己烷甲酸-3′,4′-环氧基环己基甲酯

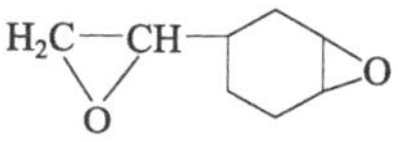

乙烯基环己稀双环氧

（6）新型环氧树脂　有一些新型环氧树脂，如海因环氧树脂，酰亚胺环氧树脂，TDE-85环氧树脂，AFG-90环氧树脂等。

另外还有混合型环氧树脂，含无机元素等的环氧树脂，如有机硅环氧树脂，以及具有特殊性能的阻燃性环氧树脂与水性环氧树脂等。

二、我国环氧树脂的规格和代号

（1）类型和代号　环氧树脂按其主要组成不同而分类，并分别给以代号，见表8-1所列。

表 8-1　环氧树脂类型和代号

代号	环氧树脂类别	代号	环氧树脂类别
E	二酚基丙烷环氧树脂	N	酚酞环氧树脂
ET	有机钛改性二酚基丙烷环氧树脂	S	四酚基环氧树脂
EG	有机硅改性二酚基丙烷环氧树脂	J	间苯二酚环氧树脂
EX	溴改性二酚基丙烷环氧树脂	A	三聚氰酸环氧树脂
EL	氯改性二酚基丙烷环氧树脂	R	二氧化双环戊二烯环氧树脂
F	酚醛多缩水油醚	Y	二氧化乙烯基环己烯环氧树脂
B	丙三醇环氧树脂	D	聚丁二烯环氧树脂
L	有机磷环氧树脂	H	3,4-环氧基-6-甲基环己甲酸-3,4-环氧基-6-甲基环氧甲酯
G	硅环氧树脂	YJ	二甲基代二氧化乙烯基环己烯环氧树脂

（2）命名原则

① 环氧树脂的基本名称，仍采用我国已有的"环氧树脂"为基本名称。

② 在这基本名称之前，加上型号。

（3）型号

① 环氧树脂以一个或两个汉语拼音字母与两位阿拉伯数字作为型号，以表示类别和品种。

② 型号的第一位用主要组成物质名称，取其主要组成物质汉语拼音的第一字母，若遇第一字母相同则取其第二字母，以此类推。

③ 第二位是组成中若有改性物质，则也是用汉语拼音字母，若不是改性，则划"–"横线。

④ 第三和第四位是标志出该产品的主要性能环氧值的平均数。

举例，某一牌号环氧树脂，以二酚基丙烷为主要组成物质，其环氧值指标为 $0.48\sim0.54$ 当量/100g，则其平均值为 0.51，该树脂的全称为"E-51 环氧树脂"。

三、环氧树脂及其固化物的性能特点

① 力学性能高。环氧树脂具有很强的内聚力，材料结构致密，所以它的力学性能高于酚醛树脂和不饱和聚酯等通用型热固性树脂。

② 附着力强。环氧树脂固化体系中含有活性较大的环氧基、羟基以及醚键、胺键、酯键等极性基团，赋予环氧固化物对金属、陶瓷、玻璃、混凝土、木材等极性基材以优良的附着力。

③ 固化收缩率小。固化收缩率一般为 $1\%\sim2\%$，是热固性树脂中固化收缩率最小的品种之一（酚醛树脂为 $8\%\sim10\%$；不饱和聚酯树脂为 $4\%\sim6\%$；有机硅树脂为 $4\%\sim8\%$）。线胀系数也很小，一般为 $6\times10^{-5}/℃$。所以固化后体积变化不大。

④ 工艺性好。环氧树脂固化时基本上不产生低分子挥发物，所以可低压成型或接触低压成型，能与各种固化剂配合制造无溶剂、高固体、粉末涂料及水性涂料等环保型涂料。

⑤ 优良的电绝缘性。环氧树脂是热固性树脂中介电性能最好的品种之一。

⑥ 稳定性好，抗化学药品性优良。不含碱、盐等杂质的环氧树脂不易变质。只要储存得当（密封、不受潮、不遇高温），其储存期为 1 年。超期后若检验合格仍可使用。环氧固化物具有优良的化学稳定性。其耐碱、酸、盐等多种介质腐蚀的性能优于不饱和聚酯树脂、酚醛树脂等热固性树脂。因此，环氧树脂大量用作防腐蚀底漆，又因环氧树脂固化物呈三维网状结构，又能耐油类等的浸渍，大量应用于油槽、油轮、飞机的整体油箱内壁衬里等。

⑦ 环氧固化物的耐热性一般为 $80\sim100℃$。环氧树脂的耐热品种温度可达 200℃ 或更高。

环氧树脂也存在一些缺点，比如耐候性差，环氧树脂中一般含有芳香醚键，固化物经日光照射后易降解断链，所以通常的双酚 A 型环氧树脂固化物在户外日晒，易失去光泽，逐渐粉化，因此不宜用作户外的面漆。另外，环氧树脂低温固化性能差，一般需在 10℃ 以上固化，在 10℃ 以下则固化缓慢，对于大型物体如船舶、桥梁、港湾、油槽等，寒季施工时十分不便。

四、环氧树脂的特性指标

环氧树脂有多种型号，各具不同的性能，其性能可由特性指标确定。

1. 环氧当量（或环氧值）

环氧当量（或环氧值）是环氧树脂最重要的特性指标，表征树脂分子中环氧基的含量。环氧当量是指含有 1mol 环氧基的环氧树脂的质量（g），以 EEW 表示。而环氧值是指 100g 环氧树脂中环氧基的物质的量（mol）。

$$环氧当量 = \frac{100}{环氧值}$$

环氧当量的测定方法有化学分析法和光谱分析法。国际上通用的化学分析法有高氯酸法，其他的还有盐酸丙酮法、盐酸吡啶法和盐酸二氧六环法。盐酸丙酮法方法简单，试剂易得，使用方便。其方法是：准确称量 0.5~1.5g 树脂置于具塞的三角烧瓶中，用移液管加入 20mL 盐酸丙酮溶液（1mL 相对密度为 1.19 的盐酸溶于 40mL 丙酮中），加塞摇荡，使树脂完全溶解，在阴凉处放置 1h，盐酸与环氧基作用生成氯醇，之后加入甲基红指示剂 3 滴，用 0.1mol/L 的 NaOH 溶液滴定过量的盐酸至红色褪去变成黄色为终点。同样操作，不加树脂，做一空白试验。由树脂消耗的盐酸的量即可计算出树脂的环氧当量。

2. 羟值（羟基当量）

羟值是指 100g 环氧树脂中所含的羟基的物质的量（mol）。而羟基当量是指含 1mol 羟基的环氧树脂的质量（g）。

$$羟基当量 = \frac{100}{羟值}$$

羟基的测定方法有两种：一是直接测定环氧树脂中的羟基含量；二是打开环氧基形成羟基，并进一步测定羟基含量的总和。前一方法是根据氢化铝锂能和含有活泼氢的基团进行快速、定量反应的原理，用于直接测定环氧树脂中的羟基，是一种较可靠的方法。后一方法是以乙酸酐、吡啶混合后的乙酰化试剂与环氧树脂进行反应，即可测定环氧树脂中的羟基含量，即羟值。

3. 酯化当量

酯化当量是指酯化 1mol 单羧酸（60g 醋酸或 280g C_{18} 脂肪酸）所需环氧树脂的质量（g）。环氧树脂中的羟基和环氧基都能与羧酸进行酯化反应。酯化当量可表示树脂中羟基和环氧基的总含量。

$$酯化当量 = \frac{100}{环氧值 \times 2 + 羟值}$$

4. 软化点

环氧树脂的软化点可以表示树脂的分子量大小，软化点高的分子量大，软化点低的分子量小。

<table>
<tr><td>低分子量环氧树脂</td><td>软化点 < 50℃</td><td>聚合度 < 2</td></tr>
<tr><td>中分子量环氧树脂</td><td>软化点 50~95℃</td><td>聚合度 2~5</td></tr>
<tr><td>高分子量环氧树脂</td><td>软化点 > 100℃</td><td>聚合度 > 5</td></tr>
</table>

5. 氯含量

氯含量是指环氧树脂中所含氯的物质的量（mol），包括有机氯和无机氯。无机氯主要是指树脂中的氯离子，无机氯的存在会影响固化树脂的电性能。树脂中的有机氯含量标志着分子中未起闭环反应的那部分氯醇基团的含量，它的含量应尽可能地降低，否则也会影响树脂的固化及固化物性能。

6. 黏度

环氧树脂的黏度是环氧树脂实际使用中的重要指标之一。不同温度下，环氧树脂的黏度不同，其流动性能也就不同。黏度通常可用杯式黏度计、旋转黏度计、毛细管黏度计和落球式黏度计来测定。

五、水性环氧树脂的应用

水性常温固化型环氧涂料由水性环氧树脂（含颜填料）和固化剂两部分组成，以双组分包装形式使用，其主要应用对象是不能进行烘烤的大型钢铁构件和混凝土结构件。常温固化型环氧涂料的优点是在 10℃ 以上的温度下就能形成 3H 铅笔硬度的耐化学药品性涂膜；缺点是涂膜易泛黄，易粉化。

金属的腐蚀主要是由金属与接触的介质发生化学或电化学反应而引起的，这些反应使金属结构受到破坏，造成设备报废。金属的腐蚀在国民经济中造成了大量的资源和能源浪费，全世界每年因腐蚀造成的经济损失约在 10000 亿美元，为火灾、风灾和地震造成损失的总和。涂装防腐涂料作为最有效、最经济、应用最普遍的防腐方法，受到了国内外广泛的关注和重视。随着建筑、交通、石化、电力等行业的发展，防腐涂料的市场规模已经仅次于建筑涂料而位居第二位。

据统计，2018 年，我国防腐涂料总产量为 452 万吨，占涂料总产量的 25.7%；2019年，我国防腐涂料产量同比增长 10.6%，居世界首位。低碳经济、节能减排、绿色环保是当前以环氧树脂涂料为代表的防腐涂料的重点发展方向；而防腐涂料高性能化和智能化是今后十年的发展热点，如能适应高度腐蚀环境的防腐涂料、具有阻燃及耐核辐射等特定性能的防腐涂料、具有自修复功能的智能防腐涂料等都是极具市场价值、备受专家关注的待开发领域。

第二节　水性环氧树脂的制备

传统的环氧树脂难溶于水，只能溶于芳烃类、酮类及醇类等有机溶剂，必须用有机溶剂作为分散介质，将环氧树脂配成一定浓度、一定黏度的树脂涂料才能使用。用有机溶剂作分散介质来稀释环氧树脂不仅成本高，而且在使用过程中，挥发性有机化合物（VOC）对操作人员身体危害极大，对环境也会造成污染。为此，许多国家先后颁布了严格的限制 VOC 排放的法令法规。开发具有环保效益的环氧树脂水性化技术成为各国研究的热点。从 20 世纪 70 年代起，国外就开始研究具有环境友好特性的水性环氧树脂体系。为适应环保法规对 VOC 的限制，我国从 20 世纪 90 年代初开始对水性环氧体系和水性环氧涂料进行研究开发（表 8-2）。水性环氧树脂第一代产品是直接用乳化剂进行乳化，第二代水性环氧体系是采用水溶性固化剂乳化油溶性环氧树脂，第三代水性环氧体系是由美国壳牌公司多年研究开发成功的，这一体系的环氧树脂和固化剂都接上了非离子型表面活性剂，乳液体系稳定，由其配制的涂料漆膜可达到或超过溶剂型涂料的漆膜性能指标。我国也正在积极进行水性环氧树脂体系的技术开发。

表 8-2　国产环氧树脂的牌号及规格

国家统一型号		旧牌号	规格				
			软化点/℃ (或黏度/Pa·s)	环氧值 /(mol/100g)	有机氯 /(mol/100g)	无机氯 /(mol/100g)	挥发分 /%
双酚 A 型	E-54	616	(6~8)	0.55~0.56	≤0.02	≤0.001	≤2
	E-51	618	(<2.5)	0.48~0.54	≤0.02	≤0.001	≤2
		619	液体	0.48	≤0.02	≤0.005	≤2.5
	E-44	6101	12~20	0.41~0.47	≤0.02	≤0.001	≤1
	E-42	634	21~27	0.38~0.45	≤0.02	≤0.001	≤1
	E-39-D		24~28	0.38~0.41	≤0.01	≤0.001	≤0.5
	E-35	637	20~35	0.30~0.40	≤0.02	≤0.005	≤1
	E-31	638	40~55	0.23~0.38	≤0.02	≤0.005	≤1
	E-20	601	64~76	0.18~0.22	≤0.02	≤0.001	≤1
	E-14	603	78~85	0.10~0.18	≤0.02	≤0.005	≤1
	E-12	604	85~95	0.09~0.14	≤0.02	≤0.001	≤1
	E-10	605	95~105	0.08~0.12	≤0.02	≤0.001	≤1
	E-06	607	110~135	0.04~0.07			≤1
	E-03	609	135~155	0.02~0.045			≤1
酚醛型	F-51		28(≤2.5)	0.48~0.54	≤0.02	≤0.001	≤2
	F-48	648	70	0.44~0.48	≤0.08	≤0.005	≤2
	F-44	644	10	≈0.44	≤0.10	≤0.005	≤2
	F_J-47		35	0.45~0.50	≤0.02	≤0.005	≤2
	F_J-43		65~75	0.40~0.45	≤0.02	≤0.005	≤2

注：F_J-47 和 F_J-43 为邻甲酚醛环氧树脂。

水性环氧树脂的制备方法主要有机械法、相反转法、固化剂乳化法和化学改性法。

一、机械法

机械法也称直接乳化法，通常是将环氧树脂用球磨机、胶体磨、均质器等磨碎，然后加入乳化剂水溶液，再通过超声振荡、高速搅拌将粒子分散于水中，或将环氧树脂与乳化剂混合，加热到一定温度，在激烈搅拌下逐渐加入水而形成环氧树脂乳液。

机械法制备水性环氧树脂乳液的优点是工艺简单、成本低廉、所需乳化剂的用量较少。但是，此方法制备的乳液中环氧树脂分散相微粒的尺寸较大，在 $10\mu m$ 左右，粒子形状不规则，粒度分布较宽，所配得的乳液稳定性一般较差，并且乳液的成膜性能也不太好，而且由于非离子型表面活性剂的存在，也会影响涂膜的外观和一些性能。

二、相反转法

相反转法即通过改变水相的体积，将聚合物从油包水（W/O）状态转变成水包油（O/

W）状态，是一种制备高分子树脂乳液较为有效的方法，几乎可将所有的高分子树脂借助于外加乳化剂的作用通过物理乳化的方法制得相应的乳液。相反转原指多组分体系中的连续相在一定条件下相互转化的过程，如在油/水/乳化剂体系中，当连续相从油相向水相（或从水相向油相）转变时，在连续相转变区，体系的界面张力最小，因而此时的分散相的尺寸最小。通过相反转法将高分子树脂乳化为乳液，制得的乳液粒径比机械法小，稳定性也比机械法好，其分散相的平均粒径一般为 $1\sim2\mu m$。

三、固化剂乳化法

固化剂乳化法不外加乳化剂，而是利用具有乳化效果的固化剂来乳化环氧树脂。这种具有乳化性质的固化剂一般是改性的环氧树脂固化剂，它既具有固化、又具有乳化低分子量液体环氧树脂的功能。乳化型固化剂一般是环氧树脂-多元胺加成物。在普通多元胺固化剂中引入环氧树脂分子链段，并采用成盐的方法来改善其亲水亲油平衡值，使其成为具有与低分子量液体环氧树脂相似链段的水可分散性固化剂。由于固化剂乳化法中使用的乳化剂同时又是环氧树脂的固化剂，因此固化所得漆膜的性能比需外加乳化剂的机械法和相反转法要好。

四、化学改性法

化学改性法又称自乳化法，是目前水性环氧树脂的主要制备方法。化学改性法是通过打开环氧树脂分子中的部分环氧键，引入极性基团，或者通过自由基引发接枝反应，将极性基团引入环氧树脂分子骨架中，这些亲水性基团具有表面活性作用，能帮助环氧树脂在水中分散。由于化学改性法是将亲水性的基团通过共价键直接引入到环氧树脂的分子中，因此制得的乳液稳定，粒子尺寸小，多为纳米级。化学改性法引入的亲水性基团可以是阴离子、阳离子或非离子的亲水链段。

1. 引入阴离子

通过酯化、醚化、胺化或自由基接枝改性法在环氧聚合物分子链上引入羧基、磺酸基等功能性基团，中和成盐后，环氧树脂就具备了水分散的性质。酯化、醚化和胺化都是利用环氧基与羧基、羟基或氨基反应来实现。

（1）酯化　利用氢离子先将环氧基极化，酸根离子再进攻环氧环，使其开环，得到改性树脂，然后用胺类水解、中和。如利用环氧树脂与丙烯酸反应生成环氧丙烯酸酯，再用丁烯二酸（酐）和环氧丙烯酸酯上的碳碳双键通过加成反应生成富含羧基的化合物，最后用胺中和成水溶性树脂；或与磷酸反应成环氧磷酸酯，再用胺中和也可得到水性环氧树脂。

（2）醚化　由亲核性物质直接进攻环氧基上的碳原子，开环后改性剂与环氧基上的仲碳原子以醚键相连得到改性树脂，然后水解、中和。比较常见的方法是环氧树脂与对羟基苯甲酸甲酯反应后水解、中和；也可将环氧树脂与巯基乙酸进行醚化反应而后中和，在环氧树脂分子中引入阴离子。

（3）胺化　利用环氧基团与一些低分子的扩链剂如氨基酸、氨基苯甲酸、氨基苯磺酸（盐）等化合物上的氨基反应，在链上引入羧基、磺酸基团，中和成盐后可分散于水中。如用对氨基苯甲酸改性环氧树脂，使其具有亲水亲油两种性质，以改性产物及其与纯环氧树脂的混合物制成水性涂料，涂膜性能优良，保持了溶剂型环氧涂料在抗冲击强度、光泽度和硬度等方面的优点，而且附着力提高，柔韧性大为改善，涂膜耐水性和耐化学药品性能优良。

（4）自由基接枝改性方法　利用双酚 A 型环氧树脂分子上的亚甲基在过氧化物作用下易于形成自由基并与乙烯基单体共聚的性质，将（甲基）丙烯酸、马来酸（酐）等单体接枝到环氧树脂上，再用中和剂中和成盐，最后加入水分散，从而得到水性环氧树脂。

将丙烯酸单体接枝到环氧分子骨架上，制得不易水解的水性环氧树脂。反应为自由基聚合，接枝位置为环氧分子链上的脂肪碳原子，接枝率低于 100%，最终产物为未接枝的环氧树脂、接枝的环氧树脂和聚丙烯酸的混合物，这三种聚合物分子在溶剂中舒展成线型状态，加入水后，在水中形成胶束，接枝共聚物的环氧链段和与其相混溶的未接枝环氧树脂处于胶束内部，接枝共聚物的丙烯酸共聚物羧酸盐链段处于胶束表层，并吸附与其相混溶的丙烯酸共聚物的羧酸盐包覆于胶束表面，颗粒表面带有电荷，形成极稳定的水分散体系。

先用磷酸将环氧树脂酸化得到环氧磷酸酯，再用环氧磷酸酯与丙烯酸接枝共聚，制得比丙烯酸与环氧树脂直接接枝的产物稳定性更好的水基分散体，并且发现：水性体系稳定性随制备环氧磷酸酯时磷酸的用量、丙烯酸单体用量和环氧树脂分子量的增大而提高，其中丙烯酸单体用量是影响其水分散体稳定性的最重要因素。

双酚 A 型环氧树脂与丙烯酸反应合成具有羟基侧基的环氧丙烯酸酯，再用甲苯二异氰酸酯与丙烯酸羟乙酯的半加成物对上述环氧丙烯酸酯进行接枝改性，然后用酸酐引入羧基，经胺中和后，可得较为稳定的自乳化光敏树脂水分散体系。

2. 引入阳离子

含氨基的化合物与环氧基反应生成含叔胺或季铵碱的环氧聚合物，用酸中和后得到阳离子型的水性环氧树脂。

用酚醛型多官能环氧树脂 F-51 与一定量的二乙醇胺发生加成反应（每个 F-51 分子中打开一个环氧基）引入亲水基团，再用冰醋酸中和成盐，加水制得改性 F-51 水性环氧树脂。该方法使树脂具备了水溶性或水分散性，同时每个改性树脂分子中又保留了 2 个环氧基，使改性树脂的亲水性和反应活性达到合理的平衡。固化体系采用改性 F-51 水性环氧树脂与双氰胺配合，由于双氰胺在水性环氧树脂体系中具有良好的溶解性和潜伏性，储存 6 个月不分层，黏度无变化，可形成稳定的单组分配方。该体系比未改性环氧/双氰胺体系起始反应温度降低了 76℃，固化工艺得到改善。固化物具有良好的力学性能，层压板弯曲强度达502.93MPa，剪切强度达 36.6MPa，固化膜硬度达 5H，附着力达 100%，具有良好的应用前景。

3. 引入非离子的亲水链段

通过含亲水性的氧化乙烯链段的聚乙二醇或其嵌段共聚物上的羟基或含聚氧化乙烯链上的氨基与环氧基团反应可以将聚环氧乙烷链段引入到环氧分子链上，得到含非离子亲水成分的水性环氧树脂。该反应通常在催化剂存在下进行，常用的催化剂有三氟化硼络合物、三苯基膦、强无机酸。

$$\sim CH-CH_2 + HO \underset{n}{\overline{[CH_2-CH_2-O]}} H \xrightarrow{\text{催化剂}} \sim CH-CH_2-O \underset{n}{\overline{[CH_2-CH_2-O]}} H$$

先用聚环氧乙烷二醇、聚环氧丙烯二醇和环氧氯丙烷反应，形成分子量为 4000～20000 的双环氧端基乳化剂，利用此乳化剂和环氧当量为 190 的双酚 A 环氧树脂混合，以三苯基膦为催化剂进行反应，可得到含有亲水性的聚环氧乙烷、聚环氧丙烯链段的环氧树脂。这种环氧树脂不用外加乳化剂即可溶于水中，且由于亲水链段包含在环氧树脂分子中，因而增强了涂膜的耐水性。

在双酚 A 型环氧树脂和聚乙二醇中加入催化剂三苯基膦制得的非离子表面活性剂与氨基苯甲酸改性的双酚 A 型环氧树脂及 E-20 环氧树脂制得的水性环氧涂料，作为食品罐内壁涂料时性能良好。

第三节　水性环氧树脂的合成实例

一、单组分水性环氧乳液的合成

在装有搅拌器、冷凝管、氮气导管、滴液漏斗的 250mL 四口烧瓶中加入一定量环氧树脂和按一定质量比配制的正丁醇和乙二醇单丁醚混合溶剂，加热升温至 105℃；当投入的环氧树脂充分溶解后开动搅拌，2h 内匀速缓慢滴加甲基丙烯酸、丙烯酸丁酯、苯乙烯和过氧化苯甲酰的混合溶液；继续搅拌反应 3h；后降温至 50℃，加入 N,N-二甲基乙醇胺和去离子水的混合溶液中和，中和度达 100%，在搅拌下继续反应 30min；加水高速分散制成固含量约 30% 的环氧树脂-丙烯酸接枝共聚物乳液。反应原理如下：

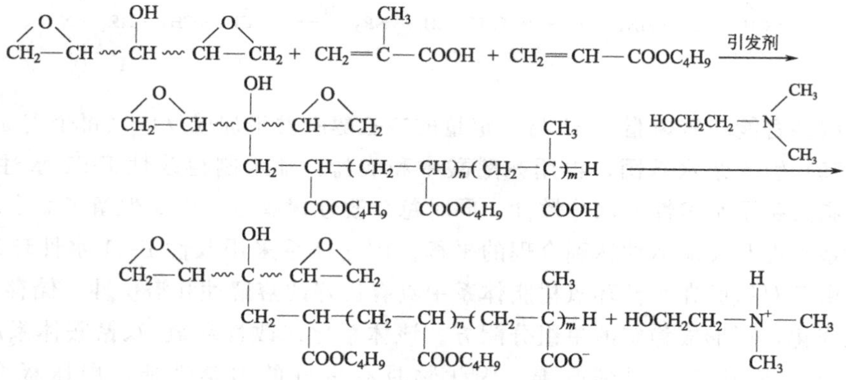

在该乳液中按质量比 10∶1 加入 25% 氨基树脂 R-717 的溶液，高速分散并滴加去离子水将乳液稀释至固含量为 20%，得到单组分水性环氧乳液。

环氧树脂的分子量，功能单体甲基丙烯酸和引发剂过氧化苯甲酰的用量是影响环氧-丙烯酸接枝共聚乳液性能的三个关键因素。随着环氧树脂平均分子量增加，合成的环氧乳液稳定性提高，乳液黏度也随之增大。增加甲基丙烯酸用量，乳液粒径减小，但用量过大使漆膜耐水性变差。引发剂的用量直接影响反应接枝率，当引发剂的用量过低时，制备的乳液储存稳定性差，过低的引发剂浓度导致反应的接枝率较低，聚合物的亲水性差，乳液不稳定。引发剂的浓度增加，反应接枝率增加，环氧树脂亲水性提高，乳液粒子粒径减小，乳液粒子形状规整。但引发剂的用量过高使单体之间的共聚反应增大，降低了体系稳定性。另外，引发剂浓度过高会促使引发剂产生诱导分解，也就是自由基向引发剂的转移反应，结果消耗了引发剂而自由基数量并未增加，导致接枝效率下降。通过实验表明，采用环氧树脂 E-06 和 E-03 配合使用，甲基丙烯酸单体含量为 44％，过氧化苯甲酰用量为单体总质量的 8.4％，合成的环氧乳液具有良好的储存稳定性、黏度适中、粒径小，适于工业涂装。

二、水性二乙醇胺改性 E-44 环氧树脂的合成

环氧树脂中的环氧基可与胺反应，因此可用二乙醇胺来改性 E-4 环氧树脂，在树脂分子中引入亲水性羟基和氨基，之后再滴加冰醋酸成盐，即可制得水性二乙醇胺改性的 E-44 环氧树脂。反应原理如下：

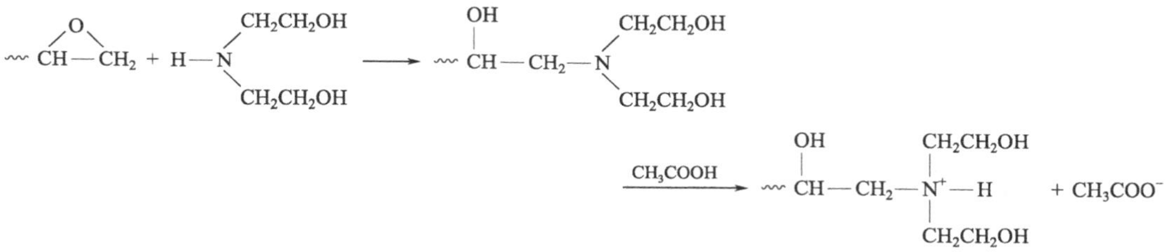

在 60℃下先用乙二醇丁醚和乙醇将环氧树脂溶解，然后慢慢滴加二乙醇胺，滴完后继续加热至 80℃，恒温反应 2.5h，反应完全后，即得二乙醇胺改性的环氧树脂 E-44。最后向制得的改性树脂中滴加冰醋酸，中和成盐，再加入一定量水，搅拌，即得改性环氧树脂的水性体系。改性环氧树脂的亲水性强弱与树脂分子中引入的二乙醇胺和滴加的冰醋酸的多少有关，二乙醇胺和冰醋酸用量的增加，改性树脂亲水性增强，环氧值降低。通过改变两者的用量，可制得一系列具有不同环氧值的水溶液或水乳液。

三、水性甘氨酸改性环氧树脂的合成

将一定比例的 E-44 环氧树脂、水、表面活性剂及预先用水溶解的甘氨酸投入三颈瓶，在温度为 80～85℃下反应 3h，制得水性环氧树脂。反应原理如下：

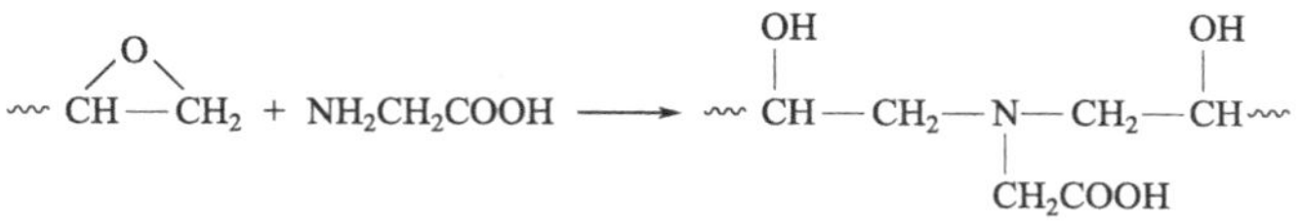

将制得的水性环氧树脂先用计量的氢氧化钠水溶液中和，再用高剪切分散乳化机将其乳化，制得稳定的水性环氧乳液。制得的水性环氧树脂在有机溶剂中的溶解性变差，在碱性水溶液中的溶解性增强，作为水性环氧涂料，其固化物具有优良的涂膜性能。

四、水性光敏酚醛环氧树脂的合成

用丙烯酸和琥珀酸酐对 F-44 酚醛环氧树脂进行改性，可合成一种水性光敏酚醛环氧树脂。反应原理如下：

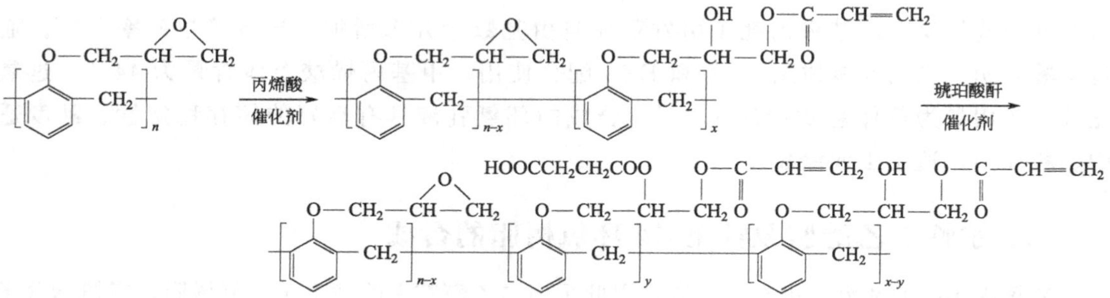

在带回流装置的 100mL 圆底烧瓶中加入 36.2g 质量分数为 70％的 F-44 环氧树脂的二氧六环溶液（含 0.1mol 环氧基）、2.47mL 质量分数为 2％的对苯二酚的二氧六环溶液作为阻聚剂，加入 0.5g 催化剂、0.05mol 丙烯酸，在 95℃下反应 6h，丙烯酸转化率达到 100％后，加入质量分数为 22.5％的含 0.05mol 琥珀酸酐的二氧六环溶液，在 95℃反应 3h，制得一种力学性能较为优越、可溶于 5％Na_2CO_3 水溶液的水性光敏酚醛环氧树脂。

五、以相反转乳化技术制备 E-44 水性环氧树脂

以甲苯作溶剂，以端甲氧基聚乙二醇、马来酸酐为原料，在回流温度下进行酯化反应，酯化完成后，加入与马来酸酐等物质的量的环氧树脂 E-44，进行酯化反应，当酯化率达到要求时，减压抽去溶剂得到红棕色固态反应型环氧树脂乳化剂 MeO-PEG-Ma-E-44。再将一定量的 E-44 环氧树脂与占 E-44 质量 16.5％～20％的上述乳化剂于 250mL 三颈瓶中加热至 70℃搅拌均匀，当温度降至 50℃左右，以每 5min 滴加 1mL 蒸馏水，控制搅拌速度为 1000r/min，即制得固含量为 60％的水性环氧树脂。制得的 E-44 水性环氧树脂在水性固化剂作用下室温为 2h、60℃为 40min 内固化，固化后的热稳定性、机械性与乳化前的 E-44 环氧树脂基本一致，且韧性有所提高。

六、水性环氧树脂固化剂的合成

水性环氧树脂固化剂是指能溶于水或能被水乳化的环氧树脂固化剂。一般的多元胺类固化剂都可溶于水，但在常温下挥发性大，毒性大，固化偏快，配比要求太严，且亲水性强，易保留水分而使涂膜泛白，甚至吸收二氧化碳降低效果。实际使用的水性环氧固化剂需对传统的胺类固化剂进行改性。

常用的水性环氧固化剂大多为多乙烯多胺改性产物，改性方法有以下三种：

① 与单脂肪酸反应制得酰胺化多胺；

② 与二聚酸进行缩合而成聚酰胺；

③ 与环氧树脂加成得到多胺-环氧加成物。

这三种方法均采用在多元胺分子链中引入非极性基团，使得改性后的多胺固化剂具有两亲性结构，以改善与环氧树脂的相容性。由于酰胺类固化剂固化后的涂膜的耐水性和耐化学药品性较差，现在研究的水性环氧固化剂主要是封端的环氧-多乙烯多胺加成物。下面举几个合成实例。

1. E-44 环氧树脂改性三亚乙基四胺水性环氧固化剂的合成

将一定比例的 E-44、三乙烯四胺（三亚乙基四胺）、无水乙醇投入三颈烧瓶中，在温度为 55～60℃下反应 6h，再减压蒸馏除去乙醇。反应原理如下：

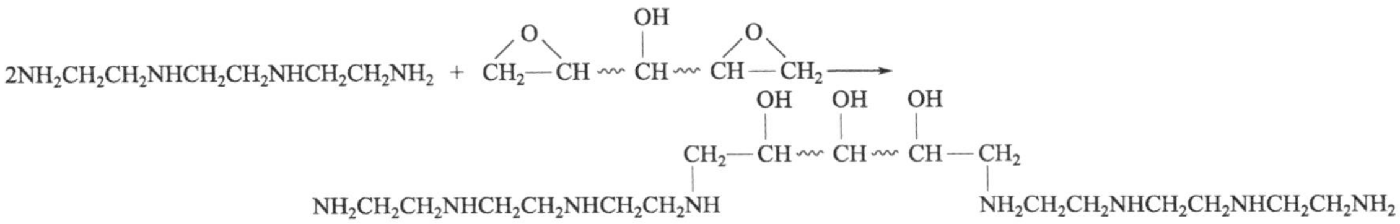

$$2NH_2CH_2CH_2NHCH_2CH_2NHCH_2CH_2NH_2 + CH_2{-}CH \sim CH \sim CH{-}CH_2 \longrightarrow$$

用此法制备的水性环氧固化剂的亲水性较低，用于制备水性环氧树脂涂料，得到的涂膜性能可达到使用要求。

2. 聚醚型水性环氧树脂固化剂的合成

聚醚型水性环氧树脂固化剂的合成原理如下：

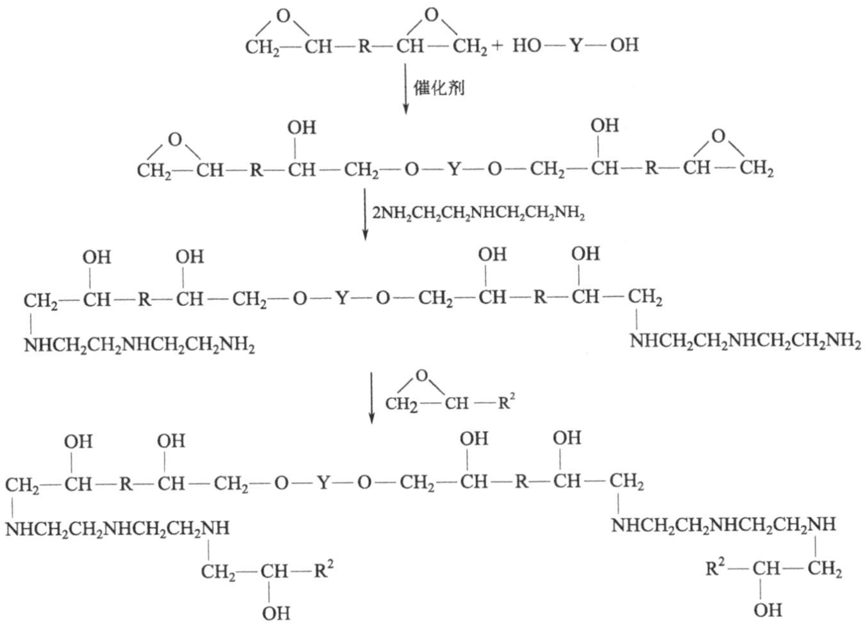

$$CH_2{-}CH{-}R{-}CH{-}CH_2 + HO{-}Y{-}OH$$

此法最佳配方与工艺条件：选择分子量为 1500 的聚醚，环氧树脂与聚醚的物质的量之比为 2：1，催化剂选用 BF_3，并在 60℃时加入。该水性固化剂固化环氧体系涂膜的柔韧性和附着力有大幅提高，硬度、光泽度和强度改变不大。

3. 水性柔性环氧固化剂的合成

以三乙烯四胺（TETA）和液体环氧树脂（EPON828）为原料，在物料物质的量之比（TETA/EPON828）为 2.2∶1，反应温度为 65℃，反应时间为 4h 的工艺条件下合成 EPON828-TETA 加成物。然后用具有多支链柔韧性链段的 $C_{12} \sim C_{14}$ 叔碳酸缩水甘油酯（CARDURA E-10）在反应温度为 70℃、反应时间为 3h 的工艺条件下对 EPON828-TETA 加成产物进行封端改性。制得 CARDURA E-10 改性的水性环氧固化剂。

此法制得的固化剂与液体环氧树脂在室温下固化所形成的涂膜性能良好，其柔韧性和耐冲击性均优于用传统封端改性剂 BGE 或 CGE 改性的水性环氧固化剂所形成的涂膜。

4. 水性聚氨酯改性环氧树脂固化剂的合成

(1) 预聚体的合成　在氮气保护下，将 15.80g 聚丙二醇（PPG）、4.030g 1,4-丁二醇（BDO）、2.150g E-20、2.750g 二羟甲基丙酸（DMPA）、8.50g N-甲基吡咯烷酮（NMP）加入装有搅拌器、恒压滴液漏斗、温度计、冷凝管的四口反应瓶中，开动搅拌，油浴加热，升温至 60℃ 使 DMPA 溶解，从恒压漏斗滴加 23.86g 异佛尔酮二异氰酸酯（IPDI），1h 滴完，后加入 0.5831g（10％丁酮溶液）催化剂，保温约 5h，至 NCO 基团含量达到理论值。

(2) 中和、乳化　降温至 50℃，加入 2.073g 三乙胺（TEA）中和，搅拌 30min 后，降温至 30℃，在快速搅拌下，加入 65.0g 冰水，等体系分散开后，再加 4.972g 二乙烯三多胺（15.0g 水的溶液）封端，继续分散 30min，400 目网过滤，制得半透明聚氨酯型水性环氧固化剂。

参 考 文 献

［1］ 程侣柏．精细化工产品的合成及应用．大连：大连理工出版社，2007.
［2］ 吴雨龙，等．精细化工概论．北京：科学出版社，2009.
［3］ 姬德成．涂料生产工艺．北京：化学工业出版社，2010.
［4］ 李冬梅，等．化妆品生产工艺．北京：化学工业出版社，2009.
［5］ 刘登良．涂料工艺．第4版．北京：化学工业出版社，2009.
［6］ ［美］L. J. Calbo，等．涂料助剂大全．上海：上海科学技术文献出版社，2000.
［7］ 闫福安．水性树脂与水性涂料．北京：化学工业出版社，2009.
［8］ 张洪涛．水性树脂制备与应用．北京：化学工业出版社，2011.